나만의 여행을 찾다보면 빛나는 순간을 발견한다.

잠깐 시간을 좀 멈춰봐.
잠깐 일상을 떠나 인생의 추억을
남겨보자.
후회없는 여행이 되도록
순간이 영원하도록
Dreams come true.
Right here.
세상 저 끝까지 가보게

———

Intro

여행의 뉴 노멀^{New Normal}, 한 달 살기

특정 도시의 라이프스타일과 문화를 일상생활에서 체험하듯이 한 달 살기에서 느낄 수 있다. 전시, 박물관 체험 등을 통해 경험해 볼 수 있는 도시마다 다른 테마 프로그램이 있다는 사실을 알게 된다. 누가 처음으로 만든 여행이 아니고 바쁘게 보고 돌아다니는 관광에 지친 사람들이 원하는 여행이 "한 달 살기"라는 이름의 여행으로 나타나게 되었다.

기초적인 요리를 배워 보는 쿠킹 클래스, 요가 강사를 섭외해 진행하는 요가 수업 등을 경험해 볼 수 있는 프로그램이 많기 때문에 새로운 체험을 즐기면서 새로운 도시에서 새로운 체험을 할 수 있다. 한 달 살기를 하면서 새로운 도시를 찾은 여행자들이 현지에서 사는 느낌을 받을 수 있는 여행 형태이다.

도시마다 다른 여행 취향을 반영한 한 달 살기처럼 여행자가 선택하는 도시에서 볼거리, 맛집 등을 기반으로 장기간의 여행과 현지인의 삶의 방식을 즐길 수 있는 여행플랫폼이기도 하다. 짧은 여행이나 배낭여행으로는 느낄 수 없어서 바뀌는 여행 트렌드를 반영한 한 달 살기로 태어났다고 볼 수 있다.

한 달 살기가 대한민국에 새로운 여행문화를 이식시키고 있다. 한 달 살기는 '장기 여행'의 다른 말일 수도 있다. 그 전에는 대부분 코스를 짜고 코스에 맞추어 10일 이내로 동남아시

아든 유럽이든 가고 싶은 여행지로 떠났다. 유럽 배낭여행도 단기적인 여행방식에 맞추어 무지막지한 코스를 1달 내내 갔던 기억도 있지만 여유롭게 여행을 즐기는 문화는 별로 없었다.

한 달 살기의 장기간 여행이 대한민국에 없었던 이유는 경제발전을 거듭한 대한민국에서 오랜 시간 일을 하지 않고 여행을 가는 것은 상상하기 힘든 것이었다. 하지만 장기 불황에 실직이 일반화되고 멀쩡한 직장도 퇴사를 하면서 자신을 찾아가기 위한 시간을 자의든 타의든 가질 수 있게 되어 점차 한 달 살기를 하는 장기 여행자는 늘어나고 있다.

거기에 2020년의 코로나 바이러스가 전 세계를 강타하는 초유의 상황이 벌어지면서 바이러스를 피해 사람들과의 접촉을 줄이기 위해 재택근무가 늘어나고 원격 회의, 5G 등의 4차 산업혁명이 빠르게 우리의 삶에 다가오면서 코로나 이후의 뉴 노멀[New Normal], 여행이 이식될 것이다. 그 중에 하나는 한 살 살기나 자동차 여행으로 접촉은 줄어들지만 개인들이 쉽게 찾아가고 자신이 여행지에서 여유롭게 느끼면서 다니는 여행은 늘어날 것이다.

여행을 하면 "여유롭게 호화로운 호텔에서 잠을 자고 수영장에서 여유롭게 수영을 하면서 아무것도 하지 않는 것이 꿈이다"라고 생각하면서 여행을 하지만 1달 이상의 여행을 하면 아무것도 안 하고 1달을 지내는 것은 쉬운 일이 아니다. 한 달 살기를 하면 반드시 자신에 대해 생각을 하게 된다. 일상에서 벗어나게 되므로 새로운 위치에서 자신을 볼 수 있게 되는 장점이 있다.

Contents

한 달 살기에 꼭 필요한 Info

달라졌을까?

한 달 살기가 대한민국에 새로운 여행문화를 이식시키고 있다. 한 달 살기는 '장기 여행'의 다른 말일 수도 있다. 그 전에는 대부분 코스를 짜고 코스에 맞추어 10일 이내로 동남아시아든 유럽이든 가고 싶은 여행지로 떠났다. 유럽 배낭여행도 단기적인 여행방식에 맞추어 무지막지한 코스를 1달 내내 갔던 기억도 있지만 여유롭게 여행을 즐기는 문화는 별로 없었다.

한 달 살기의 장기간 여행이 대한민국에 없었던 이유는 경제발전을 거듭한 대한민국에서 오랜 시간 일을 하지 않고 여행을 가는 것은 상상하기 힘든 것이었다. 하지만 장기 불황에 실직이 일반화되고 멀쩡한 직장도 퇴사를 하면서 자신을 찾아가기 위한 시간을 자의든 타의든 가질 수 있게 되었다.

여행을 하면 "여유롭게 호화로운 호텔에서 잠을 자고 수영장에서 여유롭게 수영을 하면서 아무것도 하지 않는 것이 꿈이다"라고 생각하면서 여행을 하지만 1달 이상의 여행을 하면 아무것도 안 하고 1달을 지내는 것은 쉬운 일이 아니다. 한 달 살기를 하면 반드시 자신에 대해 생각을 하게 된다. 일상에서 벗어나게 되므로 새로운 위치에서 자신을 볼 수 있게 된다. 그러면서 나는 내면의 나에게 물어보았다.

"달라졌을까? 나는"

인생을 살면서 후회하는 행동이나 인생사의 커다란 일을 생각하면 그때 다른 행동을 했다면 선택을 했다면 "나의 인생은 좀 달라졌을까?" 문득 궁금했다. 스스로 나를, 외로운 나를 만들었지만 그런 생각은 없어지지 않았다.

혼자서 한 달 살기를 하면서 지금에 와서 후회를 하면 뭐 하겠니? 다시 그때로 돌아가면 달라졌을까? 한 번 다시, 주위 사람들에게 이해하고 다른 행동을 하고 살았다면, 예전에

그녀에게(그에게) 다시 바라봤다면 그립지는 않을까? 하게 된다.

사람들은 살면서 많은 후회를 하고, 그때로 돌아간다면 달라졌을까? 라는 생각을 하게 되지만 결국 바쁘게 삶에 지쳐가면서 살아가는 것을 후회한다. 또한 욕심에 인생이 나락으로 떨어진 많은 사람들도 물질적인 풍요를 따라가면 좋아질 것이라는 환상에 빠져 살았던 삶을 후회할 수밖에 없다.

그럼 이제와 후회한다고 다시 그때로 돌아간다고 바뀌는 것도 아닌데, 생각을 뭐하려하냐고 묻는다면 "그렇게 자신에게 묻는 질문들이 자신을 찾게 되는 첫걸음일 수도 있다."고 이야기 한다.

후회로 점철된 인생을 떠올린다고 달라지는 않아도, 이번 생은 처음이라서 망했다! 라고 생각한 인생도 다시 생각해본다. 사람의 인생이 반드시 물질적으로 풍요해도 정신적으로 피폐하다면 그 인생도 결국 실패한 인생이다.

우리는 한 달 살기를 한다고 내 인생이 달라질 것이라는 생각을 하지 않는다. 하지만 자신을 돌아보는 시간이 없다면 언젠가는 다시 걸음을 멈추고 인생을 생각해야 하는 시간은 반

드시 돌아온다. 한 달 살기로 너무 넉넉한 자신을 돌아볼 수 있는 시간이 생겼다면 외로운 시간을 가지면서 자신을 돌아봐야 한다. 누구나 자신의 인생은 소중하다. 물질적으로 풍요롭지 않아도 뒤떨어진 나에게도 인생은 소중하다.

1등에게만 인생은 소중하고, 사회에서 물질적으로 성공을 거두었다고 하는 사람의 인생은 소중하지 않다. 실패로 점철되어도 모든 사람의 인생은 소중하고 더 좋아질 수 있다는 희망을 다시 갖게 되는 시간이 필요하다.

한 달 살기를 하면서 전 세계를 다녀보았다. 동남아시아가 저렴한 물가에 살기에 편하다고 한 달 살기의 성지라는 단어까지 써 가면서 오랜 시간을 여행하지만 나는 세상과 단절된 사막에서, 사람이 한명도 지나가지 않는 시골구석에서, 오랜 시간을 보내면서 나에게 질문을 하게 되는 단조로운 일상에서 나에게 물어보면서 시간을 보내고 다시 돌아왔다. 누군가가 한 달 살기를 한다면 자신에게 질문하는 시간을 가져볼 것을 권한다.

울다 지쳐 잠 들어도, 스스로 나를 외롭게 만든다고 해도 …

다시 그때로 돌아가도 "달라졌을까?"
달라지지 않는다.

하지만 나의 인생은 소중하고 달라질 수 있다는 믿음으로 살 수 있다.

About 한 달 살기

준비한 만큼 느낀다.

어렵게 결심한 한 달 살기임에도 불구하고 여행자에 대한 별다른 공부나 준비 없이 떠나는 한 달 살기가 의외로 많다. 그러 짐 하나 달랑 들고 "어떻게 되겠지?"하면서 배짱 좋게 떠나는 자의 한 달 살기는 불안하다.

막상 도착하고 나면 어찌해야 될지 난감하고, 남들 가는 대로의 유명 관광지를 보면서 여행과 차이가 없는 한 달 살기를 하면서 정신적으로 헤매기 일쑤이다. 그만큼 보면서 알게 되거나 이해하는 것에 한정이 될 수밖에 없다. 이런 배짱만 남는 한 달 살기로 발길 닿는 대로, 마음 가는 대로 여행을 하는 건지, 한 달 살기를 하는 건지 모르게 된다.

낭만적으로 들리는 방랑 한 달 살기를 들으며 어렵게 떠나온 한 달 살기는 무의미한 고행으로 만들 수도 있다. 대한민국에서의 일상에서 벗어나 한적한 길을 걷거나 발길 닿는 대로 돌아다니는 낭만스러운 일탈도 준비해 온 정보나 마음에 여유를 가지고 낯선 곳에서 느긋하게 지낼 수 있다.

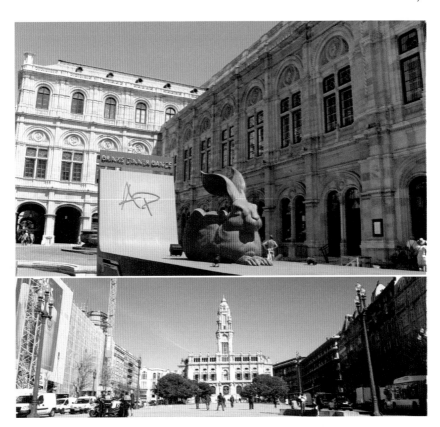

마음속으로 당당하자.

세계 곳곳에서 살고 있는 디지털 노마드Digital Nomad들의 한 달 살기를 보면 최근의 유행처럼 한 달 살기 뒤에 자극적으로 장기여행을 떠나는 한 달 살기가 많아지고 있다. 한 달 살기를 떠나기 전에 당당한 마음을 가지고 떠나야 한다. 자신을 향한 긍지와 자부심을 가지고 있어야 한다. 스스로의 행동에 대해 책임을 질 줄 알아야 하며 당당해야 한다. 그럴 수 없다면 자기만의 자유를 누리는 것이 더 나을 수 있다.

한 달 살기에서 그저 스쳐 지나갈 수 있는 현지인들을 소중한 인연으로 바꿔주고 당당하게 지내는 당신은 자신도 모르는 자아를 상대방에게 보여줄 수 있다.

만남은 소중히

한 달 살기 동안 낯선 곳에서의 자유와 감미로운 고독, 이국적인 풍경 앞에서 느끼는 감동도 좋지만 현지인과의 만남이 더욱 소중하다. 길을 걷다가 만난 친절한 사람과의 만남, 뚝뚝이나 기차 안에서 만난 이들과의 만남, 낯선 곳에서 헤매다 우연히 도와준 이들과의 만남은 나에게 더욱 소중하다.

여행을 하면서 맺게 되는 이런 우연한 만남과 이별은 하나하나 한 달 살기 동안 가슴 속에 추억이 될 것이다. 아무리 혼자만의 한 달 살기를 즐기는 것을 좋아한다고 하더라도 아무 만남이 없는 한 달 살기가 끝까지 계속되면 지속되기 힘들 것이다.

어떤 이에게는 악몽 같은 장소라는 기억이라도 자신에게 아름답고 가슴 뿌듯한 추억의 장소가 될 수 있는 것도 누구와의 만남을 통해 추억이 쌓이기 때문이다. 누구에게나 당신에게 좋은 동반자로, 인생의 친구가 될 수 있다.

아프면 서럽다.

낯선 곳에서 혼자 한 달 살기 동안 지낸다면 결국 믿을 수 있는 존재는 자기 자신이다. 모든 상황에 대한 판단은 스스로 하고 한 달 살기 동안 건강도 스스로 알아서 잘 관리해야 한다. 아파서 병원에 가고 해외에서 지내면 스스로 손해이다. 그래서 아침에는 일정하게 일어나는 시간을 정해 가벼운 운동을 하거나 산책을 하면서 하루를 시작하는 방법이 좋은 컨디션 유지를 하면서 지낼 수 있다.

동남아시아는 더위로 쉽게 피로해지고 무기력해질 수 있으므로 체력 관리에 더 신경을 써야 한다. 햇볕이 강해 피로가 더 빨리 올 수 있다. 몸 상태가 안 좋다면 무리하게 지속하지 말고 하루 정도는 쉬면서 건강을 챙기는 것이 중요하다.

1주일에 하루는 아무 생각 없이 편히 쉬면서 마음의 여유를 가져 보기도 하고, 자신의 몸을 위해 맛있는 음식으로 영양 보충과 휴식을 취하면서 현명하게 지내는 것이 좋다. 한 달 살기 경비를 아낀다고 부실하게 먹으면서 지내면 몸에 좋지 않다. 다이어트를 하기 위해 한 달 살기를 하는 것은 아니므로 충분한 영양 보충은 필수이다.

편하게 입고 다니자.

한 달 살기를 하면 자신에게 편한 복장으로 다니면서 누군가의 눈치를 보지 않는 것이 좋다. 가끔 무시하며 평소대로 복장을 입고 다니는 경우를 보는 데, 한 달 살기는 자신에게 도움이 되기 위해 한다는 사실을 인지하자.

명품을 입고 다니든지, 화려하게 입고 다니는 것은 불필요하다. 불편하기도 하고 행동의 제약을 받게 된다. 옷이 편해야 한 달 살기 동안 돌아다니기 편해지고 행동도 편해 사고도 유연해진다.

책 읽는 한 달 살기

한 달 살기를 하다보면 의외로 기다리는 시간이나 지루한 시간이 반드시 발생한다. 무료한 시간을 보내는 한 달 살기로 지루하다는 이야기도 많다. 평소에 읽지 못한 책을 가지고 와 지루할 때 카페에서 책을 읽으며 여정을 정리하기도 하고 스마트폰만 보지 말고 책을 읽으며 창밖 풍경을 보고 생각에 골똘하는 순간도 경험해 보자.

한 달 살기를 끝내는 순간이 오면 의외로 인상적인 장면은 책을 읽어서 자신을 채웠던 그 순간이 될 수 있다. 햇살이 따사로이 비치는 카페에 기대어 책을 읽으며 자신을 채운 순간이 모여 한 달 살기를 끝내고 돌아갔을 때 의외로 기억에 남으면서 도움이 되는 순간이 많았던 것으로 기억한다.

긍정적인 마인드

한 달 살기를 하면 예상하지 못한 돌발 상황이 발생한다. 없는 돈 아껴 모아서 한 달 살기를 하려고 왔는데 소매치기를 당하기도 하고 여권을 잃어버리기도 한다. 허망한 생각과 함께 기억하고 싶지 않은 순간이 머리 속을 맴돈다. "바보처럼 왜 이런 일이 발생한 것인가?"라는 자책도 하게 된다.

그만 포기하고 돌아갈 것이 아니라면 혼자 속상해 하고 고민하지 않는 것이 현명하다. 생각이 안 좋은 순간으로 머물러 버리면 자신만 손해이다. 오히려 나중에 친구들에게 이야기할 에피소드가 생겼다고 긍정적인 마인드를 가지고 나쁜 생각을 잊을 수 있는 이벤트를 가지는 것이 좋을 수 있다. 맛집에서 먹고 싶은 음식으로 기분이 좋아지는 것도 추천한다.

당장 힘들겠지만 난관을 잘 극복해 나가 오히려 한 달 살기를 잘 끝내면서 인생의 지혜와 소중한 경험을 얻게 될 수도 있다.

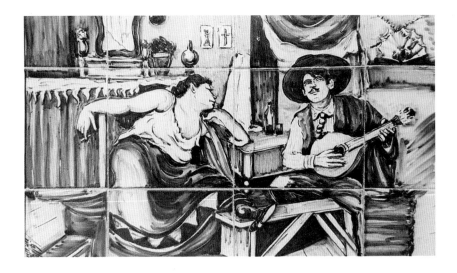

하고 싶은 테마를 정하자.

한 달 동안 한 도시를 여행한다면 의외로 지
루하다. 유럽에는 1주일 정도나 도시에 모든
건물들이 신기해 보인다. 동남아시아의 아
름다운 바다나 산도 오래 지속되지 못한다.
그래서 나중에 지루하다고 불평하는 사람도
많다. 별다른 생각 없이 기대만 잔뜩 가지고
한 달 살기를 시작하면 처음의 기대감은 시
간이 지나면서 시들해진다. 눈으로 보는 풍
경이 아름다워도 순간은 오래 지속되지 못
한다.

다양한 관심과 호기심으로 자신이 배우고
싶은 것들을 다른 이들과 함께 배우면 배운
다는 기대감과 친구들을 사귈 수 있어서 지
루해지지 않는다. 풍경이나 관광지를 보러
다니는 단순한 것보다 자신의 관심거리나
취미, 배우고 싶은 테마를 정해 한 달 살기
를 하면 더욱 의미 있을 것이다.

추억을 남기자.

현대인에게 다양한 추억을 남길 수 있는 방법은 많다. 아날로그 방식의 일기나 수첩에 적을 수도 있고 SNS에 떠오르는 생각이나 느낌을 적어 소통할 수도 있다. 자신이 하루에 나눈 대화나 느낀 감동, 만난 사람들과의 느낌이나 에피소드를 적는 것도 좋다. 최근에 활발한 유튜브로 영상을 올려 소통하거나 스케치를 하면서 자신의 느낌을 그릴 수도 있다.

한 달 살기 동안 당신이 느끼는 감정이나 감동, 느끼는 순간의 기록은 동일한 장소나 명소에도 다르다. 그 기록은 당신의 인생에 귀중한 기억으로 남는다. 시간이 지나 가끔 보게 되면 추억을 떠올리는 소중한 순간을 만끽할 수 있다.

인생에서 위기를 겪고 싶은 사람은 없습니다.
하지만 우리는 위기 없이 인생을 살 수도 없죠? 그래서 우리는 꿈을 꿉니다.
꿈은 고통을 없애주는 효능이 있거든요.
한 달 살기를 하면서 자신의 상처를 치유하고 용기를 갖고 싶어요.
인생의 선물을 안겨줄 어딘 가로 떠나려고 합니다!

한 달 살기를 보장하는 Best 4

믿을 만한 숙소 선택

한 달 살기를 계획하면서 가장 중요하고 걱정하는 것이 숙소 문제이다. 항공권을 찾아서 구입할 때는 1회 경유를 하는 항공권을 찾는다면 가장 저렴한 것을 찾는 것이 중요할 것이다. 그런데 숙소는 다르다. 무조건 저렴하다고 해서 자신에게 좋은 것이 아니다.
항공권 구입은 대부분의 장기 이동에서 거의 비슷한 조건의 항공사들이 경쟁한다. 반대로 숙소는 아파트, 호텔 등의 종류가 다르고, 시내 중심인지, 외곽인지 등의 위치가 다르냐에 따라 숙소 가격이 달라진다. 그래서 한 달 살기 예산을 최대한 아껴 숙소를 찾는다고 만족할 수 없는 문제가 발생한다. 무조건 저렴하다는 이유만으로 숙소를 선택하는 것은 지양하는 것이 좋다.

유럽은 특히 숙소가 노후화되었기 때문에 내부의 사진과 리뷰를 확인하는 것이 중요하다. 또한 인적이 드문 곳의 숙소는 치안에 취약할 가능성이 발생한다. 장기 렌트를 하는 경우에 가격이 저렴하다고 무조건 예약하기보다, 2~3일을 예약하고 현지에 도착하여 집이나 아파트를 보고 1달 정도의 기간 동안 머물 숙소를 결정하라고 추천한다. 그것이 어렵다면 숙소의 정보나 이용자 후기 등을 꼼꼼하게 확인하고 숙소를 선택해야 한다.

현지에서 경험할 수 있는 클래스 찾기

유럽에서 한 달 살기를 한다면 도시마다 볼 것들이 많아서 한 동안 도시를 구경만 해도 행복하다. 도시를 보면서 내가 무엇을 해야 할지 결정할 수 있다. 반대로 동남아시아에서 한 달 살기를 한다면 현지에서 들을 수 있는 클래스를 수강하라고 권한다.

치앙마이나 발 리가 한 달 살기의 성지처럼 이야기 하는 것 중에 춤이나 요가, 쿠킹 클레스 같이 배울 수 있는 저렴한 기회가 많기 때문이다. 바다가 가깝다면 서핑이나 카이트 서핑 같은 해양 스포츠를 배워보라고 추천한다. 집중력 있게 배우면서 시간도 빨리 지나가고 무엇을 배우므로 무료하지 않고 친구들을 자연스럽게 사귈 수 있어 낯선 해외에서의 한 달을 알차게 보낼 수 있다.

비상 자금 준비

한 달 살기는 의외로 장기 여행이다. 한 달 살기를 하다보면 의외로 여러 가지 상황이 많이 발생한다. 혹시 모를 상황을 대비해 비상 자금을 준비해 다른 통장에 체크카드로 가지고 있는 것이 좋다. 비상 상황을 대비하여 약 7~8일 정도의 생활비를 준비하고, 해외에서 결제 가능한 신용카드는 추가로 준비하자. 해외에서 난감한 상황에 빠진다면 한 달 살기는 악몽이 될 수도 있다.

여행자보험

한 달 살기를 하면서 도시에만 머물기 때문에 사고가 발생할 가능성이 없다고 판단할 수 있다. 그런데 여행 기간이 길어지면 사고의 발생 위험이 높아지는 것은 당연할 것이다. 동남아시아는 의외로 질병이 많고, 해양스포츠 등을 배우면 상해를 당할 수도 있다. 마지막으로 가끔은 휴대품 도난 등의 상황이 발생할 수 있다.

한 달 살기 마음가짐

한 달 살기를 출발하기 전에 생각해야 할 것이 단기여행과 장기여행과의 차이점이다. 짧은 1주일 이내의 여행은 일상생활에 지장이 많지 않아서 바쁜 생활에 쉬고 싶어 휴양지나 리조트에서 마냥 쉬다가 올 수 있다. 하지만 1달 이상을 여행하려면 일상생활에 지장이 없을 수 없다. 또한 단순히 아무것도 안 하고 지낼 수는 없다. 그러므로 사전에 무엇을 할지, 어떻게 지낼지에 대해 생각을 하고 출발하는 것이 지루하지 않은 자신에게 도움이 되는 한 달 살기가 된다.

받아들이기

모든 한 달 살기를 하려는 사람들의 환경
은 다르다. 한 달 살기에서 똑똑하다고 한
달 살기를 잘하는 것도 아니다. 한 달 살
기는 현지의 환경에서 지속적으로 적응
하려는 노력이 필요한 긴 여정임을 이해
해야 한다.

현지의 환경에 불만을 가지면 가질수록
현지생활에 균형을 맞추지 못하고 심한
압박이 올 수 있다. 대부분의 스트레스는
'자신이 상황을 어떻게 받아들이는가?'가
중요하다. 대한민국에서 생활한 환경을
한 달 살기를 하기 위한 도시에 똑같이
적용하려고 하면 한 달 살기는 재미있지
도 적응하기도 쉽지 않다. 이것은 일종의
'강박관념' 같을 수 있다. 스트레스가 내
면에서 오는 것임을 이해하면 상황을 대
처하는 데 여유를 가지고 잘 대처할 수
있다.

명확한 선 긋기

한 달 살기라고 매일 늦잠을 자고 무료하게 지내는 것은 쉽지 않다. 1주일은 무료하게 늦잠을 자고 술을 마시고 지낼 수 있지만 1달 내내 그렇게 지낼 수는 없다. 자기 자신과 쉬는 시간의 범위에 대해서 틀을 정하고 지키려고 노력하는 것이 중요하다. 예를 들면 7시에는 무조건 기상, 집 근처나 새로운 지역을 살펴보는 것은 10시부터 5시까지만, 야경은 매주 수요일에만, 댄스나 요가 등 배우기와 같은 것이다.

시간에 대한 범위를 정했으면 한 달 살기 동안 SNS에 공유하는 것도 하나의 방법이다. 아니면 비밀 공유 공간에 나와 생각이 비슷한 사람들과 SNS에서 대화하면서 피드백을 받고 지지를 받을 수 있다면 더욱 좋다. 한 달 살기에서 무료한 시간이 발생할 수 있고 긴급한 상황이 발생할 수도 있다. 누군가 나를 위해 도와줘야 하는 예외상황 또는 긴급 상황에 대해 도움을 받을 공간도 중요하다.

느슨한 한 달 살기 생활의 목표를 세우자.

'균형'이란 말은 반대되는 두 힘이 서로 힘겨루기 하는 것을 의미한다. 개인적으로 한 달 살기 동안 무엇을 하고 싶은지에 대해서 스스로 모른다면 끝없는 무료함의 함정에 빠져 허우적댈 가능성이 높다.

한 달 살기도 느슨한 목표달성의 기준이 있어야 무료해지지 않는다. 무엇인가를 끝내야 하는 시점을 모를 가능성이 높고, 마찬가지로 개인적인 관심사나 목표가 구체적으로 정의되지 않으면 시간의 무료함에 밀려 1달이라는 기간에 소홀해질 수밖에 없을 것이다.

개인적인 목표를 구분하고 현실적인 한 달 살기 목표를 세워 제한된 시간 안에 자신만의 우선순위를 가지고 잘 분배하는 것이 꼭 필요하다. 나는 맛있는 음식을 먹으면서 활력을 얻기 때문에, 매주 한 번은 주말여행을 떠나거나 현지 친구를 사귀어 그들과 새로운 식당을 가는 것, 한 달 살기에 목표로 잡고 균형을 맞추려고 노력하는 것이 중요하다.

방해요소의 최소화

24시간을 놀 생각이 아니라면 무엇을 배우는 시간을 어떻게 효율적으로 사용할지 계획을 세워야 한다. 시간을 자신이 원하는 대로 계획하면 안 된다. 어차피 완수할 수 없는 목표이다. 숙소에서 있는 시간과 외부에서 지내는 시간을 조화를 이루도록 해야 한다.

집에서는 노트북을 사용하지 말고 카페나 밖에서 사진 편집, 글쓰기 등 개인적인 일에 집중할 수 있도록 한다. 그렇지 않으면 숙소에서 2~3일을 지내기도 하기 때문에 한 달 살기를 하는 것인지, 해외에서 무료하게 시간 낭비를 하는 것인지 모를 수도 있다. 가끔씩 무료해진다고 생각한다면 아이쇼핑이나 시장 구경을 하면서 현지 사람들은 어떻게 살아가는지 관찰해 보는 것도 좋은 방법이다.

도움을 구하라.

한 달 살기를 하면서 모든 순간을 혼자 지내려고 하면 외롭게 된다. 모든 것을 혼자 처리하려고 할 필요도 없고 완벽해지려고 할 필요도 없다. 내가 현지인을 사귀든, 현지에 있는 한국인을 사귀든 누군가와 사귀면서 새로운 활력을 받으면서 그들의 도움이 필요하다는 것을 인정하는 것이 편리하다.

사소한 것에 도움을 받으면서 배우기도 하고 도움을 주는 존재가 될 수 있기 때문에 혼자서 지내면서 고립되어 한 달 살기를 하는 것은 추천하지 않는다. 다른 사람들에게 도움을 청할 수 있도록 연습하는 것이 내가 한 달 살기에서 배운 교훈 중에 가장 가치 있는 것이었다.

충분한 식사와 수면시간을 확보하라

스트레스는 뇌로부터 오는 것이기 때문에, 뇌를 최적의 상태로 유지할 필요가 있는데 가장 좋은 방법은 잘 먹고, 잘 자는 것이다.
내일 일하러 가지 않는다고 무작정 밤을 새거나 늦게까지 놀러 다니면 의외로 스트레스가 된다.

잠자는 시간을 일정하게 유지하고, 적당한 운동과 충분한 식사가 효과적이다. 매일 8시간 정도의 수면시간을 유지하는 것은 다음 날 일정뿐 아니라 한 달 살기를 하다보면 발생하는 크고 작은 돌발 상황을 수월하게 해낼 수 있도록 도와준다.

되돌아보는 시간 가지기

자신의 지난 인생에 대해 생각해보면 의외로 제대로 떠올릴 수 없을 때가 많다. 이런 이유는 시간을 균형 있게 보내지 못했기 때문이다. 단순히 시간을 하루, 일주일, 한 달 이렇게 흘러가는 대로 두기보다는 기억에 남을만한 순간들을 남기고 시간을 감사하게 여기며 살면 후회는 적어진다.

한 달 살기에서 무작정 아무것도 안 하는 생활보다는 자신을 위한 생활을 해야 하는 데 가장 좋은 방법은 글쓰기와 일기 쓰기다. 사진과 동영상을 이용해 남기는 것도 좋다. 언젠가 다시 한 달 살기를 추억할 날이 오게 된다. 그때 예전 추억들을 되돌아볼 때, 흐뭇한 웃음을 짓게 만들 것이다.

솔직한 한 달 살기

솔직한 한 달 살기

요즈음, 마음에 꼭 드는 여행지를 발견하면 자꾸 '한 달만 살아보고 싶다'는 이야기를 많이 듣는다. 그만큼 한 달 살기로 오랜 시간 동안 해외에서 여유롭게 머물고 싶어 하기 때문이다. 직장생활이든 학교생활이든 일상에서 한 발짝 떨어져 새로운 곳에서 여유로운 일상을 꿈꾸기 때문일 것이다.

최근에는 한 달, 혹은 그 이상의 기간 동안 여행지에 머물며 현지인처럼 일상을 즐기는 '한 달 살기'가 여행의 새로운 트렌드로 자리잡아가고 있다. 천천히 흘러가는 시간 속에서 진정한 여유를 만끽하려고 한다. 그러면서 한 달 동안 생활해야 하므로 저렴한 물가와 주위

에 다양한 즐길 거리가 있는 동유럽의 많은 도시들이 한 달 살기의 주요 지역으로 주목 받고 있다. 한 달 살기의 가장 큰 장점은 짧은 여행에서는 느낄 수 없었던 색다른 매력을 발견할 수 있다는 것이다.

사실 한 달 살기로 책을 쓰겠다는 생각을 몇 년 전부터 했지만 마음이 따라가지 못했다. 우리의 일반적인 여행이 짧은 기간 동안 자신이 가진 금전 안에서 최대한 관광지를 보면서 많은 경험을 하는 것을 하는 것이 자유여행의 패턴이었다. 하지만 한 달 살기는 확실한 '소확행'을 실천하는 행복을 추구하는 것처럼 보였다. 많은 것을 보지 않아도 느리게 현지의 생활을 알아가는 스스로 만족을 원하는 여행이므로 좋아 보였다. 내가 원하는 장소에서 하루하루를 즐기면서 살아가는 문화와 경험을 즐기는 것은 좋은 여행방식이다.

하지만 많은 도시에서 한 달 살기를 해본 결과 한 달 살기라는 장기 여행의 주제만 있어서 일반적으로 하는 여행은 그대로 두고 시간만 장기로 늘린 여행이 아닌 것인지 의문이 들었다. 현지인들이 가는 식당을 가는 것이 아니고 블로그에 나온 맛집을 찾아가서 사진을 찍고 SNS에 올리는 것은 의문을 가지게 만들었다. 현지인처럼 살아가는 것이 아니라 풍족하게 살고 싶은 것이 한 달 살기인가라는 생각이 강하게 들었다.

현지인과의 교감은 없고 맛집 탐방과 SNS에 자랑하듯이 올리는
여행의 새로운 패턴인가, 그냥 새로운 장기 여행을 하는 여행자일 뿐이 아닌가?

현지인들의 생활을 직접 그들과 살아가겠다고 마음을 먹고 살아도 현지인이 되기는 힘들다. 여행과 현지에서의 삶은 다르기 때문이다. 단순히 한 달 살기를 하겠다고 해서 그들을 알 수도 없는 것은 동일할 수도 있다. 그래서 한 달 살기가 끝이 나면 언제든 돌아갈 수 있다는 것은 생활이 아닌 여행자만의 대단한 기회이다. 그래서 한동안 한 달 살기가 마치 현지인의 문화를 배운다는 것은 거짓말로 느껴졌다.

시간이 지나면서 다시 생각을 해보았다. 어떻게 여행을 하든지 각자의 여행이 스스로에게 행복한 생각을 가지게 한다면 그 여행은 성공한 것이다. 배낭을 들고 현지인들과 교감을 나누면서 배워가고 느낀다고 한 달 살기가 패키지여행이나 관광지를 돌아다니는 여행보

다 우월하지도 않다. 한 달 살기를 즐기는 주체인 자신이 행복감을 느끼는 것이 핵심이라고 결론에 도달했다.

요즈음은 휴식, 모험, 현지인 사귀기, 현지 문화체험 등으로 하나의 여행 주제를 정하고 여행지를 선정하여 해외에서 한 달 살기를 해보면 좋다. 맛집에서 사진 찍는 것을 즐기는 것으로도 한 달 살기는 좋은 선택이 된다. 일상적인 삶에서 벗어나 낯선 여행지에서 오랫동안 소소하게 행복을 느낄 수 있는 한 달 동안 여행을 즐기면서 자신을 돌아보는 것이 한 달 살기의 핵심인 것 같다.

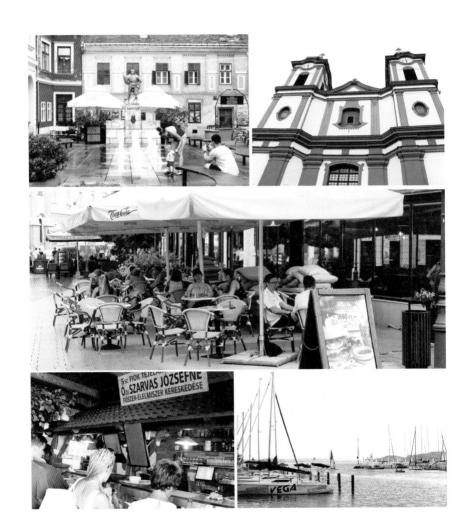

떠나기 전에 자신에게 물어보자!

한 달 살기 여행을 떠나야겠다는 마음이 의외로 간절한 사람들이 많다. 그 마음만 있다면 앞으로의 여행 준비는 그리 어렵지 않다. 천천히 따라가면서 생각해 보고 실행에 옮겨보자.

내가 장기간 떠나려는 목적은 무엇인가?

여행을 떠나면서 배낭여행을 갈 것인지, 패키지여행을 떠날 것인지 결정하는 것은 중요하다. 하물며 장기간 한 달을 해외에서 생활하기 위해서는 목적이 무엇인지 생각해 보는 것이 중요하다. 일을 함에 있어서도 목적을 정하는 것이 계획을 세우는데 가장 기초가 될 것이다.

한 달 살기도 어떤 목적으로 여행을 가는지 분명히 결정해야 질문에 대한 답을 찾을 수 있다. 아무리 아무 것도 하지 않고 지내고 싶다고 할지라도 1주일 이상 아무것도 하지 않고 집에서만 머물 수도 없는 일이다.

동남아시아는 휴양, 다양한 엑티비티, 무엇이든 배우기(어학, 요가, 요리 등), 나의 로망여행지에서 살아보기, 내 아이와 함께 해외에서 보내보기 등등 다양하다.

목표를 과다하게 설정하지 않기

자신이 해외에서 산다고 한 달 동안 어학을 목표로 하기에는 다소 무리가 있다. 무언가 성과를 얻기에는 짧은 시간이기 때문이다.

1주일은 해외에서 사는 것에 익숙해지고 2~3주에 현지에 적응을 하고 4주차에는 돌아올 준비를 하기 때문에 4주 동안이 아니고 2주 정도이다. 하지만 해외에서 좋은 경험을 해볼 수 있고, 친구를 만들 수 있다. 이렇듯 한 달 살기도 다양한 목적이 있으므로 목적을 생각하면 한 달 살기 준비의 반은 결정되었다고 생각할 수도 있다.

여행지와 여행 시기 정하기

한 달 살기의 목적이 결정되면
가고 싶은 한 달 살기 여행지와
여행 시기를 정해야 한다. 목적
에 부합하는 여행지를 선정하고
나서 여행지의 날씨와 자신의
시간을 고려해 여행 시기를 결
정한다. 여행지도 성수기와 비
수기가 있기에 한 달 살기에서
는 여행지와 여행시기의 틀이
결정되어야 세부적인 예산을 정
할 수 있다.

한 달 살기를 선정할 때 유럽 국가 중에서 대부분은 안전하고 볼거리가 많은 도시를 선택
한다. 예산을 고려하면 항공권 비용과 숙소, 생활비가 크게 부담이 되지 않는 동유럽의 폴
란드, 체코, 헝가리 부다페스트 등이다.

한 달 살기의 예산정하기

누구나 여행을 하면 예산이 가장 중
요하지만 한 달 살기는 오랜 기간을
여행하는 거라 특히 예산의 사용이
중요하다. 돈이 있어야 장기간 문제가
없이 먹고 자고 한 달 살기를 할 수
있기 때문이다.

한 달 살기는 한 달 동안 한 장소에서 체류하므로 자신이 가진 적정한 예산을 확인하고, 그
예산 안에서 숙소와 한 달 동안의 의식주를 해결해야 한다. 여행의 목적이 정해지면 여행
을 할 예산을 결정하는 것은 의외로 어렵지 않다. 또한 여행에서는 항상 변수가 존재하므
로 반드시 비상금도 따로 준비를 해 두어야 만약의 상황에 대비를 할 수 있다. 대부분의 사
람들이 한 달 살기 이후의 삶도 있기에 자신이 가지고 있는 예산을 초과해서 무리한 계획
을 세우지 않는 것이 중요하다.

잠 못 드는 밤 ♪♪♪

하루를 마칠 수 있는 어둠이 얼마나 소중한지 알게 되었어요.

맛있는 음식도 매일 먹으면 지겹고 사랑도 때로는 지겨울 때가 있습니다.

사랑이 소중하다는 사실은 사랑이 떠나간 후 알게 되어 울고 있네요.

말로 아무리 이야기해도 직접 느끼지 않으면

알 수 없는 게 인생이 아닐까요?

한 달 살기는 삶의 미니멀리즘이다.

요즈음 한 달 살기가 늘어나면서 뜨는 여행의 방식이 아니라 하나의 여행 트렌드로 자리를 잡고 있다. 한 달 살기는 다시 말해 장기여행을 한 도시에서 머물면서 새로운 곳에서 삶을 살아보는 것이다. 삶에 지치거나 지루해지고 권태로울 때 새로운 곳에서 쉽게 다시 삶을 살아보는 것이다. 즉 지금까지의 인생을 돌아보면서 작게 자신을 돌아보고 한 달 후 일상으로 돌아와 인생을 잘 살아보려는 행동의 방식일 수 있다.

삶을 작게 만들어 새로 살아보고 일상에서 필요한 것도 한 달만 살기 위해 짐을 줄여야 하며, 새로운 곳에서 새로운 사람들과의 만남을 통해서 작게나마 자신을 돌아보는 미니멀리즘인 곳이다. 집 안의 불필요한 짐을 줄이고 단조롭게 만드는 미니멀리즘이 여행으로 들어와 새로운 여행이 아닌 작은 삶을 떼어내 새로운 장소로 옮겨와 살아보면서 현재 익숙해진 삶을 돌아보게 된다.

 다른 사람들과 만나고 새로운 일상이 펼쳐지면서 새로운 일들이 생겨나고 새로운 일들은 예전과 다르게 어떻다는 생각을 하게 되면 왜 그때는 그렇게 행동을 했을 지 생각을 해보게 된다. 한 달 살기에서는 일을 하지 않으니 자신을 새로운 삶에서 생각해보는 시간이 늘어나게 된다.
그래서 부담없이 지내야 하기 때문에 물가가 저렴해 생활에 지장이 없어야 하고 위험을 느끼지 않으면서 지내야 편안해지기 때문에 안전한 치앙마이나 베트남, 인도네시아 발리를 선호하게 된다.

외국인에게 개방된 나라가 새로운 만남이 많으므로 외국인에게 적대감이 없는 태국이나, 한국인에게 호감을 가지고 있는 베트남이 선택되게 된다.
새로운 음식도 매일 먹어야 하므로 내가 매일 먹는 음식과 크게 동떨어지기보다 비슷한 곳이 편안하다. 또한 대한민국의 음식들을 마음만 먹는 다면 쉽고 간편하게 먹을 수 있는 곳이 더 선호될 수 있다.

삶을 단조롭게 살아가기 위해서 바쁘게 돌아가는 대도시보다 소도시를 선호하게 되고 현대적인 도시보다는 옛 정취가 남아있는 그늘한 분위기의 도시를 선호하게 된다. 그러면서도 쉽게 맛있는 음식을 다양하게 먹을 수 있는 식도락이 있는 도시를 선호하게 된다.
그렇게 한 달 살기에서 가장 핫하게 선택된 도시는 치앙마이와 호이안이 많다. 그리고 인도네시아 발리의 우붓이 그 다음이다. 위에서 언급한 저렴한 물가, 안전한 치안, 한국인에 대한 호감도, 한국인에게 맞는 음식 등이 가진 중요한 선택사항이다.

경험의 시대

소유보다 경험이 중요해졌다. '라이프 스트리머Life Streamer'라고 하여 인생도 그렇게 산다. 스트리밍 할 수 있는 나의 경험이 중요하다. 삶의 가치를 소유에 두는 것이 아니라 경험에 두기 때문이다.

예전의 여행은 한번 나가서 누구에게 자랑하는 도구 중의 하나였다. 그런데 세상은 바뀌어 원하기만 하면 누구나 해외여행을 떠날 수 있는 세상이 되었다. 여행도 풍요 속에서 어디를 갈지 고를 것인가가 굉장히 중요한 세상이 되었다. 나의 선택이 중요해지고 내가 어떤 가치관을 가지고 여행을 떠나느냐가 중요해졌다.

개개인의 욕구를 충족시켜주기 위해서는 개개인을 위한 맞춤형 기술이 주가 되고, 사람들은 개개인에게 최적화된 형태로 첨단기술과 개인이 하고 싶은 경험이 연결될 것이다. 경험에서 가장 하고 싶어 하는 것은 여행이다. 그러므로 여행을 도와주는 각종 여행의 기술과 정보가 늘어나고 생활화 될 것이다.

세상을 둘러싼 이야기, 공간, 느낌, 경험, 당신이 여행하는 곳에 관한 경험을 제공한다. 당신이 여행지를 돌아다닐 때 자신이 아는 것들에 대한 것만 보이는 경향이 있다. 그런데 가

끔씩 새로운 것들이 보이기 시작한다. 이때부터 내 안의 호기심이 발동되면서 나 안의 호기심을 발산시키면서 여행이 재미있고 다시 일상으로 돌아올 나를 달라지게 만든다. 나를 찾아가는 공간이 바뀌면 내가 달라진다. 내가 새로운 공간에 적응해야 하기 때문이다. 여행은 새로운 공간으로 나를 이동하여 새로운 경험을 느끼게 해준다. 그러면서 우연한 만남을 기대하게 하는 만들어주는 것이 여행이다.

당신이 만약 여행지를 가면 현지인들을 볼 수 있고 단지 보는 것만으로도 그들의 취향이 당신의 취향과 같을지 다를지를 생각할 수 있다. 세계는 서로 조화되고 당신이 그걸 봤을 때 "나는 이곳을 여행하고 싶어 아니면 다른 여행지를 가고 싶어"라고 생각할 수 있다. 여행지에 가면 세상을 알고 싶고 이야기를 알고 싶은 유혹에 빠지는 마음이 더 강해진다. 우리는 적절한 때에 적절한 여행지를 가서 볼 필요가 있다. 만약 적절한 시기에 적절한 여행지를 만난다면 사람의 인생이 달라질 수도 있다.

여행지에서는 누구든 세상에 깊이 빠져들게 될 것이다. 전 세계 모든 여행지는 사람과 문화를 공유하는 기능이 있다. 누구나 여행지를 갈 수 있다. 막을 수가 없다. 누구나 와서 어떤 여행지든 느끼고 갈 수 있다는 것, 여행하고 나서 자신의 생각을 바꿀 수 있다는 것이 중요하다. 그래서 여행은 건강하게 살아가도록 유지하는 데 필수적이다. 여행지는 여행자에게 나눠주는 로컬만의 문화가 핵심이다.

유럽, 동남아시아 한 달 살기 잘하는 방법

1. 도착하면 관광안내소(Information Center)를 가자.

어느 도시가 되도 도착하면 해당 도시의 지도를 얻기 위해 관광안내소를 찾는 것이 좋다. 공항에서 나오면 왼쪽에 관광 안내소가 있다.
환전소를 잘 몰라도 문의하면 친절하게 알려준다. 방문기간에 이벤트나 변화, 각종 할인쿠폰이 관광안내소에 비치되어 있을 수 있다.

2. 심(Sim)카드나 무제한 데이터를 활용하자.

공항에서 시내로 이동을 할 때 자신의 위치를 알고 이동하는 것이 편리하다. 자신이 예약한 숙소를 찾아가는 경우에도 구글맵이 있으면 쉽게 숙소도 찾을 수 있어서 스마트폰의 필요한 정보를 활용하려면 데이터가 필요하다. 동유럽의 각 나라에서 심카드를 사용하는 것은 매우 쉽다.

심카드를 사용하는 방법은 쉽다. 매장에 가서 스마트폰을 보여주고 사용하려고 하는 날짜를 선택하면 매장의 직원이 알아서 다 갈아 끼우고 문자도 확인하여 이상이 없으면 돈을 받는다.

3. 해당 국가의 화폐로 환전해야 한다.

동남아시아
태국의 치앙마이, 인도네시아의 발리, 베트
남의 호이안 등의 한 달 살기를 위해 이동
하는 국가들이 동남아시아 국가라면 대한
민국에서 달러로 환전하여 해당 국가에서
다시 태국의 '바트', 인도네시아의 '루피아',
베트남의 '동'으로 환전하는 것이 유리하다.

유럽
서유럽의 대부분의 나라들이 EU에 가입되어 유로(€)를 사용하지만 동유럽의 폴란드, 체코,
크로아티아, 몬테네그로, 조지아 등의 나라들은 유로를 사용하지 않고 자국화폐를 사용하
고 있다.
'유로(€)'를 사용하는 것에 대비해 미리 한국에서 필요한 돈을 환전해 가도 다시 환전이 필
요하게 된다. 동유럽에 도착해 시내로 들어가는 금액은 공항이나 기차역에서 환전을 하고
자신의 숙소로 이동해야 한다. 여행을 하다가 필요한 환전소는 어디든 동일하므로 필요한
금액만을 먼저 환전해도 상관이 없다.

4. 숙소까지 이동하는 정보를 알고 출발하자.

한 달 살기를 위해 도착하는
도시에서 최소 3~5일의 숙소
에 대한 예약을 하고 출발해야
한다. 그렇게 해당 도시에 도
착하면 유럽은 버스를 타고 이
동하는 경우가 많지만 짐이 많
다면 택시를 이용하는 것을 추
천한다. 그런데 동남아시아의
대부분의 한 달 살기 도시들은
택시나 차량공유 서비스인 그
랩Grab인도네시아는 고젝Go Jek
을 이용해 숙소까지 이동하는
것이 좋다.

동남아시아 한 달 살기 비용

동남아시아는 한 달 살기로 가장 인기를 끄는 곳으로 유럽에 비하면 물가가 매우 저렴하다. 물론 저렴하기는 하지만 '너무 싸다'는 생각은 금물이다. 저렴하다는 생각만으로 한 달 살기를 왔다면 동남아시아에서의 한 달 동안 실망할 가능성이 높다.

여행을 계획하고 실행에 옮기면 가장 많이 돈이 들어가는 부분은 항공권과 숙소비용이다. 또한 여행기간 동안 사용할 식비와 뚝뚝이나 그랩Grab 같은 차량공유서비스로 사용하는 시내교통의 비용이 가장 많다. 동남아시아에서 한 달 살기를 많이 하는 도시는 태국의 치앙마이, 방콕, 끄라비, 인도네시아의 발리, 베트남의 호이안, 라오스의 루앙프라방 등으로 이 도시들을 기반으로 한 달 살기의 비용을 파악했다.

항목	내용	경비
항공권	동남아시아로 이동하는 항공권이 필요하다. 항공사, 조건, 시기에 따라 다양한 가격이 나온다. 동남아시아 중에서는 베트남이 가장 가깝고 노선이 많아서 저렴하고 인도네시아가 가장 거리가 멀어서 항공비용이 비싸다.	약 29~100만 원
숙소	한 달 살기는 대부분 콘도나 아파트 같은 혼자서 지낼 수 있는 숙소가 필요하다. 숙소들을 부킹닷컴이나 에어비앤비 등의 사이트에서 찾을 수 있지만 현지에서 찾으면 더 저렴하고 직접 보고 찾을 수 있어서 확실하다.	한 달 약 250,000~ 1,300,000원
식비	아파트나 콘도 같은 숙소를 이용하려는 이유는 식사를 숙소에서 만들어 먹으려는 하기 때문이다. 대형마트나 현지의 로컬시장에서 장을 보면 물가는 저렴하다는 것을 알 수 있다. 외식물가는 나라마다 다르지만 대한민국 음식은 조금 저렴한 편이다.	한 달 약 300,000~700,000원
교통비	동남아시아의 각 도시들은 시내교통이 서울처럼 편리하지 않다. 대부분 뚝뚝이나 그랩Grab 같은 차량공유서비스를 많이 이용하고 있다. 또한 주말에 근교를 여행하려면 추가 교통비가 필요하다. 물론 오토바이를 이용하면 더 저렴하게 이용할 수 있지만 장기간 머무르지 않는다면 추천하지 않는다.	교통비 50,000~200,000원
TOTAL		100~170만 원

유럽 한 달 살기 비용

유럽의 한 달 살기를 위한 인기 도시를 보면 저렴한 물가가 많다. 서유럽 보다는 동유럽이 많고, 스페인에서도 대도시인 바르셀로나, 마드리드보다 남부의 안달루시아 지방의 도시들이 많다. 또한 유럽 내에서 가장 저렴한 물가인 포르투갈의 포르투도 마찬가지이다.

다만 저렴하더라도 "너무 싸다"는 생각은 금물이다. 저렴하다는 생각만으로 한 달 살기를 왔다면 실망할 가능성이 높다. 유럽은 특히 항공권의 가격차이가 크기 때문에 주말, 성수기기간인지 아닌지에 따라 가격차이가 크다. 숙소는 도시 중심인지 아닌지, 주택가인지에 따라 가격의 차이가 발생하므로 사전에 확인하는 것이 좋다.

항목	내용	경비
항공권	유럽으로 이동하는 항공권이 필요하다. 항공사, 조건, 시기에 따라 다양한 가격이 나온다.	약 59~100만 원
숙소	한 달 살기는 대부분 아파트 같은 혼자서 지낼 수 있는 숙소가 필요하다. 홈스테이부터 숙소들을 부킹닷컴이나 에어비앤비 등의 사이트에서 찾을 수 있다. 각 나라만의 장기여행자를 위한 전문 예약 사이트(어플)에서 예약하는 것도 추천한다.	한 달 약 500,000~ 1,500,000원
식비	아파트 같은 숙소를 이용하려는 이유는 식사를 숙소에서 만들어 먹기 때문이다. 유럽 국가에서 마트에서 장을 보면 물가가 저렴하다는 것을 알 수 있다. 외식물가는 나라마다 다르지만 대한민국과 비교해 조금 저렴한 편이다.	한 달 약 500,000~1,000,000원
교통비	각 도시마다 도시 전체를 사용할 수 있는 3~7일 권을 사용하면 다양한 혜택이 있다. 또한 주말에 근교를 여행하려면 추가 교통비가 필요하다.	교통비 300,000~500,000원
TOTAL		150~250만 원

한 달 살기를 잘 하는 방법은 있을까요? 라고들 물어봅니다.
하지만 어떻게 방법이 있을 수 있겠어요!
다만 자신만의 방법으로 한 달 살기에 대해 이야기를 나눕니다.
자신이 원하는 방식으로 한 달을 지내보세요.
결국 자신의 이야기를 쓰면 됩니다.

한 달 살 기
꼭 필 요 한
I N F O

한 달 살기 밑그림 그리기

여행을 넘어 한 달 살기를 떠나고 싶어 준비를 하려는 장기여행자가 많아지고 있다. 여행이 일반화되기도 했지만 아직도 여행을 두려워하는 분들이 많다. 한 달 살기도 가까운 동남아시아에서 시작해 유럽의 한 달 살기도 급증하고 있다. 몇 년 전부터 늘어난 이탈리아의 베로나, 스페인의 세비야, 그라나다, 체코의 프라하를 비롯해 크로아티아의 자다르를 지나 헝가리 부다페스트로 눈길을 돌리고 있다.

그러나 어떻게 한 달 살기를 해야 할지부터 걱정을 하게 된다. 아직 정확한 자료가 부족하기 때문이다. 지금부터 한 달 살기를 쉽게 떠날 수 있도록 한눈에 정리해보자. 한 달 살기 준비는 절대 어렵지 않다. 단지 귀찮아 하지만 않으면 된다. 평소에 원하는 한 달 살기를 떠나기로 결정했다면, 준비를 꼼꼼하게 하는 것이 중요하다.

일단 관심이 있는 도시를 결정하고 항공권부터 알아보고, 자신의 한 달 살기 일정을 짜야 한다. 먼저 어떻게 여행을 할지부터 결정해야 한다. 아무것도 모르겠고 준비를 하기 싫다면 가까운 동남아시아의 치앙마이로 가는 것이 좋다. 치앙마이에는 상당히 많은 한 달 살기를 원하는 사람들을 위해 도움을 받기 쉽기 때문이다. 한 달 살기라고 이것저것 많은 것을 보려고 하는 데 힘만 들고 남는 게 없을 수 있다. 한 달 살기는 보는 것보다 느끼고 장기간 도시에 머무르면서 잊지 못할 추억을 만드는 것이 더 중요하다.

다음을 보고 전체적인 여행의 밑그림을 그려보자.

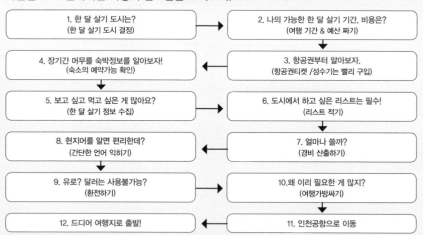

결정을 했으면 일단 항공권을 구하는 것이 가장 중요하다. 전체 한 달 살기 경비에서 항공료와 숙박이 차지하는 비중이 가장 크지만 너무 몰라서 낭패를 보는 경우가 많다. 평일이 저렴하고 주말은 비쌀 수밖에 없다. 항공료, 숙박, 현지경비 등 사전에 확인을 하고 출발하는 것이 문제를 발생시키지 않는 방법이다.

한 달 살기 유럽 VS 동남아시아

한 달 살기는 아직 이동 시간이 짧고 저렴한 물가로 인해 동남아시아로 떠나는 여행자가 더 많다. 유럽은 비싸다고 하는 선입견 때문에 한 달 살기로 떠나는 것을 주저하는 경우도 많다. 하지만 동유럽이나 조지아, 포르투갈, 스페인 남부 등의 국가는 동남아보다 약간 비싼 수준 정도이다. 그래서 미리 선입견으로 도시를 정하지 말고 한 달 살기를 하면 좋을 것 같다. 유럽은 이국적인 정취로 한 달 살기를 지내는 시간이 동남아시아보다 수월한 장점이 있다.

중요한 물가

한 달 살기에서 가장 중요한 결정을 짓는 요소는 직접적으로 '돈^{Money}'이다. 체류기간이 1달이나 되는 긴 시간이기 때문에 한 달 살기 비용은 꽤 비싸다는 인식이 있다. 장바구니 물가, 항공비용, 숙소비용이 적정선을 유지해야 한다.

동남아시아가 유럽보다
저렴하다고 생각할 수 있
는 것은 가까운 거리이므
로 항공비가 상대적으로
저렴하고, 동남아시아의
숙소도 유럽보다 저렴하
게 구하기가 쉬울 수 있
다. 동남아시아의 치앙마
이는 30~50만 원대의 숙
소가 쉽게 찾을 수 있는
데, 유럽의 도시들은 50
만원대의 숙소는 찾기가

어렵다. 저렴한 조지아의 트빌리시를 빼고, 포르투갈의 리스본도 50만 원 이상이다. 그러
나 폴란드의 크라쿠프, 헝가리의 부다페스트 등의 아파트 같은 숙소는 40~60만 원대로
구할 수 있다. 동남아시아보다 조금 비싸다고 할 수 있지만 의외로 숙소비용이 비싸지 않
음으로 미리 주저할 필요는 없다.

동남아시아도 마음에 드는 아파트나 콘도 등의 숙소가 저렴한 곳은 저렴한 이유가 있다. 숙
소를 찾기 위해서는 미리 확인할 사항이 있다. 대형마트의 장바구니 물가는 유럽이나 동남
아시아나 차이가 별로 없다. 동남아시아는 무조건 마트의 상품들도 저렴하다고 생각할 수
있지만 수입하는 제품들은 동남아시아 국가에서 대한민국보다 비싸기도 하다. 시장이 마트
보다 저렴하므로 1주일에 한 번 정도는 시장에서 필요한 먹거리를 구입하라고 추천한다.

안전

어느 도시에서 한 달 살기를 해도 돈보다
중요한 것은 치안일 것이다. 대부분의 한
달 살기 성지로 인기를 끄는 도시들은 안
전한 도시들이 많다.
도시가 안전해도 숙소 근처가 구석진 장
소에 있어서 밤에 어둡고 찾기가 힘들다
면 숙소에서 나가기가 힘들어 감옥 같은
곳으로 변할 수도 있다. 밤에 환하게 켜져
있는 가로등이나 인근의 상점(편의점)이
몇 시까지 영업하는 지도 중요하다

인터넷

현대 여행에서 인터넷이 어느 정도로 빠르게 사용할 수 있느냐가 중요하다. 숙소에서 저녁 이후로 SNS의 사용이 많아서 인터넷이 빠른지 확인하고, 인터넷 사용료가 따로 청구되는 지 확인할 필요가 있다. 유럽 국가들이 동남아시아보다 인터넷 속도가 느린 경우가 많음으로 유럽의 숙소는 사전에 인터넷이 느린지 빠른지 리뷰를 보고 확인하도록 하자.

인근의 레스토랑이나 한인 마트

동남아시아에서 한 달 살기를 하면 대한민국의 라면이나 고추장, 간장 등을 구하는 것은 어렵지 않다. 그런데 유럽이라면 이야기가 달라진다. 동유럽의 많은 도시는 아직도 한인 마트가 없는 경우가 대부분이라 사전에 필요한 한식 재료는 가지고 가는 것이 좋다. 하지만 인근에 한인 마트가 없다면 아시아 마트를 찾아서 쌀이나 식자재를 구하는 것이 필요하다.

인근의 카페나 레스토랑도 추가로 확인하여 저렴하게 즐길 수 있는 나만의 아지트 같은 곳이 한 달 살기에서 마음이 우울할 때 감정을 조절할 수 있는 장소가 된다. 자주 가는 카페나 레스토랑에서 단골이 되어 직원이나 주인과 이야기하면서 친구를 사귈 수 있기 때문이다. 그렇게 친구를 사귀기 쉬운 곳은 유럽보다는 동남아시아가 더 좋다. K-POP이 인기를 끌고 있는 동남아시아는 한국인에 대해 우호적이기 때문이다.

다양한 클래스, 전시회

동남아시아는 박물관이나 미술관이 적어서 방문하는 경우는 드물다. 상대적으로 유럽은 다양한 전시회가 많고 박물관에서 볼 것들이 풍부하다. 그에 반해 동남아시아는 쿠킹 클래스나 요가 클래스가 많다. 또한 어학을 배우는 학원들의 비용이 유럽보다 훨씬 저렴하기 때문에 한 달 살기가 많은 도시들은 다양한 클래스나 전시회, 박물관을 사전에 확인하고 출발하는 것이 한 달 살기 동안 재미있는 시간을 보내게 된다.

동남아시아 한 달 살기 여행지 비교

동남아시아에서 한 달 살기의 성지로 누구나 생각하는 대표적인 곳은 태국의 치앙마이와 인도네시아의 발리이다. 치앙마이Chiangmai가 태국 북부의 내륙의 고산지대에 위치해 선선한 기온과 자연 속에서 지낼 수 있다. 이와 반대로 인도네시아의 발리Bali는 섬이라는 특징에 맞는 바다의 다양한 해양 스포츠와 우붓Ubud이라는 내륙의 자연에서 즐기는 다양한 즐길 거리가 많다는 장점이 있다.

더욱 깨끗한 도시 분위기와 시설을 즐기면서 머물고 싶은 한 달 살기를 위한 곳으로 미국령 괌에서 지냈지만 최근에는 말레이시아의 신도시로 만들어지는 조호바루가 부상하고 있다.

치앙마이(90일 무비자)

대한민국의 한 달 살기를 트렌드로 이끈, 치앙마이는 태국 북부의 이국적인 분위기와 저렴한 물가로 사랑을 받는 대표적인 도시이다. 치앙마이는 태국 북부 고산지대에 위치하여 다른 지역에 비해 쾌적한 날씨를 자랑한다. 뿐만 아니라, 물가가 저렴하여 비교적 적은 예산으로 숙소와 매일 먹는 식사까지 해결이 가능한 장점이 있다.

태국 커피 문화의 중심지로 주목 받고 있는 치앙마이에는 다양한 분위기의 카페들이 곳곳에 위치해 있다. 또한 대부분의 카페에서 빠른 와이파이를 제공하고 있으므로 디지털 노마드들이 더욱 편리하게 지낼 수 있다.

발리(30일 무비자)

치앙마이가 인도차이나 반도의 내륙에 위치해 있어서 바다 근처에서 지내고 싶은 한 달 살기 여행자들은 바다와 내륙의 자연 속에서 휴식을 만끽할 수 있는 인도네시아 발리는 정반대의 한 달 살기 성지이다.

인기 있는 신혼 여행지로 손꼽히는 발리이지만 최근에는 한 달 살기의 성지로 다시 인기를 끌고 있다. 유럽의 여행자들이 오랜 시간 동안 지내는 발리의 우붓은 다른 곳에 비해 현지인들의 삶이 비교적 잘 보존되어 있고 저렴한 숙소로 인기를 끌고 있다.

발리는 해양스포츠의 천국답게 서핑하기 좋은 장소들이 많다. 꾸따와 레기안 비치에서는 초급자들이 서핑을 배우고 누사두아 비치에서는 중급 이상의 서퍼들이 즐긴다. 다양한 레벨의 서핑클래스가 열리고 서퍼들이 오랜 기간 동안 머물기 때문에 누구나 쉽게 배울 수 있다. 요가는 우붓에서 많은 서양인들이 배우는 다양한 클레스가 열리므로 1달 동안 새로운 즐거움을 찾을 수 있다.

발리는 30일 동안 무비자 체류가 가능하여 한 달 살기를 계획하고 있다면 따로 비자를 발급받지 않아도 되지만 30일 초과 시 벌금이 부과되어 치앙마이와 비교가 된다. 한 달 이상 머무를 계획이라면 관광 비자를 만들어야 한다는 점을 참고해야 한다.

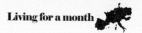

조호 바루(Johor Bahru)

말레이시아의 남부에 있는 조호 바루^{Johor Bahru}는
최근 2~3년 동안 인기를 끌고 있다. 새로운 신
도시가 만들어진 조호 바루Johor Bahru에는 말
레이시아가 2035년까지 새로운 도시를 만들겠
다는 장기 비전으로 이끌어가고 있다. 게다가 중
진국인 말레이시아에서 저렴하게 대한민국과 비
슷한 시설을 가지고 있는 것이 다른 도시와 차이
가 있다. 깨끗하게 만들어진 콘도와 집들이 즐비

하고 다양한 해양스포츠와 골프와 테니스 등의 스포츠를 배울 수 있다. 근처에는 싱가포르
가 있어서 주말에 놀러가는 재미도 있다.

다양한 국제학교가 개교를 하면서 자녀와 함께 저렴하게 지내고 싶은 부모들이 괌을 대신
하는 대안으로 찾고 있다. 새로 지은 콘도와 집들이 대규모로 지어지고 있어서 좋은 시설
을 저렴하게 찾을 수 있는 장점이 있다.

괌(Guam) 45일 무비자 / ESTA 90일 무비자

에메랄드 빛 바다와 맑은 하늘을 만끽할 수 있는 미국령 괌은 섬이다. 곳곳에 아름다운 해
변이 있어 카약킹, 스노쿨링 등 다양한 해양 스포츠를 즐기며 휴식을 취할 수 있다. 영어
를 사용하는 지역이기 때문에 영어 공부를 위해 자녀와 한 달 간 지내기도 한다.
괌은 북동무역풍이 불어 인근 섬에서 오는 쓰레기들이 쌓이는 것을 방지해 준다. 발리만
해도 겨울에는 서쪽이 비치로 많은 쓰레기들이 해안을 점령하고 있는 것을 볼 수 있지만
괌은 다르다. 세계에서 가장 공기가 좋은 곳 중 하나로 손꼽힌다.

끄라비(Krabi)

끄라비는 유럽의 장기 여행자들이 가장 좋아하는 도시 중에 하나이다. 에메랄드 빛 바다와 이국적인 풍경을 다른 곳에서는 쉽게 볼 수 없다. 옛 인류들이 살았던 동굴, 불교와 이슬람의 문화가 혼재되어 있어 색다른 문화를 느껴볼 수 있다. 또한 여러 문화가 혼합되어 있는 만큼, 즐길 수 있는 먹거리도 다양하다.

태국의 전통 먹거리부터 이슬람 음식, 다양한 문화의 음식 등을 다양하게 즐겨볼 수 있다. 여유롭게 프라낭 해변에서 조용히 살아보는 것도 한 달 살기의 색다른 묘미일 것이다.

호이안(Hoi An)

오랜 전통을 살리는 노란 색 골목에 개성이 가득한 골목골목마다 착하고 순한 호이안 사람들과 관광객이 어울린다. 베트남의 다른 도시에서는 못 보는 호이안^{Hoi An}의 장면들은 베트남다운 도시로 손꼽힌다. 호이안^{Hoi An}은 17~19세기에 걸쳐 동남아시아에서 가장 중요한 항구 중 하나였던 곳이다. 이런 옛 분위기가 한 달 살기를 하는 장기여행자가 가장 좋아하는 것이다. 호이안의 일부분은 100년 전이나 지금이나 같은 모습을 보여주고 있다. 호이안^{Hoi An}은 베트남 중부에서 중국인들이 처음으로 정착한 도시이기도 하다.

유네스코 세계 문화유산으로 등재된 호이안^{Hoi An}의 유서 깊은 올드 타운에서 쇼핑을 즐기고 문화 유적지를 둘러보며 강변에 자리한 레스토랑에서 저녁식사를 즐기면서 옛 시절로 떠나는 경험을 할 수 있다. 호이안^{Hoi An}의 아주 오래된 심장부로 여행을 떠난다. 좁은 도로를 거닐다가 사원과 유서 깊은 주택을 방문하고, 다양한 전통 음식을 맛봐도 좋다.

대표적인 유럽 한 달 살기 여행지 비교

유럽에서 한 달 살기를 하려는 여행 자가 늘어나고 있다. 유럽은 동남아 시아처럼 휴양을 취하면서 요가나 쿠 킹 클래스 같은 배움을 목적으로 하 는 것과 다르다. 대부분은 이국적인 풍경과 건축물을 보면서 각종 박물관 과 도시의 여유를 보기 위해 한 달 살 기를 떠난다. 대표적으로 한 달 살기 를 떠나는 대표적인 도시는 조지아의

트빌리시, 포르투갈의 포르투나 동유럽의 도시들이다. 동남아시아보다 물가는 저렴하지는 않지만 동유럽이나 포르투갈, 스페인의 안달루시아 지방은 저렴한 물가를 자랑한다.

최근에는 이탈리아의 시칠리아, 남유럽, 몰타 같이 겨울에도 춥지 않고 깨끗한 공기를 자 랑하면서 다양한 도시 분위기와 시설을 즐길 수 있는 곳을 찾기 시작했다. 어학을 배우면 서 지낼 수 있는 아일랜드의 더블린이나 몰타도 부상하고 있다.

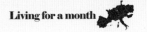

트빌리시(Tbilisi)

트빌리시는 조지아 공화국 동부, 터키에서 흘러오는 쿠라^{Kura}강 유역에 위치한 도시로 삼면이 산으로 둘러싸여 있고 강의 경사면에는 집들이 빼곡하게 들어서 있다. 마르코 폴로가 '그림으로 그린 듯이 아름답다'고 칭찬했던 도시는 이제 인구 150만 명을 넘는 조지아의 수도가 되었다. 트빌리시가 최근에 한 달 살기를 원하는 여행자가 많아진 이유는 저렴한 물가와 동서양의 경계에서 볼 수 있는 문화 때문이다.

트빌리시^{Tbilisi}는 5세기 이래 조지아의 수도다. 1600년 고도, 트빌리시에는 과거와 현재가 공존한다. 강변에는 한눈에 봐도 세월의 더께가 내려앉은 건물이 늘어서 있는데, 강 위에는 런던의 밀레니엄 다리를 연상케 하는 평화의 다리가 놓여 있다. 강 건너에는 케이블카가 산 정상의 요새를 향해 비상 중이다. 그렇게 중세 성당과 현대적인 다리 등 각기 다른 시대 건축들이 중첩돼 있다.

몰타(Malta)

골목에 기사의 흔적이 새겨진 요새도시인 몰타, 몰타의 수도 발레타는 전체가 유네스코 세계문화유산으로 지정된 도시다. 북쪽에는 유럽, 남쪽에는 아프리카, 동쪽에는 아시아가 있다. 몰타의 총면적은 316㎢로 제주도보다 작은 지중해의 중앙에 작은 섬나라가 사람들의 주목을 받고 있다. 몰타에 쌓여있는 문화유산은 풍요로워 넘친다. 몰타는 중세부터 대륙을 잇는 중요한 무역항이었고, 지정학적 위치는 항공무역 시대로 넘어오기 전까지 번영을 누렸다. 굳건하게 이어온 가톨릭의 전통은 곳곳에 경이로운 성당들을 남겼다.

몰타 인간이 세운 도시의 흔적뿐만 아니라 자연이 만든 경이한 풍경에서도 발견할 수 있다. 코발트빛 바다와 연중 내내 온화한 날씨, 석회암 지형이 뚫어 놓은 절벽과 동굴의 절경 덕분에 몰타는 높은 인기를 누리는 한 달 살기 도시로 부상하고 있다. 또한 영국 식민지인 특성상 어학을 배우면서 지내기에도 좋다.

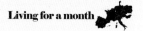

부다페스트(Budapest)

요한 슈트라우스 2세가 작곡한 '아름답고 푸른 도나우 강'이라는 음악을 들어본 적이 있는가? 독일에서는 도나우 강이라고 부르는 다뉴브 강을 끼고 있는 도시가 헝가리의 수도 부다페스트이다. 부다페스트는 부다^{Buda}라는 지역과 페스트^{Pest}라는 지역을 합쳐서 부르는 이름이다. 부다와 페스트 사이를 가로질러 아름다운 모습을 가진 부다페스트를 '다뉴브 강의 진주'또는 '동유럽의 장미'라고 부른다.

부다페스트는 오스트리아 합스부르크 왕가가 19세기에 새로운 계획도시로 만들기 시작하면서 다양한 건축물과 아름다운 풍경이 정비되었다. '동유럽의 파리'라는 수식어로 도시의 아름다움은 정평이 나 있는데, 저렴한 물가와 아름다운 야경까지 한 달 살기에 더할 나위 없는 도시이다.

프라하(Praha)

유럽에서 중세의 모습을 가장 잘 간직하고 있다는 도시 프라하. '백개의 첨탑'을 가지고 있으며 신성 로마 제국의 수도였던 도시답게 프라하는 화려하다. 길거리를 거닐면 도시 전체가 박물관으로 생각될 정도로 프라하는 볼거리가 많은 도시이다. 비교적 저렴한 물가로 한달 살기를 원하는 여성들에게 가장 사랑받는 도시 중에 하나이다. 프라하는 볼거리가 다양하여 2주 이상 매일 도시를 둘러보면서 박물관을 찾아다니는 즐거움과 해가 기울어지고 나면 길을 따라 하나, 둘 아름다운 가로등과 조명이 켜지고 프라하는 100만 불 이상의 화려함으로 우리를 맞이한다.

한 해에도 수백만 명의 관광객들이 이곳 프라하를 찾고 있으며, 그들의 가슴속에 프라하는 큰 자리를 잡게 된다. 길거리에 늘어선 악사들과 상인들은 관광객들의 눈과 귀를 심심하게 하지 않으며, 낯선 길을 걸을 때 창가에서 들려오는 바이올린 소리는 프라하를 음악이 흐르는 도시로 만든다.

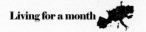

크라쿠프(Krakow)

7세기부터 시작해 폴란드에서 가장 오래된 도시 중의 하나인 크라쿠프Krakow는 바르샤바로 수도가 이전되기 전까지 중세 유럽 문화의 중심지 역할을 해온 폴란드의 천년 고도다. 대한민국의 경주와 비슷한 도시로 생각하면 된다. 바벨Wawel 언덕 아래 비스와Vistula 강이 흐르는 곳에 위치한 이곳은 대한민국에 방문한 적도 있던 교황 요한 바오로 2세의 고향으로도 유명하지만 아우슈비츠와 비엘리츠카 소금광산을 같이 여행하기 위해 항상 관광객들로 붐빈다.

크라쿠프는 유난히 붉은 빛이 어울리는 도시로 수많은 붉은 물결이 모여 하늘까지 말로 표현할 수 없는 색깔을 빚어낸다. 수많은 침략과 전쟁의 역사 속에서도 굳게 지켜온 폴란드의 강인한 자존심과 잘 어울리는 풍경이다.

상대적으로 폴란드의 크라쿠프가 잘 알려진 도시는 아니지만 대한민국의 경주와 비슷한 도시로 볼거리가 많아 오랜 시간 동안 도시를 둘러봐도 질리지 않는다. 또한 폴란드의 저렴한 물가와 다양한 음식은 한 달 살기를 원하는 이들에게 꼭 추천하는 도시이다.

그라나다(Granada)

스페인 안달루시아의 꽃, 오후의 찬란한 햇살과 오렌지 향이 섞인 훈풍이 인사를 건네는 곳. 예쁘기만 해서 다가가기 힘든 여느 유럽 도시와 달리, 안달루시아는 여행자를 선뜻 안아주었다. 신이 나서 안달루시아의 여러 도시를 누빈 열흘간의 여행, 그 편안하고 감동적인 기억이 아주 오랫동안 심장에 머물렀다.

스페인 남부 여행에서 빼놓을 수 없는 도시. 그라나다에선 이슬람 마지막 왕조의 슬픈 역사가 배어 있는 알람브라 궁전을 만날 수 있다. 그러나 그라나다의 매력은 화려한 궁전에만 있는 게 아니다. 이슬람교도들의 주거지 알바이신Albaicin 지구의 좁고 비탈진 골목길을 걷고, 카냐caña작은 잔에 담겨 나오는 스페인식 맥주) 한잔에 공짜 타파스를 즐기는 것. 그외에도 무궁무진한 즐거움이 기다리고 있다.

이슬람 문화와 기독교 문화를 동시에 즐길 수 있고 겨울에도 춥지 않은 도시의 특성상 언제나 활기찬 분위기를 즐기면서 다양한 볼거리까지 한 달 살기에 적합한 도시이다.

잘츠부르크(Salzburg)

인구 15만 명이 사는 오스트리아의 작은 도시 잘츠부르크는 여행자들에게는 참 매력적인 도시이다. 잘츠부르크Salzburg는 '소금Salz의 성Berg'라는 뜻에서 유래되었다. 예전 소금이 귀하던 시절에는 소금이 많이 나는 것도 대단한 자랑거리였을 거라고 추측한다.

영화 팬들에게는 뮤지컬 영화 '사운드 오브 뮤직'을 떠올리게 한다. 중세의 골목길과 위풍당당한 성들이 아름다운 산으로 둘러싸여 있는 오스트리아의 이 도시는 모차르트와 영화 〈사운드 오브 뮤직〉의 고향이기도 하다. 잘츠부르크를 찾은 여행자들은 모차르트의 흔적을 찾아보거나 영화 사운드 오브 뮤직의 배경이 되었던 곳을 하나하나 찾아다니는 것만 해도 잘츠부르크 탐험이 흥미로운 것이다.

잘자흐Salzach 강 서안에 자리한 잘츠부르크에서는 잘츠부르크 성당Salzburg Cathedral과 모차르트 광장Mozart Platz을 비롯한 유서 깊은 명소들을 직접 볼 수 있다. 오스트리아의 잘츠부르크가 동유럽의 다른 도시들보다 저렴한 물가는 아니지만 음악을 좋아하는 사람들이 많이 찾는다.

한 달 살기 무엇을 준비할까?

한 달 살기는 생각보다 긴 시간이다. 2~3일은 그냥 아무것도 안 하고 쉴 수도 있지만 그 이후에는 마냥 먹고 쉬는 것도 쉽지 않다. 그래서 한 달 살기를 하려는 도시는 휴양뿐 아니라 다양한 액티비티, 아름다운 풍경(자연, 건축물 등)가 중요하다. 또한 저렴한 물가로 상대적인 부담이 적어야 매력적인 한 달 살기 장소가 된다.

그래서 한 달 살기로 유명한 발리나, 치앙마이, 호이안, 프라하, 트빌리시, 세비야, 크라쿠프 등은 실제로 친절하고 다정한 사람들, 어느 곳과 견주어도 손색없는 천혜의 자연환경이나 감탄할만한 건축물, 이색적이고 맛있는 음식들, 저렴한 물가가 생각나는 도시이다. 게다가 감성이 넘치다 못해 카페와 레스토랑에서 슬로우라이프를 즐길 수 있는 천국 같은 곳이다.

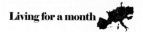

나를 찾아 떠나다.

무엇보다도 내일을 위해 열심히 달렸던 자신에게 인생은 어느 정도 즐겨야 한다는 것을 다시 깨닫게 해주었다. 마음속에 숨어있던, 내가 그동안 지나쳤던 생각들이 스물 스물 머리 속에서 자연스럽게 튀어나왔다. 나와 관련된 사람들이나 환경들이 소중했고 감사했다.

한 달 살기에서 더욱 추억에 남을 수 있는 것은 현지인들과 교감을 나누는 것이다. 현지의 사람들과 소소한 행복을 느끼며 현지문화를 경험하고 나를 휘감은 시선 속에서 벗어나 오직 나만을 생각하며, 자유를 느끼고 싶은 사람들에게 한 달 살기를 추천할 만하다.

한 달 살기 예산 짜기

전 세계 어느 나라, 어느 도시나 마찬가지겠지만 한 달 살기 예산이 어느 정도인지 미리 예상해보는 것이 중요하다. 물가는 같은 도시여도 천차만별이라 숙소, 먹거리, 쇼핑 등 개인 차에 따라 다르게 된다. 한 달 살기 동안 필요한 예산을 개인의 소비형태나 숙소타입에 따라 적정하게 정하는 것이 좋다.

1. 항공권

어디를 가든 항공은 경유와 직항이 있다. 경유를 하는 항공은 저렴하지만 동남아시아 국가는 저가항공인 에어아시아, 비엣 젯, 뱀부 항공 등이 있고, 직항에는 대한항공, 아시아나 항공이 있다. 동남아시아는 베트남이나 치앙마이가 4시간 30분에서 인도네시아 발리의 7시간까지 소요된다. 유럽으로 이동하려면 저가항공은 경유를 이용하면 항공비용을 많이 줄일 수 있다.

대략 직항이 12시간이지만 경유를 하면 20시간까지 이동시간이 길어진다.

동남아시아 항공권을 구매할 때 평균적인 금액은 30(베트남)~90(발리)만 원 사이로 형성되어 있다. 유럽도 60~150까지 천차만별이다. 가을에 이동하는 유럽항공권은 40~50만 원대도 가끔씩 구할 수 있다. 항공권 가격은 시기에 따라 차이가 크고, 성수기, 명절 때는 최고 가격이지만 한 달 살기를 위해 미리 예약한다면 항공비용을 줄일 수 있을 것이다. 일정이 정해진다면 빨리 항공권을 구매하는 것이 좋다.

2. 식비

동남아시아에서 현지 음식은 보통 1,000-4,000원정도면 충분하다. 그렇지만 유명 맛집은 10,000~30,000원정도이다. 상대적으로 저렴하다고 느끼지 못하게 된다. 그러므로 동남아시아라고 무조건 저렴하다는 인식은 없어야 한다. 유럽에서도 상대적으로 물가가 비싼 북유럽이 아니라면 동유럽과 포르투갈은 상대적으로 물가가 저렴한 편이다. 유럽의 물가가 비싸도 마트에서 장을 봐와서 숙소에서 요리해 먹는다면 식비는 동남아시아와 차이를 느끼지 못할 정도이므로 개인적으로 어떻게 식비를 사용하는 지에 따라 다르다.

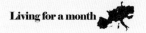
3. 숙소

숙소를 구할 때 싸고 좋은 집을 이야기하지만 싸고 좋은 집은 없다. 집의 렌트 비용이 저렴하면 저렴한 이유가 있고, 비싸다면 비싼 이유가 있다. 자신의 숙소비용이 저렴하게 얼마부터 비싼 가격으로 어디까지는 내가 감당할 수 있을지 사전에 결정하고 머물 숙소를 결정해야 한다. 치앙마이나 발리, 호이안 같은 동남아시아는 상대적으로 정보가 많아서 숙소에 대해 사전에 검색으로 주소와 전화번호 등을 미리 확인해 둘 수 있지만 유럽은 사전에 숙소를 구하기가 쉽지 않다. 에어비앤비로 몇 개의 숙소를 알아두고 찾아보는 것도 좋은 방법이다.

필자의 Tip

1. 주로 2~3일을 유스호스텔로 구하고 첫날에 호스텔 직원과 이야기를 하면서 대략의 감을 잡는다.
2. 현지에서 숙소를 구하는 홈페이지를 알아놓고 검색하여 몇 개를 결정하고 나서 다시 직원에게 물어본다.
3. 직원은 좋고 나쁜지를 알려주면 다시 결정을 하고 전화를 걸어 직접 방문하였다.
4. 영어나 현지 언어로 이야기하기 힘든 경우에도 호스텔 직원이 전화로 통화를 미리 하고 찾아가면 편리하다.

주의사항

1. 사진은 화려하다?

숙소는 게스트하우스, 풀 빌라, 에어비앤비, 홈스테이, 호텔 리조트 등으로 다양한데 한 달 살기를 할 경우 에어비앤비나 홈스테이를 추천한다는 것이 대부분의 한 달 살기 정보이다. 그러나 이렇게 단순하게 생각한다면 문제가 발생하는 경우가 많다. 숙소는 처음부터 미리 숙소를 1달 동안 예약하고 가면 안 된다. 사진으로 보는 것과 직접 보고 머무는 것은 차이가 크다.

2. 원하는 숙소

처음에는 2~3일의 숙소를 예약하고 가서, 현지의 집을 렌트해주는 홈페이지에서 보고 직접 보고 결정하는 것이 안전하다. 특히 치앙마이에는 다양한 콘도가 있고 물이 잘 나오는지, 친절한 경비가 있는지 등 다양하게 파악해야 한다.

3. 집을 구입한다고 생각하고 알아보자.

한마디로 새로운 집을 보고 들어가서 산다고 생각하면 무엇을 알아봐야 하는 지 알 수 있다. 집 내부도 중요하지만 집이 있는 동네의 환경, 집 주인, 콘도나 아파트라면 경비가 친절한 지, 옆 집은 시끄럽지는 않은 지 등등 봐야할 것들이 많다.

4. 에어비앤비는 상대적으로 비싸다.

에어비앤비 사이트를 통해 미리 금액을 알아볼 수도 있지만 현지에서 직접 주인과 가격 협의를 할 때와 가격의 차이가 발생하는 것이 대부분이다.

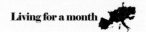

인터넷과 심카드

현지에서는 현지 유심을 사서 이용한다. 숙소 중에는 현지 인터넷이 숙소비용에 포함된 경우도 있지만 안 되어 있기도 하다. 그런데 인터넷 설치를 예약하고 설치까지 유럽은 상당한 시간이 소요된다. 그래서 사전에 인터넷이 있어야 편리하지만 동남아시아의 콘도나 아파트는 인터넷을 추가비용을 내고 설치해야 하는 경우에 추가비용이 발생한다.

심^{Sim}카드는 공항에 도착하자마자 심^{Sim}카드의 1달 정도 사용하겠다고 이야기를 하면 심^{Sim}카드 판매하는 직원이 추천을 해준다. 이 중에서 구입하여 사용하면 된다. 유심 가격은 상점마다 다르지만 동네마다 있는 상점에서 구입하는 것이 가장 저렴하다. 그렇지만 심^{Sim}카드 없이 숙소를 찾거나 전화를 하기가 힘들어서 공항에서 구입하는 것을 추천한다. 유럽은 공항이나 시내의 가격차이가 없는 경우가 많아서 어디서 구입하든 상관없다.

대략적 예산

한 달 살기는 사전에 자신이 사용할 수 있는 대략적 예산을 정해 비용을 확인하고 출발해야 한다. 그래야 돌아와서 비용에 대해 통제가 가능하다. 통제가 불가능해져버리면 돌아와서 후회만 남은 한 달 살기로 변할 수 있으므로 반드시 확인하는 습관을 갖추도록 하자.

숙소	식비	교통비	통신비	기타(비상금 · 쇼핑)	총예상 금액
2~100만 원	40~60만 원	15~30만 원	2~5만 원	30~60만 원	100~200만 원

사전 준비 사항

해외로 여행을 가기 위해서는 사전에 준비를 할 사항들이 있다. 더군다나 한 달 살기 같은 긴 기간의 여행은 확실하게 준비를 하는 것이 해외에서 발생하는 문제들에 대비할 수 있다.

환전

환전은 한국에서 유럽이 아니라면 50$, 100$ 짜리 지폐로 환전해가는 것이 좋다. 동남아시아는 현지에서 달러를 베트남의 동Dong이나 인도네시아의 루피아, 태국의 바트(B)로 환전하는 것이 환전률이 좋고, 100달러는 현지에서 가장 높은 환율로 바꿀 수 있다.

일부 금액은 어디든 곳곳에 ATM 기기가 많이 있기 때문에 현지에서 체크카드로 출금을 하는 것도 좋다. 간혹 체크카드가 복제되는 경우도 있다고 하지만 칩이 있는 경우에는 불가능하다. 대형 마트 주변이나 은행 주변에 있는 ATM기기는 안전한 편이다.

여행자 보험

여행을 가기 전 반드시! 들어야 하는 것이 여행자 보험이다. 아무 일 없을 것이고 다치지 않을 것이라는 생각은 착각. 언제, 어디서 무슨 일이 생길지 모르고 현지 병원비는 높은 편으로 작은 상처로 병원을 가더라도 치료비가 한화로 15~20만 원 정도 나온다. 물건을 잃어버렸을 경우에도 보험처리를 할 수 있기 때문에 여행 전에 공항에서라도 여행자보험을 꼭 들고 오자.

예방접종

유럽으로 한 달 살기를 하려면 예방접종이 필요하지 않다. 하지만 동남아시아에서 한 달 살기를 하기 위해서는 예방접종이 필요할 수 있다. 몸에 상처가 나거나 음식을 잘못 먹어 바이러스에 감염이 될 가능성이 있다. 그러나 성인이라면 큰 걱정이 불필요할 수도 있다. 반면에 자녀와 함께 떠난다면 사전에 파상풍, 장티푸스 등 해외여행 전, 필요한 예방접종을 하고 오면 더욱 안심하고 안전한 여행을 할 수 있다.

사전에 숙소 정보 구하기

한 달 살기를 준비할 때 가장 많이 고민되는 부분은 누가 뭐라고 해도 숙소이다. 아무래도 한 달 이상의 기간을 사는 것처럼 머물러야 한다는 점에서 단순히 숙소의 개념보다는 개인의 한 달 살기에 깊숙이 영향을 미칠 수 있다. 숙소는 큰 문제없이 '비 안 새고 잠만 잘 자면 된다.'라고 생각하면 상관없지만 오랜 기간을 머물러야 하는 숙소는 중요하다.

개념잡기

숙소 위치

숙소를 정하기 전에 도시의 중심에 머무를지, 외곽에서 집이나 아파트를 구할지부터 생각해보자. 한마디로 한 달 살기를 계획한 당신이 무엇을 하고 싶은지부터 생각을 시작해 보자. 도시의 구석구석을 탐방하고 싶은지, 바다나 자연의 풍경이 보이는 곳에서 아무것도 안하고 멍 때리거나 책을 읽는 것만으로 만족스러울지 결정해야 한다.

사전에 몇 개의 숙소 정보 구하기

한 달 살기를 할 도시를 결정하면 숙소의 비용이 어느 정도에 구할 수 있을 지와 이전에 머물렀던 리뷰(Review)를 보면서 사전에 확인할 사항과 비용을 확인하고 정보를 체크해야 한다. 그래야 비용이 생각하는 것보다 많이 차이가 없다. 비용의 차이가 크면 클수록 한 달 살기 처음부터 어렵게 시작하게 된다.

세부적으로 확인할 사항

1. 나의 여행스타일에 맞는 숙소형태를 결정하자.

지금 여행을 하면서 느끼는 숙소의 종류는 참으로 다양하다. 호텔, 민박, 호스텔, 게스트하우스가 대세를 이루던 2000년대 중반까지의 여행에서 최근에는 에어비앤비Airbnb나 부킹닷컴, 호텔스닷컴 등까지 더해지면서 한 달 살기를 하는 장기여행자를 위한 숙소의 폭이 넓어졌다.

숙박을 할 수 있는 도시로의 장기 여행자라면 에어비앤비Airbnb보다 더 저렴한 가격에 방이나 원룸(스튜디오)을 빌려서 거실과 주방을 나누어서 사용하기도 한다. 방학 시즌에 맞추게 되면 방학동안 해당 도시로 역으로 여행하는 현지 거주자들의 집을 1~2달 동안 빌려서 사용할 수도 있다. 그러므로 자신의 한 달 살기를 위한 스타일과 목적을 고려해 먼저 숙소형태를 결정하는 것이 좋다.

무조건 수영장이 딸린 콘도 같은 건물에 원룸으로 한 달 이상을 렌트하는 것만이 좋은 방법은 아니다. 혼자서 지내는 '나 홀로 여행'에 저렴한 배낭여행으로 한 달을 살겠다면 호스텔이나 게스트하우스에서 한 달 동안 지내는 것이 나을 수도 있다. 최근에는 아파트인데 혼자서 지내는 작은 원룸 형태의 아파트에 주방을 공유할 수 있는 곳을 예약하면 장기 투숙 할인도 받고 식비를 아낄 수 있도록 제공하는 곳도 생겨났다. 아이가 있는 가족이 여행하는 것이라면 안전을 최우선으로 장기할인 혜택을 주는 콘도를 선택하면 낫다.

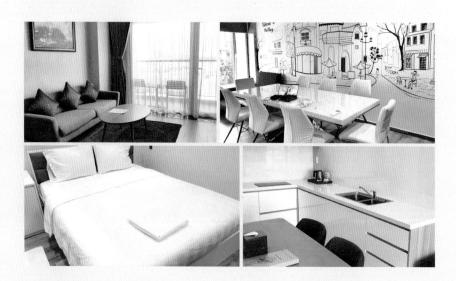

2. 한 달 살기 도시를 선정하자.

어떤 숙소에서 지낼 지 결정했다면 한 달 살기 하고자 하는 근처와 도시의 관광지를 살펴보는 것이 좋다. 자신의 취향을 고려하여 도시의 중심에서 머물지, 한가로운 외곽에서 머물면서 대중교통을 이용해 이동할지 결정한다.

3. 숙소에 대한 이해

한 달 살기라면 숙소예약이 의외로 쉽지 않다. 짧은 자유여행이라면 숙소에 대한 선택권이 크지만 한 달 살기는 숙소 선택이 난감해질 때가 많다. 숙소의 전체적인 이해를 해보자.

1. 숙소의 위치

도시의 어느 곳에 숙소를 정해야 할지 고민하게 된다. 시내에 주요 관광지가 몰려있기 때문에 숙소의 위치가 도심에서 멀어지면 숙소의 비용이 저렴해도 교통비로 총 여행비용이 올라가게 될 수도 있다. 따라서 숙소의 위치가 중요하다. 그러나 도시의 중심지에 있는 숙소를 정하고 싶어도 숙박비를 생각해야 한다.

한 달 살기를 오는 사람들은 어디가 중심인지 파악이 쉽지 않다. 그래서 3~5일 정도의 숙소를 예약하고 나서 도착하여 숙소를 정하는 것도 좋은 방법이다. 시내에서 떨어져 있다면 도심과 숙소 사이를 이동하는 데 시간이 많이 소요되어 좋은 선택이 아니라고 생각한다.

2. 숙소예약 앱의 리뷰를 확인하라.

숙소는 몇 년 전만해도 호텔과 호스텔이 전부였다. 하지만 에어비앤비나 부킹닷컴 등을 이용한 아파트도 있고 다양한 숙박 예약 어플도 생겨났다. 가장 먼저 고려해야 하는 것은 자신의 여행비용이다. 항공권을 예약하고 남은 여행경비가 200만 원 정도라면 반드시 100만 원 이내의 숙소를 정해야 한다. 자신의 경비에서 숙박비는 50% 이내로 숙소를 확인해야 한 달 살기 동안 지내면서 돈 걱정 없이 지낼 수 있다.

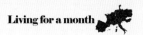

3. 내부 사진을 꼭 확인

숙소의 비용은 우리나라보다 저렴하지만 시설이 좋지않은 경우가 많다. 오래된 건물에 들어선 숙소가 아니지만 관리가 잘못된 아파트(콘도)들이 의외로 많다. 반드시 룸 내부의 사진을 확인하고 선택하는 것이 좋다.

4. 에어비앤비나 부킹닷컴을 이용해 아파트를 이용

시내에서 얼마나 떨어져 있는지를 확인하고 숙소에 도착해 어떻게 주인과 만날 수 있는지 전화번호와 아파트에 도착할 수 있는 방법을 정확히 알고 출발해야 한다. 아파트에 도착했어도 주인과 만나지 못해 아파트(콘도)에 들어가지 못하고 1~2시간만 기다려도 화도 나고 기운도 빠지기 때문에 여행이 처음부터 쉽지 않아진다.

> **알아두면 좋은 동유럽 이용 팁(Tip)**
>
> **1. 미리 예약해도 싸지 않다.**
> 일정이 확정되고 아파트에서 머물겠다고 생각했다면 먼저 예약해야 한다. 여행일정에 임박해서 예약하면 같은 기간, 같은 객실이어도 비싼 가격으로 예약을 할 수 밖에 없다. 하지만 성수기가 아닌 비성수기라면 여행일정에 임박해서 숙소예약을 많이 하는 특성을 아는 숙박업소의 주인들이 일찍 예약한다고 미리 저렴하게 숙소를 내놓지는 않는다.
>
> **2. 후기를 참고하자.**
> 아파트의 선택이 고민스럽다면 숙박예약 사이트에 나온 후기를 잘 읽어본다. 특히 한국인은 까다로운 편이기에 후기도 적나라하게 평을 해놓는 편이라서 숙소의 장, 단점을 파악하기가 쉽다. 실제로 그곳에 머문 여행자의 후기에는 당해낼 수 없다.
>
> **3. 미리 예약해도 무료 취소기간을 확인해야 한다.**
> 미리 숙소를 예약하고 있다가 나의 한 달 살기 여행이 취소되든지, 다른 숙소로 바꾸고 싶을 때에 무료 취소가 아니면 환불 수수료를 내야 한다. 그러면 아무리 할인을 받고 저렴하게 숙소를 구해도 절대 저렴하지 않으니 미리 확인하는 습관을 가져야 한다.

숙소 예약 사이트

부킹닷컴(Booking.com)
에어비앤비와 같이 전 세계에서 가장 많이 이용하는 숙박 예약 사이트이다. 동유럽에도 많은 숙박이 올라와 있다.

Booking.com
부킹닷컴
www.booking.com

에어비앤비(Airbnb)
전 세계 사람들이 집주인이 되어 숙소를 올리고 여행자는 손님이 되어 자신에게 맞는 집을 골라 숙박을 해결한다. 어디를 가나 비슷한 호텔이 아닌 현지인의 집에서 숙박을 하도록 하여 여행자들이 선호하는 숙박 공유 서비스가 되었다.

airbnb
에어비앤비
www.airbnb.co.kr

4. 숙소 근처를 알아본다.

지도를 보면서 자신이 한 달 동안 있어야 할 지역의 위치를 파악해 본다. 관광지의 위치, 자신이 생활을 할 곳의 맛집이나 커피숍 등을 최소 몇 곳만이라도 알고 있는 것이 필요하다.

숙소 확인 사항

한 달 살기 동안 자신이 머무를 숙소는 아파트나 콘도, 게스트하우스나 홈스테이의 일부 공간, 집 전체 렌트 등으로 여러 가지 형태가 있다. 그런데 사전에 확인할 사항이 꼭 있다. 단순하게 집 내부가 예쁘다고 계약을 하게 되면 머무르면서 지내기가 힘들어지는 요소들이 있다.

관리비와 전기세, 수도세

콘도나 아파트에서 1달 이상으로 계약을 하면 숙소비용만 생각하지만 추가로 확인할 사항이 있다. 관리비와 전기세, 수도세를 확인해야 한다. 평균적으로 어느 정도의 비용이 1달 동안 청구되는 지 미리 물어보고 확인해야 한다. 반드시 사전에 사진을 찍어서 1달 후에 분쟁이 발생할 때 사진으로 확인해주면 쉽게 해결이 된다.

침구제공

동남아시아든 유럽이든 침구를 제공하는 지 제공하지 않는지 확인해주어야 한다. 동남아시아는 침구류를 제공해도 찝찝하다고 생각해 새로 구입하여 1달 동안 머무르는 여행자가 있다. 대형마트에서 침구류를 구입해도 저렴하기 때문에 부담이 적다. 그러나 유럽은 상대적으로 침구를 제공한다면 그대로 사용하는 경우가 많다. 그런데 침구류를 제공하지 않으면 새로 구입하는 데에 부담이 동남아시아보다 크다.

옷거리, 문 파손, 벽에 못 박힌 개수 확인하기

대한민국에서는 단기간 머무르는 숙소에서 확인하는 경우는 적지만 해외에서는 벽에 못이 박힌 개수를 확인해야 한다. 그 개수를 계약서에 적기도 하기 때문에 신중해야 한다. 추가적으로 못을 박는 경우는 거의 없지만 못이 떨어지는 경우에 1달 후에 추가비용을 청구하기도 한다. 옷거리가 숙소에 있다면 잃어버리거나 파손시키지 않는 것이 좋다. 파손이 되면 1달 후에 보증금에서 빼고 환급된다.

보증금 환급

단기간의 계약이므로 사전에 보증금을 요구하는 경우도 있다. 보증금이 있으면 1달의 비용이 줄어들고, 보증금이 없으면 1달 숙소비용이 많아진다. 보증금이 있는 이유는 1달 후에 숙소의 상태에 따라 보증금에서 빠지고 환급해 주기도 하기 때문이다. 숙소가 파손되었다면 보증금에서 환급되는 금액은 적어진다는 사실을 계약서에서 확인하자.

체크아웃을 정확하게 알려주어야 한다.

1달 정도의 기간을 숙소를 정하고 머무르기 때문에 체크아웃을 알려주어야 한다고 계약서에 명기하기도 한다. 3개월 이상을 머무르는 여행자는 계약이 체크아웃을 알려주는 기간이 2주 전인지, 3주 전인지가 정해진다.

그런데 1달이라면 체크아웃을 알려주는 기간은 삭제하고 무조건 빠지게 되니 보증금 환급일을 명시하는 것이 좋다. 그리고 사전에 10일 전에는 집주인에게 알려주면서 확인을 하는 것이 분쟁을 줄일 수 있다.

동남아시아의 콘도나 아파트는 알림판이나 알림문자를 확인한다.
유럽은 아니지만 동남아시아의 한 달 살기 성지로 알려진 치앙마이는 많은 콘도에 장기 투숙자가 많기 때문에 사전에 직접적으로 알려주지 않고 확인사항을 알림판이나 문자로 알려준다. 그럴 때에 영어로 적혀있어서 확인을 하지 않고 지나가는데 나중에 문제가 발생하기도 하므로 반드시 확인하는 습관을 기르도록 하자.

숙소 인근의 소음에 대해 확인한다.
동남아시아의 콘도나 아파트는 방음장치가 안 된 경우가 많다. 그래서 잠자리가 민감한 사람들은 야간에 물내려가는 소리에 깨거나 옆집의 소음이 커서 깨는 경우가 있다. 계약을 끝내고 난 뒤에 소음으로 인해 밤에 잠을 못자서 고생하는 한 달 살기는 피곤이 증가하여 성격이 까칠해지는 요소가 된다. 유럽도 의외로 집과 집사이가 붙어 있어서 소음이 발생하면 생활에 지장이 발생하므로 사전에 질문을 해서 확인을 하는 것이 좋다.

한 달 살기 짐 쌀 때 생각해보기

한 달 살기를 생각하면 짐이 아주 많이 필요할 거라고 예상하지만 사실 1주일을 가나 한 달을 가나 필요한 건 비슷하다. 짐을 최대한 줄이는 것이 관건이다. 한 달을 살고 돌아올 땐 짐이 두 배가 될 것이기 때문이다.

전 세계 어디를 가든 아름다운 현지만의 의류나 소품이 정말 많다. 쇼핑을 안 하겠다고 다짐할 필요도 없다. 현지에서 시장이나 마트에서 쇼핑을 하는 것은 현지의 문화를 알 수 있는 좋은 방법이다. 현지에서 생활하며 필요한 것들은 대부분 구매가 가능하니 짐은 최소한으로 챙기고 캐리어 안에는 한국 음식을 가득 채워오는 것을 권장한다. 세면도구 또한 마트에 모두 있기 때문에 대용량을 준비해가지 않아도 된다.

의류

동남아시아로 떠나려고 한다면 보통 여름옷을 준비해서 출발하면 된다. 많이 가지고 갈 필요도 없다. 현지에서 여름 의류를 판매하는 곳이 많기 때문에 옷은 가볍게 준비하는 것이 좋다. 운동을 하기 위한 복장이나 운동화는 챙겨오는 것이 더 편리하다. 슬리퍼나 여름 티셔츠 등의 의류는 동남아시아가 더 저렴하다.

저녁이 되면 선선한 날도 있기에 가벼운 긴 팔을 챙겨오는 것이 좋다. 산악 지방으로 가면 고도가 높고 비가 오면 간혹 한기가 느껴지니 긴 팔은 필수다. 개인만이 사용하는 필요한 의류는 현지에도 판매하겠지만 한국에서 판매하는 것이 안심된다면 미리 준비해가는 것이 마음에 안정을 느낄 수 있다.

상비약

동남아시아로 한 달 살기를 할 때에 모기가 많은 편이니 대한민국에서 쉽게 살 수 있는 모기 밴드, 모기 퇴치제, 물린 후 바르는 약을 챙기는 것이 좋다. 더운 날씨에 잦은 물놀이를 하다 보면 상처가 나기 쉽다. 상처 난 후에 물에 들어가면 염증이 생길 수 있기에 물이 들어가지 않도록 관리를 해주어야 하는데, 약국에서 방수밴드를 찾기가 쉽지 않다. 방수밴드, 메디폼이나 듀오덤을 구매해 오면 편리하다.

동남아시아도 필요하지만 특히 유럽이라면 감기약, 소화제 등의 기본적인 상비약이 필요하다. 약품도 개인마다 사용하는 종류가 다양하므로 개인이 주로 사용하는 약이 있다면 사전에 준비하도록 하자.

식재료

유럽으로 한 달 살기를 떠나려면 사전에 식사를 하기 위해 필요한 밑반찬을 준비하면 편리하다. 그러나 동남아시아로 떠나려고 한다면 쉽게 한식 밑반찬을 찾을 수 있어서 준비할 필요는 없다.

해외 어디를 가든 우리는 한국 음식이 그리워질 때가 상당히 많다. 한국식당도 있고, 한식 재료를 판매하는 마트도 있지만, 많지 않고 금액대가 높은 편이 대부분이다. 동남아시아도 베트남에 있는 롯데마트에서 구입이 쉽게 가능하지만 다른 발리나 말레이시아 등도 쉽지는 않기 때문에 미리 준비했다면 꼭 도움을 받는다.

락앤락 & 봉지집게

처음에는 동남아시아에 만 모기, 개미 등의 작은 곤충들이 많다고 생각했 다. 하지만 오래된 건물이 대부분인 유럽에서도 의외로 개미들이 많다 는 사실을 오래 머물면서 알게 되었다. 음식 을 먹다가 남기면 관리를 잘해야 한다. 잘못 하면 개미들이 음식 안으로 들어올 수 있기 때문에 락앤락으로 관리를 하거나 봉지 집 게로 처리를 해도 유용하게 사용할 수 있다.

소주

인도네시아의 발리나 족자카르타, 말레이시 아는 이슬람 국가이므로 주류를 판매하는 곳이 찾기 쉽지 않고 비싸다. 개인이 주류를 좋아한다면 소주를 준비할 것을 추천한다. 한국 소주가 어디든 높은 금액에 판매되기 때문에 술을 좋아한다면 소주를 챙겨오라고 추천한다.

선^{Sun}제품

한 달 살기를 하면 어디든 의외로 밖에서 활동하는 경우가 많아 뜨거운 햇볕에 매일 그을리기 십상이다. 때문에 알로에젤이나 마스크팩이 도움을 준다. 전 세계 어디든 현지에서도 판매하지만 동남아시아보다도 대한민국에서 구입하는 것이 더 저렴한 편이다. 선크림도 마찬가지다. 대부분 지역에서 선크림을 팔지만 금액대가 저렴하지 않다.

여행 준비물

1. 여권
여권은 반드시 필요한 준비물이다. 의외로 여권을 놓치고 당황하는 여행자도 있으니 주의하자. 유효기간이 6개월 미만이면 미리 갱신하여야 문제가 발생하지 않는다.

2. 환전
유로를 현금으로 준비하는 것이 가장 효율적이다. 예전에는 은행에 잘 아는 누군가에게 부탁해 환전을 하면 환전수수료가 저렴하다고 했지만 요즈음은 인터넷 상에 '환전우대권'이 많으므로 이것을 이용해 환전수수료를 줄여 환전하면 된다.

3. 여행자보험
물건을 도난당하거나 잃어버리든지 몸이 아플 때 보상 받을 수 있는 방법은 여행자보험에 가입해 활용하는 것이다. 아플 때는 병원에서 치료를 받고 나서 의사의 진단서와 약을 구입한 영수증을 챙겨서 돌아와 보상 받을 수 있다. 도난이나 타인의 물품을 파손 시킨 경우에는 경찰서에 가서 신고를 하고 '폴리스리포트'를 받아와 귀국 후에 보험회사에 절차를 밟아 청구하면 된다. 보험은 인터넷으로 가입하면 1만원 내외의 비용으로 가입이 가능하며 자세한 보상 절차는 보험사의 약관에 나와 있다.

4. 여행 짐 싸기
짧지 않은 일정으로 다녀오는 동유럽 여행은 간편하게 싸야 여행에서 고생을 하지 않는다. 돌아올 때는 면세점에서 구입한 물건이 생겨 짐이 늘어나므로 가방의 60~70%만 채워가는 것이 좋다.
주요물품은 가이드북, 카메라(충전기), 세면도구(숙소에 비치되어 있지만 일부 호텔에는 없는 경우도 있음), 수건(해변을 이용할 때는 큰 비치용이 좋음), 속옷, 상하의 1벌, 신발(운동화가 좋음)

5. 한국음식

| 고추장/쌈장 | 각종 캔류 | 즉석밥 | 라면 |

6. 준비물 체크리스트

분야	품목	개수	체크(V)
생활용품	수건(수영장이나 바냐 이용시 필요)		
	썬크림		
	치약(2개)		
	칫솔(2개)		
	샴푸, 린스, 바디샴푸		
	숟가락, 젓가락		
	카메라		
	메모리		
	두통약		
	방수자켓(우산은 바람이 많이 불어 유용하지 않음)		
	트레킹화(방수)		
	슬리퍼		
	멀티어뎁터		
	패딩점퍼(겨울)		
식량	쌀		
	커피믹스		
	라면		
	깻잎, 캔 등		
	고추장, 쌈장		
	김		
	포장 김치		
	즉석 자장, 카레		
약품	감기약, 소화제, 지사제		
	진통제		
	대일밴드		
	감기약		

여권 분실 및 소지품 도난 시 해결 방법

여행에서 도난이나 분실과 같은 어려움에 봉착하면 당황스러워지게 마련이다. 여행의 즐거움은 커녕 여행을 끝내고 집으로 돌아가고 싶은 생각만 든다. 따라서 생각지 못한 도난이나 분실의 우려에 미리 조심해야 한다. 방심하면 지갑, 가방, 카메라 등이 없어지기도 하고 최악의 경우 여권이 없어지기도 한다.

이때 당황하지 않고, 대처해야 여행이 중단되는 일이 없다. 해외에서 분실 및 도난 시 어떻게 해야 할지를 미리 알고 간다면 여행을 잘 마무리할 수 있다. 너무 어렵게 생각하지 말고 해결방법을 알아보자.

여권 분실 시 해결 방법

여권은 외국에서 신분을 증명하는 신분증이다. 그래서 여권을 분실하면 다른 나라로 이동할 수 없을뿐더러 비행기를 탈 수도 없다. 여권을 잃어버렸다고 당황하지 말자. 절차에 따라 여권을 재발급받으면 된다. 먼저 여행 중에 분실을 대비하여 여권 복사본과 여권용 사진 2장을 준비물로 꼭 챙기자.

여권을 분실했을 때에는 가까운 경찰서로 가서 폴리스 리포트Police Report를 발급받은 후 대사관 여권과에서 여권을 재발급 받으면 된다. 이때 여권용 사진과 폴리스 리포트, 여권 사본을 제시해야 한다.

재발급은 보통 1~2일 정도 걸린다. 다음 날 다른 나라로 이동해야 하면 계속 부탁해서 여권을 받아야 한다. 부탁하면 대부분 도와준다. 나 역시 여권을 잃어버려서 사정을 이야기했더니, 특별히 해준다며 반나절만에 여권을 재발급해 주었다. 절실함을 보여주고 화내지 말고 이야기 하자. 보통 여권을 분실하면 화부터 내고 어떻게 하나는 푸념을 하는데 그런다고 해결되지 않는다.

여권 재발급 순서

1. 경찰서에 가서 폴리스 리포트 쓰기
2. 대사관 위치 확인하고 이동하기
3. 대사관에서 여권 신청서 쓰기
4. 여권 신청서 제출한 후 재발급 기다리기

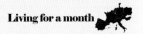

여권을 신청할 때 신청서와 제출 서류를 꼭 확인하여 누락된 서류가 없는지 재차 확인하자. 여권을 재발급받는 사람들은 다 절박하기 때문에 앞에서 조금이라도 시간을 지체하면 뒤에서 짜증내는 경우가 많다. 여권 재발급은 하루 정도 소요되며, 주말이 끼어 있는 경우는 주말 이후에 재발급 받을 수 있다.

소지품 도난 시 해결 방법

해외여행을 떠나는 여행객이 늘면서 도난사고도 제법 많이 발생하고 있다. 이러한 경우를 대비하여 반드시 필요한 것이 여행자보험에 가입하는 것이다. 여행자보험에 가입한 경우 도난 시 대처 요령만 잘 따라준다면 보상받을 수 있다.

먼저 짐이나 지갑 등을 도난당했다면 가장 가까운 경찰서를 찾아가 폴리스 리포트를 써야 한다. 신분증을 요구하는 경찰서도 있으니 여권이나 여권 사본을 챙기고, 영어권이 아닌 지역이라면 영어로 된 폴리스 리포트를 요청하자. 폴리스 리포트에는 이름과 여권번호 등 개인정보와 물품을 도난당한 시간과 장소, 사고 이유, 도난 품목과 가격 등을 자세히 기입해야 한다. 폴리스 리포트를 작성하는 데에는 약 1시간 이상이 소요된다.

폴리스 리포트를 쓸 때 도난stolen인지 단순분실 lost인지를 물어보는데, 이때 가장 조심해야 한다. 왜냐하면 대부분은 도난이기 때문에 'stolen'이라고 경찰관에게 알려줘야 한다. 단순 분실의 경우 본인 과실이기 때문에 여행자보험을 가입했어도 보상받지 못한다. 또한 잃어버린 도시에서 경찰서를 가지 못해 폴리스 리포트를 작성하지 못했다면 여행자보험으로 보상받기 어렵다. 따라서 도난 시에는 꼭 경찰서에 가서 폴리스 리포트를 작성하고 사본을 보관해 두어야 한다.

폴리스 리포트 예 : 지역에 따라 양식은 다를 수 있다. 그러나 포함된 내용은 거의 동일하다.

여행을 끝내고 돌아와서는 보험회사에 전화를 걸어 도난 상황을 이야기한 후, 폴리스 리포트와 해당 보험사의 보험료 청구서, 휴대품신청서, 통장사본과 여권을 보낸다. 도난당한 물품의 구매 영수증은 없어도 상관 없지만 있으면 보상받는 데 도움이 된다.

보상금액은 여행자보험 가입 당시의 최고금액이 결정되어 있어 그 금액 이상은 보상이 어렵다. 보통 최고 50만 원까지 보상받는 보험에 가입하는 것이 일반적이다. 보험회사 심사과에서 보상이 결정되면 보험사에서 전화로 알려준다. 여행자보험의 최대 보상한도는 보험의 가입금액에 따라 다르지만 휴대품 도난은 1개 품목당 최대 20만 원까지, 전체 금액은 80만 원까지 배상이 가능하다. 여러 보험사에 여행자보험을 가입해도 보상은 같다. 그러니 중복 가입은 하지 말자.

New Normal travel

뉴 노멀, 여행

정말 많은 여행사는 바람직한가?

여행을 가기 위해 검색을 해보면 정말 많은 여행사들의 여행상품이 검색된다. 심지어 소셜커머스나 홈쇼핑에도 여행상품이 판매되고 있다. 앞으로 유망산업이기도 한 여행 산업이니 많이 생기겠지? 하는 생각과 달리 작은 여행사들은 망하고 있다는 뉴스가 귓가에 들려왔는데, 코로나 바이러스 이후에는 여행 산업은 흥망의 기로에 선 산업이 되었다.

여행에 관련된 산업은 항공업과 숙박을 기본으로 하여 이동수단인 렌터카, 기차, 고속버스 등의 부가적인 분야까지 생각하면 정말 많은 사람들이 여행업에 종사하게 되어 있어 정부는 여행 활성화를 하여 일자리 창출을 하기 위해 적극적인 지원을 하고 있다. 이러한 여행 산업에 뛰어든 많은 여행사들은 생각과 달리 망하는 일이 잦다.

너무 많은 여행사들이 경쟁하기 때문에 경쟁에서 도태된 여행사들은 부도를 맞이하는 일은 피할 수 없게 되어 있다. 게다가 사람들은 더 이상 여행사를 통하지 않고 여행을 하고 있다. 이런 현상은 IT 기술을 통해 더욱 활성화되면서 스마트폰만 있으면 여행이 불편하지 않도록 변화하고 있다.

최근의 변화뿐만 아니라 여행시장에서 많은 여행사들이 경쟁하는 시장의 형태를 완전 경쟁시장이다. 경제학에서 시장의 경쟁형태는 여러 가지가 있는데 가장 이상적인 시장은 완전 경쟁시장이라고 경제학자들은 말한다.
수많은 판매자와 구매자가 있다는 것만으로 완전 경쟁시장이 되는 것은 아니다. 그 시장에서 거래되고 있는 상품이 모두 같은 동질적이어야 하고, 완전한 정보가 갖추어져 있고 여행 산업의 진입과 탈퇴가 자유로워야 한다. 위의 3가지 요건을 갖춘 시장이 완전경쟁시장으로 현실에서는 찾기 어렵다.

그런데 여행 산업은 거의 완전경쟁시장에 가깝다. 수천 개의 여행사들이 같은 여행상품을 가지고 경쟁하면서 소비자들을 끌어 모으고 있다. 물론 3천만 원이라는 자본금이 있어야 해서 진입과 탈퇴가 자유롭지는 않지만 요즈음 3천만 원으로 할 수 있는 일이 많지 않다는 현실까지 고려하면 완전경쟁시장에 가깝다고 할 수 있겠다. 그런데 IT 기술을 가진 거대 회사인 '구글'이나 숙박 예약회사들까지 가세하여 사람들은 새로운 여행형태를 선호하고 있다.

코로나 바이러스가 전 세계를 휩쓸어 사람들의 일하는 형태도 바꾸고 있다. 포스트 코로나를 이야기하면서 가장 많이 검색되는 단어가 '재택근무'나 '원격교육'이다. 앞으로 사람들은 더 이상 일터로 이동하지 않고도 일할 수 있고, 학생들은 학교에 가지 않고도 공부하는 새로운 세상이 가속화되고 있다. 그렇다면 여행은 어떤 형태를 선호하게 될까? 전 세계 어디든 바쁘게 관광하는 형태가 아니고 새로운 도시에서 오랜 시간을 머물며 일도 하고 여행

도 할 수 있는 '한 달 살기'가 선호되어 여행사가 필요 없는 여행이 사람들은 선택하게 될 수 있다.

완전경쟁시장을 이상적으로 보는 이유는 이 시장에서 자원이 효율적으로 배분될 수 있기 때문이다. 이 시장에서 효율적인 자원배분이 가능할 이유는 경쟁이 심하기 때문에 모든 기업이 효율적인 운영을 하지 않으면 적자생존의 현실에 부도 처리되어 도태되고 말 것이기 때문이다. 앞으로 여행사를 통하지 않고 여행하는 형태로 사람들의 여행이 변화하고 있는데, 포스트 코로나 이후에 가속화된다면 여행사는 생존하기 힘들게 된다.

소비자가 마지막에 상품을 구입하면서 생기는 만족감을 '한계편익'이라고 부르는데 인터넷으로 검색하여 가장 싸게 여행상품을 구입한 소비자는 구입한 만족감이 여행상품의 가격과 같을 때 구입하게 된다. 수많은 패키지여행상품에서 검색을 하면서 같은 여행코스라면 가장 싸게 여행상품을 구입하는 소비자가 거의 대부분이다. 구입을 결정한 순간까지도

수많은 여행상품을 비교하면서 마지막에 땡처리 상품이 있지 않을까? 라는 생각으로 또 검색을 하는 여행소비자가 많다.

그래서 여행사들은 패키지상품이 아닌 테마와 문화를 포함시킨 여행상품을 내놓으면서 동질상품이기를 거부하면서 소비자에게 다가선다. 이런 여행사들의 노력으로 우리나라의 여행상품도 천편일률적인 패키지여행에서 자신만의 코스와 일정을 고려한 맞춤여행이 소비자에게 다가가고 있다. 여행사들이 변화하고 있지만 새로운 여행형태를 받아들이기에는 힘든 현실이다.

여행사들은 장기적으로 상품의 판매가 가능한 가장 낮은 비용으로 상품을 개발해 판매하기 때문에 소비자는 가장 효율적으로 균형 상태에서 수익을 거두기 때문에 정상적인 수익만을 얻게 된다. 이런 여행시장은 앞으로 생존을 위협받는 상황으로 몰리고 있다. 포스트 코로나 시대에는 더욱 여행의 변화가 가속화될 것으로 판단된다.

한 달 살기의 기회비용

대학생 때는 해외여행을 한다는 자체만으로 행복했다. 아무리 경유를 많이 해도 비행기에서 먹는 기내식은 맛있었고, 아무리 고생을 많이 해도 해외여행은 나에게 최고의 즐거움이었다. 어떻게든 해외여행을 다니기 위해 아르바이트를 하고, 여행상품이 걸린 이벤트나 기업체의 공모전에 응모했다. 여러 가지 방법으로 여행경비를, 혹은 여행의 기회를 마련하면서, 내 대학생활은 내내 '여행'에 맞춰져있었고, 나는 그로인해 대학생활이 무척 즐거웠다. 반면, 오로지 여행만을 생각한 내 대학생활에서 학점은 소소한 것이었다. 아니, 상대적인 관심도가 떨어졌다는 말이 맞겠다. 결론적으로 나는 학점을 해외여행과 맞바꾼 것이었다.

코로나 바이러스가 전 세계를 덮치면서 사람들은 여행을 가지 못하고 집에서 오랜 시간을 머물러야 했다. 못가는 여행지로 가고 싶어서 랜선 여행으로 대신하는 경우도 발생하고 있다. 쉽게 해외여행을 갈 수 있는 시대에서 갑자기 바이러스로 인해 개인 간의 접촉 자체를 막아야 하는 시기가 발생하면서 여행 수요는 90%이상 줄어들었다. 그렇지만 일을 해야 하고 회의도 해야 하니 디지털 기술을 활용한 원격 화상회의, 원격 수업, 재택근무를 하면서 평상시에 일을 하는 경우에 효율성을 떨어뜨릴 것이라는 이야기를 했지만 코로나 바이러스로 인해 실제로 해보니 효율성이 떨어지지 않더라는 결과가 나왔다. 코로나 19가 백신 개발로 종료되더라도 일을 하는 방식이나 생활의 패턴이 디지털 기술을 활용하여 일을 할 수 있게 될 것이다.

그렇다면, 미래에 코로나 바이러스로 인해 바뀌어야 하는 여행은 무엇일까? 패키지 상품 여행은 단시간에 많은 관광지를 보고 가이드가 압축하여 필요한 내용을 설명하고 먹고 다니다가 여행이 끝이 난다. 하지만 디지털 기술로 재택근무가 가능하여 장소의 제약이 줄어든다면 어디서 여행을 하든지 상관없어진다. 그러므로 한 달 살기가 코로나 바이러스의 팩데믹 현상 이후에 발전되는 여행의 형태가 될 수 있다.

어떤 선택을 했을 때 포기한 것들 중에서 가장 좋은 한 가지의 가치를 기회비용이라고 한다. 내가 포기했던 학점이 해외여행의 기회비용인 것이다. 아르바이트를 해서 해외로 여행을 다녀온다면, 여행을 다녀오기 위해 포기하는 것들이 생긴다. 예를 들어 아르바이트를 하는 시간, 학점 등이 여행의 기회비용이 된다.

만약 20대 직장인이 200만 원짜리 유럽여행상품으로 여행을 간다고 하자. 이 직장인은 200만원을 모아서 은행에 적금을 부었다면 은행에서 받는 이자수입이 있었을 것이다. 연리12%(계산의 편의상 적용)라면 200만원 유럽여행으로 한단동안 2만원의 이자수입이 없어진 셈이다. 이 2만 원이 기회비용이라는 것이다.

여행을 하면서도 우리는 기회비용이라는 경제행동을 한다. 그러니 코로나 바이러스 이후에 한 달 살기를 하면서 우리가 포기한 기회비용보다 더욱 많은 것을 얻도록 노력해야 하겠다고 생각할 수도 있다. 우리가 대개 여행을 하면서 포기하게 되는 기회비용은 여행기간 동안 벌 수 있는 '돈'과 다른 무언가를 할 수 있는 '시간'이 대표적이다.

하지만 좀 바꾸어 생각해보면 여행의 무형적인 요소로, 한 번의 여행으로 내 인생이 달라진다면, 포기한 돈(여기서 기회비용)은 싼 가격으로 책정될 수 있지만 여행에서 얻은 것이 없다면 비싼 가격으로 매겨질 수 있다.

일반적으로 구입하는 물품에 감가상각이라는 것이 있지만, 한 번 다녀온 한 달 살기 여행이 자신의 인생에서 평생 동안 도움이 된다면 감가상각기간이 평생이기 때문에 감가상각비용은 거의 발생하지 않는다. 그리고 여행으로 인생이 바뀌었다면, 여행으로 받은 이익이 매우 크기 때문에 기회비용은 이익에 비해 무료로 계산될 수도 있다. 200만 원으로 다녀온 한 달 살기 여행이, 그때 소요된 200만원이 전혀 아깝지 않을 정도의 여행이었다면 되는 것이다.

같은 건물을 봐도, 모두 다 다른 생각을 하고, 같은 길을 걸어도 저마다 드는 생각은 다른 것처럼, 여행을 통해 얻을 수 있는 기회비용대비 최고의 가치도 각자 다르다. 지금의 나에게 있어 최저의 기회비용을 가지는 최고의 여행은 어떤 것일까? 한 달 살기처럼 새로운 여행형태는 계속 생겨날 것이다. 왜냐하면 우리는 여행을 계속 할 거니까.

한 달 살기의 디지털 노마드^{Digital Nomad}

햇볕이 따사롭게 내리쬐는 나른한 오후에는 치앙마이나 발리 등의 분위기 좋은 카페에서 즐기는 재미가 있다. 우기에는 비가 내리는 날에 창문 밖으로 보이는 넓은 카페에 앉아 커피 한잔을 마시며 편안한 오후를 즐겨 보는 것도 한 달 살기에서 느낄 수 있는 낭만이다.

커피는 유럽에서 더 먼저 즐기기 시작했지만 동남아시아의 베트남, 태국, 라오스, 인도네시아 등의 나라에서 조금씩 다른 커피 맛을 즐길 수 있다. 유럽의 프랑스는 카페^{Cafeé}, 이탈리아는 카페^{Caffe}, 독일은 카페^{Kaffee}등으로 부르는 데 각 나라마다 커피 맛도 조금씩 다르다. 그런데 유럽의 프랑스가 인도차이나 반도를 제국주의 시절 차지한 까닭에 베트남, 라오스는 프랑스의 카페^{Cafeé} 문화가 현지화되어 지금에 이르렀다. 그래서 라오스와 프랑스는 커피를 내리는 방식이 비슷한 느낌이다. 하지만 태국은 식민지를 경험하지 않아서 라오스나 베트남과는 다른 커피 문화를 가지고 있다.

치앙마이나 발리는 상당히 국제화된 커피를 즐긴다. 그래서 우리가 마시는 커피 메뉴와 다르지 않아서 이질적인 커피가 아니고 동질적인 커피일 것 같다. 그러나 치앙마이의 많은 카페에는 태국 북부지방에서 생산된 상당히 커피가 현지화되어 맛좋은 커피가 많다. 최근에 인기를 끌고 있는 한 달 살기에서 해볼 수 있는 것 중에 커피를 즐기면서 카페를 다녀보는 것도 추천하게 된다.

대한민국에서 가장 많이 팔리는 커피 메뉴인 아메리카노는 기본이고 유럽에서 많이 마시는 에스프레소, 카페 라떼와 함께 빵을 마시면서 카페에서 즐길 수 있는 것도 상당한 재미있다.

19세기 유럽의 카페에서 문학가나 화가 등의 예술가들이 모여 자신들이 서로 좋아하는 사람들끼리 모여 사색하고 토론하면서 저마다의 독특한 카페 문화를 만들어 유명해졌다면 한 달 살기의 성지에서는 전 세계 사람들이 새롭게 일하는 형태인 디지털 노마드Digital Nomad가 유행하고 있다. 미국의 실리콘밸리나 유럽의 회사에서 일하지만 치앙마이나 발리에서 자신이 일을 하며 교류할 수 있는 디지털 노마드Digital Nomad는 더욱 활발해지고 있다. 그들은 카페에서 만나고 이야기하고 같은 직종의 일을 하면서 더욱 친해진다. 이제 낭만적인 파리의 카페가 아니고 21세기에는 전 세계 어디든 한 달 살기의 다양한 카페 문화가 지구촌으로 퍼져 나갈지도 모른다.

느슨한 형태의 직장이자 같은 공간에서 일을 하지 않고 지구 반대편의 치앙마이나 인도네시아의 발리에서 한 잔의 커피 속에 잠시나마 여행의 느낌을 느낄 수도 있고, 직장인의 중간 지점에서 각자 사색과 고독을 음미하고 현지인들과 함께 낭만적인 여유와 새로운 일에 파묻혀 살아가고 있다. 가끔씩 아날로그적인 엽서 한 장을 구입해 고국에 있는 그리운 사람들에게 엽서를 띄우기도 한다. 주머니가 가벼운 디지털 노마드Digital Nomad에게도 카페에서 보내는 낭만과 여유가 살아갈 맛을 느끼게 된다.

한 달 살기의 대중화

코로나 바이러스의 팬데믹 이후의 여행은 단순 방문이 아닌, '살아보는' 형태의 경험으로 변화할 것이다. 만약 코로나19가 지나간 후 우리의 삶에 어떤 변화가 다가올 것인가?

코로나 바이러스 팬데믹 이후에도 우리는 여행을 할 것이다. 여행을 하지 않고 살아갈 수 있는 사회로 돌아가지는 않는다. 이런 흐름에 따라 여행할 수 있도록, 대규모로 가이드와 함께 관광지를 보고 돌아가는 패키지 중심의 여행은 개인들이 현지 중심의 경험을 제공할 수 있는 다양한 방식의 여행이 활성화될 수 있다. 많은 사람이 '살아보기'를 선호하는 지역의 현지인들과 함께 다양한 액티비티가 확대되고 있다. 코로나19로 인해 국가 간 이동성이 위축되고 여행 산업 전체가 지금까지와 다른 형태로 재편될 것이지만 역설적으로 여행 산업에는 새로운 성장의 기회가 될 수 있다.

코로나 바이러스가 지나간 이후에는 지금도 가속화된 디지털 혁신을 통한 변화를 통해 우리의 삶에서 시·공간의 제약이 급격히 사라질 것이다. 디지털 유목민이라고 불리는 '디지털 노마드'의 삶이 코로나 이후에는 사람들의 삶 속에 쉽게 다가올 수 있다. 재택근무가 활성화되는 코로나 이후의 현장의 상황을 여행으로 적용하면 '한 달 살기' 등 원하는 지역에서 단순 여행이 아닌 현지를 경험하며 내가 원하는 지역이서 '살아보는' 여행이 많아질 수 있다. 여행이 현지의 삶을 경험하는 여행으로 변화할 것이라는 분석도 상당히 설득력이 생긴다.

결국 우리 앞으로 다가온 미래의 여행은 4차 산업혁명에서 주역이 되는 디지털 기술이 삶에 밀접하게 다가오는 원격 기술과 5G 인프라를 통한 디지털 삶이 우리에게 익숙하게 가속화되면서 균형화된 일과 삶을 추구하고 그런 생활을 살면서 여행하는 맞춤형 여행 서비스가 새로 생겨날 수 있다. 그 속에 한 달 살기도 새로운 변화를 가질 것이다.

또 하나의 공간, 새로운 삶을 향한 한 달 살기

한 달 살기는 여행지에서 마음을 담아낸 체험을 여행자에게 선사한다. 한 달 살기는 출발하기는 힘들어도 일단 출발하면 간단하고 명쾌해진다. 도시에 이동하여 바쁘게 여행을 하는 것이 아니고 살아보는 것이다. 재택근무가 활성화되면 더 이상 출근하지 않고 전 세계 어디에서나 일을 할 수 있는 세상이 열린다. 새로운 도시로 가면 생생하고 새로운 충전을 받아 힐링Healing이 된다. 한 달 살기에 빠진 것은 포르투갈의 포르투Porto를 찾았을 때, 느긋하게 즐기면서도 저렴한 물가에 마음마저 편안해지는 것에 매료되게 되었다.

무한경쟁에 내몰린 우리는 마음을 자연스럽게 닫았을지 모른다. 그래서 천천히 사색하는 한 달 살기에서 더 열린 마음이 될지도 모른다. 삶에서 가장 중요한 것은 행복한 것이다. 뜻하지 않게 사람들에게 받는 사랑과 도움이 자연스럽게 마음을 열게 만든다. 하루하루가 모여 나의 마음도 단단해지는 곳이라고 생각한다.

인공지능시대에 길가에 인간의 소망을 담아 돌을 올리는 것은 인간미를 느끼게 한다. 한 달 살기를 하면서 도시의 구석구석 걷기만 하니 가장 고생하는 것은 몸의 가장 밑에 있는 발이다. 걷고 자고 먹고 이처럼 규칙적인 생활을 했던 곳이 언제였던가? 규칙적인 생활에도 용기가 필요했었나보다.

한 달 살기 위에서는 매일 용기가 필요하다. 용기가 하루하루 쌓여 내가 강해지는 곳이 느껴진다. 고독이 쌓여 나를 위한 생각이 많아지고 자신을 비춰볼 수 있다. 현대의 인간의 삶은 사막 같은 삶이 아닐까? 이때 나는 전 세계의 아름다운 도시를 생각했다. 인간에게 힘든 삶을 제공하는 현대 사회에서 천천히 도시를 음미할 수 있는 한 달 살기가 사람들을 매료시키고 있다.

한 달 살기 각 도시

동남아시아

태국 치앙마이 VS 인도네시아 발리
베트남 | 호이안
태국 | 끄라비
라오스 | 루앙프라방
인도네시아 | 족자카르타

유럽

조지아 | 트빌리시
포르투갈 | 포르투
헝가리 | 부다페스트
오스트리아 | 잘츠부르크
이탈리아 | 베로나
스페인 | 그라나다

한 달 살기의 성지라고 알려진 도시인 치앙마이, 발리는 한 달 살기의 기본적인 정보만 실었다. 전체적인 한 달 살기에 대한 내용에 싣기에는 정보의 양이 너무 많았다. 더욱 많은 치앙마이나 발리의 한 달 살기에 대한 정보는 트래블로그 치앙마이와 발리에서 참고하길 바란다.

태국 치앙마이 VS 인도네시아 발리

한 달 살기가 지금처럼 인기를 끌기 전부터 장기여행자들이 오랜 시간동안 머무른 장소가 태국의 치앙마이와 인도네시아의 발리이다. 장기 여행자 중 오랫동안 머무르는 사람들은 유럽의 여행자들이었다. 이들은 저렴한 물가와 남다른 자연환경을 가진 치앙마이와 발리에서 짧게는 1달부터 길게는 1년 정도를 머물렀다. 그러면서 장기 여행자를 위한 숙소가 생겨나고 이들에게 저렴하게 개인집부터 홈스테이, 게스트하우스에서 머무르게 해주었다. 그러다가 태국에서 많은 콘도와 아파트가 지어졌는데, 이 건물들은 미분양에 이르면서 장기여행자들에게 숙소를 빌려주면서 미분양을 해소해 나가는 것이 한 달 살기가 변화하게 된 계기이다.

중국인들 중 가까운 태국의 치앙마이로 옮겨 사는 사람들이 많아지고 인도네시아의 발리에는 호주인과 미국인들의 디지털 노마드로 직장을 다니는 사람들까지 옮겨오면서 전 세계 어디에서나 일을 하면서 살 수 있는 사람들을 위한 숙소와 카페가 생겨났다.

태국의 치앙마이와 인도네시아의 발리는 한 달 살기의 성지로 알려지면서 사람들이 몰려들지만 아직까지 장기여행자와 디지털 노마드가 찾을 수 있는 이유는 저렴한 물가이다. 또한 숙소도 상당히 저렴하게 구할 수 있는데, 어느 정도 시설도 보장해 준다는 믿음이 있기 때문이다. 사람들이 몰려들면 도시는 임대료가 올라가고 아파트와 같은 숙소비는 상승한다. 베트남의 호치민이나 하노이는 2~3년 동안 엄청난 임대료와 아파트 렌트비용의 상승이 이루어져 한 달 살기에는 적합하지 않는 도시가 되었다.

이제 세부적으로 태국의 치앙마이와 인도네시아 발리를 비교해 보자.

이동 시간과 비용 (치앙마이 5시간 30분 > 발리 7시간)

동남아시아로 비행기로 이동하기 위해서는 4시간 30분에서 7시간까지 이동시간이 소요된다. 태국의 치앙마이는 약 5시간 30분(직항)이 소요되고 항공비용은 40~50만 원 정도이다. 인도네시아의 발리는 동남아시아에서 가장 먼 거리에 있어서 약 7시간(직항)이 소요되고 60~100만 원 정도의 비용이 발생한다. 그러므로 접근성을 따진다면 태국의 치앙마이가 더 수월하다는 장점이 있다.

숙소 (치앙마이 30~70만원 > 발리 40~80만원)

한 달 살기 동안 머물 숙소는 상당히 중요하다. 그런데 숙소는 개인이 원하는 시설이 천차만별이라서 얼마에 지낼 수 있냐는 질문을 한다면 대답하는 것이 쉽지 않다. 자신이 원하는 시설은 누구도 쉽게 이야기할 수 없기 때문이다.

만약 한 달 살기 숙소를 결제하였는데, 숙소의 시설이 고장이 나거나, 옆집에서 밤늦게 시끄럽게 떠든다면 그 숙소에서 한 달 동안 있기는 어렵다. 그만큼 내가 1달 동안 있을 숙소는 중요하다. 치앙마이에는 상당히 많은 콘도와 아파트, 호텔, 게스트하우스 등이 있다.

2010년대부터 과잉 공급된 콘도는 미분양으로 이어졌고 장기여행자에게 공급이 되면서 치앙마이는 위험을 벗어났고 장기여행자들은 저렴한 가격으로 시설이 좋은 숙소에서 오래 머물 수 있었다. 전 세계에서 시설이 좋은 콘도와 아파트를 저렴하게 구할 수 있는 도시를 찾는 것은 쉽지 않다. 그 점에서 치앙마이는 최고이다.

이에 반해서 인도네시아 발리는 콘도와 아파트가 치앙마이처럼 많지는 않다. 그러나 인도네시아 발리는 색다른 풍경의 숙소와 자연에서 머물 가옥들이 많다. 발리는 제주도보다 큰 섬이라서 해변에서 가까운 숙소에 머무르면서 서핑이나 카이트 서핑, 해변을 즐길 수도 있고, 우붓Ubud에서 숲속에 있는 느낌으로 자연과 함께 즐길 수도 있다. 발리는 30일 만, 지낼 수 있어서 외부로 나갔다가 다시 들어와야 하기 때문에 1달 미만으로 지내는 여행자들도 많다.

발리에서 머무르는 장점은 자연과 함께 육지느낌과 해변느낌을 동시에 느낄 수 있는 숙소를 내 맘대로 고를 수 있다는 것이다. 그에 반해 숙소의 비용은 태국의 치앙마이보다 10~30만 원 정도 비싼 단점이 있다.

물가 (치앙마이 〉 발리)

한 달 살기를 하려면 비용은 단기 여행자보다 비쌀 것이다. 한 끼에 만 원 정도라면 한 달 동안 머물기에는 쉽지 않게 된다. 삼시세끼를 먹으면서 1달 동안 지내야 하는 도시에서 한 끼를 먹는 비용이 비싸다면 떠나기가 쉽지 않다. 그래서 한 달 살기를 하려는 도시들은 대부분 저물가로 지낼 수 있는 곳이다.

치앙마이는 한 끼를 2~3천 원에 먹을 수 있는 저렴한 식당들이 상당히 많고 거리에는 다양한 음식들을 판매하고 있다. 태국음식을 좋아한다면 더욱 지내기가 수월하다.

인도네시아의 발리음식보다 태국음식이 더 친숙한 우리에게 식사는 치앙마이가 더 찾기 쉬울 것이다. 그런데 인도네시아 음식에 익숙해지면 상당히 맛있는 음식들을 저렴하게 먹을 수 있는 식당들이 발리에는 많다. 그런 식당들을 잘 모르기 때문에 찾기 쉽지 않는 단점이 있지만 오랜 시간 머무르면 점점 저렴하고 맛있는 2~3천 원 정도의 식당들을 찾는 즐거움이 생길 수도 있다.

치앙마이에서 설문을 조금 해보았을 때 한 달 살기 때 쓰는 비용을 물어보았을 때 30~60만 원 정도의 대답이 나왔고 발리에서도 30~70만 원 정도의 대답이 대다수였다. 발리가 치앙마이보다 물가가 비싸지만 개인들이 사용하는 비용은 차이가 크지 않다는 점에서 저렴한 도시에서도 쓰는 비용은 개인마다 상당히 차이가 있다는 것을 알 수 있다. 또한 대형 마트에서 재료를 구입해 음식을 만든다면 치앙마이와 발리는 차이가 크지 않았다.

발리에서 티셔츠나 바지 등을 구입한다면 의외로 비싼 가격표에 놀라게 된다. 왜 비싼 지 물어봐도 모른다는 대답이다. 이에 반해 치앙마이의 쇼핑몰에서 구입하는 옷들은 상당히 저렴한 것들이 많으므로 치앙마이로 떠난다면 필요한 옷가지는 현지에서 구입하라고 조언을 하지만 발리로 떠난다면 필요한 옷들은 가지고 가라고 이야기해준다.

카페 (우열을 가리기 힘듦)

최근에 한 달 살기 이상의 장기 여행자들이 일하면서 쉴 수 있는 카페는 한 달 살기 여행자에게는 중요하다. 자신이 원하는 분위기의 카페에서 Wifi가 잘 터져 일하기에 좋은 카페는 다양하게 존재해야 많은 여행자를 만족시킬 수 있다.

카페의 개수로만 비교한다면 치앙마이가 발리보다 아기자기하고 예쁜 카페는 더 많다. 발리에도 카페는 많지만 숫자로는 치앙마이를 따라가기 힘들다. 개인마다 예쁘다고 하는 카페의 취향이 다르지만, 개수가 많기 때문에 카페를 돌아다니면서 커피를 즐기려는 여행자에게는 치앙마이가 더 좋겠다고 생각할 수 있지만, 발리만의 다른 분위기의 카페는 발리에 더욱 점수를 많이 주겠다고 생각 한다. 치앙마이에는 대한민국에서도 충분히 볼 수 있는 분위기의 카페라면 발리에는 발리에서만 볼 수 있는 취향의 카페가 많다. 그러므로 카페는 우열을 가리기 힘들다는 결론에 이르렀다.

치안 (치앙마이 > 발리)

한 달 살기 동안 머물 도시가 얼마나 안전한지는 중요하다. 치안이 나쁘면 밖에서 활동 할 때마다 소매치기는 없는지 확인해야 하고 도둑이 많다면 숙소에서 떠날 때마다 확인해야 하는 것들도 많아진다. 그렇다면 치앙마이와 발리는 안전할까? 두 곳 모두 안전하다고 할 수 있다.

서양 여행자가 더 많은 발리는 밤 문화가 상당히 발달하어 있어서 밤에 다닐 때 문제가 발생하는 경우도 있다. 이에 반해 치앙마이는 밤 문화가 발리보다는 발달하지는 않았다. 야시장이 많지만 대부분은 주말을 제외하면 9시 정도면 야시장의 관광객은 적어진다. 10시면 아주 어두워지면서 집으로 돌아가야겠다고 느껴진다.

밤에 돌아다니려면 어두운 곳에서도 안전해야 할 텐데 치앙마이가 발리보다 안전하지만 치앙마이에는 밤에 돌아다니는 개들 때문에 무섭다고 느낄 때도 있다.

볼거리 (발리 > 치앙마이)

인도네시아의 발리는 제주도보다 큰 섬이기 때문에 돌아다니기만 해도 1달 동안 다 보기도 힘들다. 이에 반해 치앙마이는 태국에서 2번째로 큰 도시지만 크지 않다. 물론 인근에 빠이나 치앙라이 같은 작은 도시를 둘러보고 다양한 요가나 어학을 배울 수 있다고 하지만 내륙에 있는 도시의 특성상 바다를 보지 못하고 해양스포츠를 즐기기 힘들다는 단점이 있다.

발리는 바다와 함께 즐기는 해양스포츠와 내륙의 우붓Ubud에서 즐길 수 있는 것들이 다양하므로 다양한 볼거리와 즐길 거리는 발리가 더 풍부하다.

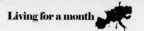
치앙마이 VS 발리 한 달 살기 비교 & 비용

항목	내용	치앙마이	경비
날씨	동남아시아는 1년에 건기와 우기로 나누어진다. 다만 건기와 우기의 시기가 다르다.	11~3월(건기)	4~10월(건기)
추천 클래스	한 달 살기 기간 동안 배우는 다양한 클래스가 있다. 바다가 인접해 있다면 해양 스포츠를 즐길 수 있는 장점도 있다.	쿠킹, 요가, 어학 (개인, 국제학교)	서핑, 요가, 어학 (개인, 국제학교)
대표적인 동네	도시에서 크기 때문에 한 달 살기에서 머무르는 동네들이 있다. 특히 저렴한 숙소를 구할 수 있는 지역이 있기 때문에 확인하는 것이 좋다.	님만 해민, 싼티탐, 센탄 (국제학교)	우붓, 누사두아 (해양스포츠)
1일 경비	항공권과 숙소를 빼고 하루에 사용할 경비를 미리 생각하고 준비해 두어야 한다.	2~4만 원	1~3만 원
항공권	치앙마이는 약 5시간, 발리는 7시간이 소요된다.	40~60만 원	60~100만 원
숙소	치앙마이에는 많은 콘도와 아파트가 있어서 발리보다는 숙소 비용이 저렴한 곳이 더 많다.	30~70만 원	40~80만 원
식비	1끼 식사를 하는 비용을 확인해야 한다. 길거리에서 먹는 저렴한 식사는 발리와 치앙마이가 차이가 없지만 적당한 식사를 할 수 있는 비용은 치앙마이가 조금 더 저렴하다.	2~3천 원	4~9천 원
교통비	발리는 제주도보다 3배 정도 더 큰 섬이라서 이동비용이 치앙마이보다 비쌀 수밖에 없다.	600~3천 원	1~5천 원
Total		100~150만 원	130~180만 원

Chiang Mai

치앙마이 한 달 살기

치앙마이(Chiangmai)에서 한 달 살기

치앙마이Chiangmai는 현재 대한민국 여행자에게
생소한 도시이다. 하지만 태국에서 치앙마이
Chiangmai는 고지대에 있기 때문에 다른 동남아
시아 지역보다 선선한 편이다. 1년 내내 봄이나
가을 날씨는 아니지만 상대적으로 선선하여 한
달 살기로 인기가 높다. 태국의 한 달 살기를 떠
나고 싶은 도시의 설문 조사를 하면 치앙마이
Chiangmai과 방콕Bangkok이 선택된다.

유럽의 여행자들이 치앙마이Chiangmai에 오래 머물면서 선선한 날씨와 이국적인 도시 분위
기에 매력을 느끼면서 장기 여행자가 된다. 또한 치앙마이Chiangmai의 레스토랑은 전 세계
국적의 요리 경연장이라고 할 정도로 다양한 나라의 요리를 먹고 즐길 수 있어 식도락의
선도적인 역할을 하고 있다. 도시는 작지만 다양한 즐길 거리가 존재하고 옛 분위기를 간
직하고 있어 오래 있어도 현대적인 도시에 비해 덜 질리는 장점이 있다.

저자는 치앙마이Chiangmai에서 3달 동안 머물면서 그들과 함께 울고 웃으며, 느낌을 공유하
면서 치앙마이 생활에 쉽게 적응할 수 있었다. 대한민국이 여행자들도 치앙마이Chiangmai에
서 여행하다가 잠시 머무는 도시가 아닌 장기 여행자가 오랜 시간 머물고 있는 도시로 바
뀌고 있다.

개념잡기

치앙마이에서 오랜 시간 동안 머무르기 위해서는 치앙마이 각 지역에 대해 알고 있어야 한
다. 한 달 살기를 하려면 숙소와 식당, 레스토랑, 야시장의 위치는 알고 있는 것이 한 달 살
기를 하기에 편리하다.

올드 시티(Old City)

치앙마이의 중심에 있는 곳은 올드 시티Old City로 이곳을 중심으로 치앙마이를 이해해야 한
다. 올드 시티Old City는 예부터 네모의 성곽을 위주로 생활하였고 유럽 여행자들이 머물고
싶어 하는 장소이다. 다만 한 달 살기를 원하는 여행자들의 중심 지역은 아니다.

님만 해민(Nimman Haemin)
(인기 숙소 : 훼이깨우, 반타이, 팜스프링, P T 레지던스)

몇 년 전부터 많은 카페와 마야몰과 같은 쇼핑몰들이 집중되어 있는 '치앙마이의 청담동'
이라고 부르는 '님만 해민Nimman Haemin'이다. 님만 해민은 아기자기한 카페와 쇼핑몰, 깨끗
한 야시장이 모여 있어 한 달 살기의 중심이 되는 장소이다. 그 중심에 마야몰과 원님만 쇼
핑몰이 있어서 위치는 알고 있어야 한다.

처음 치앙마이에서 한 달 살기를 원한다면 다들 님만 해민Nimman Haemin으로 숙소를 정해야
한다고 생각할 수 있지만 상대적으로 숙소비용과 카페 물가가 비싸다. 또한 치앙마이 공항
에서 출, 도착하는 비행기가 보일 정도로 가까워서 항공소음이 크기 때문에 소음에 민감한
여행자라면 다른 장소로 숙소를 정하는 것이 좋다.

산티탐(Santitam)
(인기 숙소 : 드비앙^{D'vieng}, 뷰도이)

올드 시티와 님만 해민Nimman Haemin의 가운데에 위치한 치앙마이 사람들이 많이 모여 사는 로컬지역이다. 그런데 이 지역에 새롭게 지어지는 콘도가 늘어나면서 저렴한 숙소도 늘어나고 있다. 저렴하게 한 끼 식사를 할 수 있는 많은 식당들이 있고 밤늦게까지 운영하는 식당과 편의점이 많아서 치안도 좋은 편이다.
최근에는 치앙마이 어디든지 쉽게 이동이 가능한 산티탐으로 한 달 살기 숙소를 정하는 경우도 많다. 다만 도로에 인도와 차도가 구분이 안 되고 밤늦게까지 오토바이가 다니기 때문에 길가에 있는 숙소는 소음이 심하다.

치앙마이 대학교 정문
(인기 숙소 : 디콘도 캠퍼스)

님만 해민에서 거리를 따라 왼쪽으로 20~40분 정도 걸어가면 나오는 곳이 치앙마이 대학교이다. 치앙마이 외곽에 위치하고 있어서 님만 해민이나 올드 시티로 구경을 나가기 위해서는 이동시간이 오래 소요되어 처음 치앙마이에서 한 달 살기를 한다면 추천하지 않지만 조용하고 저렴한 숙소와 식당을 원하는 한 달 살기로 적합하다. 대학생들이 공부하고 모여 사는 곳이라 물가가 저렴하고 상대적으로 조용하다.

센탄
(인기 숙소 : 디콘도 사인, 디콘도 님, 디콘도 핑, 더 시리룩)

치앙마이 중심에서 상당히 먼 거리에 떨어져 있는 센탄 지역은 대형 쇼핑몰과 마트들이 몰려 있는 장소이다. '센트럴 페스티발'이라고도 부르는 곳에는 치앙마이 외곽이라 숙소를 정하고 싶은 마음이 적을 수 있지만 도로가 막히지 않으면 15분 정도면 도착할 수 있다.
쇼핑몰에는 한국 음식점들도 다양하게 볼 수 있다. 다양한 국제학교와 쇼핑몰들이 있고 최근에 지어진 콘도들이 있어서 콘도이 시설이 좋다. 국제학교를 다니는 아이들과 오랜 시간을 머무는 부모들이나 조용하고 편하게 지내고 싶어 하는 은퇴자들이 많다.

창푸악
(인기 숙소 : 그린 힐, 그리너리 랜드마크)

사거리에 있는 마야몰MAYA MALL을 기준으로 도로를 따라 위쪽으로 걸어가면 현지인들이 주로 모여 사는 동네이다. 그런데 마야몰과 가까운 거리에, 최근에 지어진 저렴한 콘도들이 있다.

장 점

1. 친숙한 사람들

치앙마이는 방콕과 다르게 옛 분위기를 간직한 도시이다. 도시는 작지만 많은 여행자가 머물기 때문에 치앙마이Chiangmai 사람들은 여행자에게 친절하게 다가가고 오랜 시간 머물면 쉽게 친해져 친구를 사귀기도 좋다. 다양한 분위기를 가지고 누구든 여행자에게 친숙한 사람들이 치앙마이Chiangmai의 한 달 살기를 쉽게 만들어준다.

2. 풍부한 관광 인프라

치앙마이Chiangmai는 태국의 다른 해안도시에서 느끼는 해양 스포츠의 즐거움을 가지고 있지는 않다.
오랜 기간 중부의 태국인과 다른 민족으로 란나 왕국으로 태국 북부의 산악지대에서 성장한 도시이기 때문에 도시의 분위기가 다르다. 올드 타운의 야시장에서 밤거리를 거닐면서 즐기는 옛 분위기는 치앙마이Chiangmai의 매력으로 다가온다.

3. 접근성

치앙마이Chiangmai는 아무리 먼 곳도 30~40분이면 쉽게 도착할 수 있다. 치앙마이Chiangmai는 태국에서 2번째로 큰 도시이므로 상당히 크다고 생각할 수 있지만 작은 도시기 때문에 성태우나 택시로 쉽게 접근 할 수 있다.

치앙마이가 최근에 많은 콘도와 다양한 카페, 쇼핑몰이 생겨난 무역도시로 판단하는 관광객도 있지만 치앙마이Chiangmai는 옛 란나왕국의 수도로 태국의 경주라고 부르기도 한다. 또한 치앙마이 공항에서 시내도 가깝고, 직항으로 인천에서 5시간에 도착할 수 있어 쉽게 접근할 수 있는 도시이다.

4. 장기 여행 문화

태국은 오래전부터 단기여행자 뿐만 아니라 장기여행자들이 모이는 나라이다. 경제가 성장하면서 여행의 편리성도 높아지고 있지만 태국의 북부지방의 중심도시인 치앙마이Chiangmai는 한 달 살기로 이름을 날리고 있다.

여유를 가지고 생각하는 한 달 살기의 여행방식은 많은 여행자가 경험하고 있는 새로운 여행방식인데 그 성지로 치앙마이Chiangmai가 있다.

5. 슬로우 라이프(Slow Life)

옛 분위기 그대로 지내면 천천히 즐기는 '슬로
우 라이프Slow Life'를 실천할 수 있는 도시라고
말할 수 있다. 유럽의 여행자들이 오래 머물면
서 선선한 날씨와 유럽 같은 도시 분위기에 매
력을 느낄 수 있고, 옛 도시에서 머문다는 생
각이 여행자를 기분 좋게 만들어 준다. 그래서
유럽의 많은 배낭 여행자들이 오랜 시간을 머
무는 도시로 유명해지고 최근에 디지털 노마
드까지 몰려들고 있다.

6. 다양한 국가의 음식

치앙마이에는 태국 음식뿐만 아니라 전 세계
의 다양한 음식을 맛볼 수 있는 국제도시이다.
또한 한국 음식을 하는 식당들이 많다. 태국
음식을 즐기는 것이 아니라 전 세계의 음식을
즐기는 여행자가 많아서 치앙마이에는 1년 넘
게 지내는 사람들도 많다. 유럽의 배낭 여행자
가 많아서 다양한 국가의 음식을 즐길 수 있는
곳이다.

7. 생활의 편의성

한 달 살기를 하기 위해서는 생활을 하기위해
필요한 물품을 구입하기가 쉽고 저렴해야 한
다. 치앙마이에는 밤늦게까지 문을 연 편의점
이 있고 중심가든 외곽의 센탄 지역이든 대형
쇼핑몰이 있다.
또한 어디든지 밤에 문을 여는 야시장까지 있
으므로 저렴하게 생활에 필요한 모든 것을 쉽
게 찾을 수 있다. 한국 음식을 요리하거나 구
입하기 위한 재료들도 대형 쇼핑몰에서 구할
수 있어서 편리하다.

1. 상승하는 물가

태국 여행의 장점 중에 하나가 저렴한 물가이다. 하지만 치앙마이Chiangmai는 태국의 다른 도시보다 님만 해민의 물가는 상대적으로 높은 편이다. 올드 시티가 시내 중심에 있지만 유럽의 여행자들이 주로 머물고 늦은 시간까지 클럽들도 있다. 그러나 한 달 살기를 하는 중심 동네는 님만 해민으로 최근에 많은 카페들이 알려지기 시작하면서 임대료도 높아지고 점차 물가도 올라가고 있다. 님만 해민을 벗어나 치앙마이 대학교 근처나 산티탐의 현지인들이 사는 곳으로 이동하면 현지인의 물가로 저렴하다.

2. 정적인 분위기

올드 시티가 오래된 옛 분위기를 보여주는 치앙마이는 상대적으로 활기찬 분위기의 도시는 아니다. 그래서 정적인 분위기를 싫어하는 여행자는 치앙마이를 지루하다고 하기 때문에 자신의 성격과 맞는 도시인지 확인을 해야 한다. 바다가 있는 도시가 아니고 내륙의 고지대에 위치한 도시이므로 인도네시아 발리처럼 활기찬 분위기는 아니다.

3. 미세먼지

건기가 시작되는 11월부터 치앙마이의 날씨는 지내기에 좋다. 그런데 3~4월이 되면 농사를 위해 불을 지르면서 상당히 공기가 탁해진다. 예전에도 들은 이야기이지만 그때는 공기가 나쁜지 모르고 지나갔던 것 같다. 그런데 최근에는 누가 봐도 공기가 나쁘다는 사실을 알 정도로 나쁘다. 다행인 점은 2월말부터 4월정도의 2개월만 나쁘다는 것이다.

Bali

발리 한 달 살기

발리(Bali)에서 한 달 살기

발리Bali는 현재 전 세계 여행자에게 가장 유명한 장기 여행지이다. 제주도의 3배에 이르는 발리는 1년 내내 해양스포츠를 즐기며 휴양지로 쉴 수도 있는 도시이다. 발리는 호주의 여행자들이 오래 머물면서 발리의 분위기에 매력을 느끼면서 오랜 시간 머문다.
레스토랑에는 전 세계 국적의 요리 경연장이라고 할 정도로 다양한 나라의 요리를 먹고 즐길 수 있어 식도락의 선도적인 역할을 하고 있다. 발리Bali에서 한 달 살기를 한다면 인기 지역인 꾸따Kuta 비치나 발리의 청담동, 스미냑Seminyak보다는 중부의 한적한 우붓Ubud이나 동부의 누사두아, 딴중 브노아rang에 점점 많은 한 달 살기를 원하는 여행자들이 찾고 있다.

발리Bali는 항상 늘어나는 단기여행자 뿐만 아니라 장기여행자들이 모이는 섬이다. 전 세계에서 유명 여행지로 편리성도 높아지면서 태국의 치앙마이 못지않은 한 달 살기로 이름을 날리고 있다. 여유를 가지고 생각하며 보낼 수 있는 한 달 살기는 많은 여행자가 경험하고 있는 새로운 여행방식인데 그 중심에 발리Bali가 있다.

개념잡기

동남아시아 지역의 우기인 4~10월에 발리는 건기에 속해 청명한 날씨를 보인다. 야자수가 늘어진 바다만 이어지는 다른 동남아 휴양지와 달리 발리는 논밭이 펼쳐지는 전원과 열대 정글, 이국적인 힌두교 사원이 바다와 어우러지는 풍경이 독특하다.

발리는 서핑으로 잘 알려져 있을 뿐만 아니라 정글 래프팅이나 열기구 체험 같은 엑티비티가 발달했다. 다양한 문화행사와 재래시장도 흥미롭다. 발리의 최대 아름다움은 석양이다.

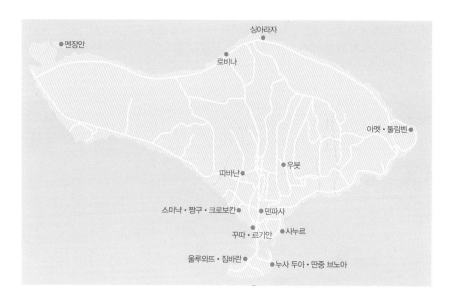

남서부의 꾸따(Kuta)

와 레기안^{Legian}은 저렴한 숙소와 식당, 여행사 등이 밀집한 곳으로 여행자들로 늘 북적거린다. 파도가 거칠어 수영을 즐기기에는 위험하지만 해안이 아름답다. 유명한 발리의 석양도 이곳에서 감상할 수 있다. 남동부의 누사두아는 고급 리조트가 들어선 지역으로 파도가 잔잔하고 모래가 곱다.

발리의 문화를 엿보기에는 우붓^{Ubud}이 제격이다. 크고 작은 상점과 갤러리, 재래시장이 발달했다. 발리의 독특한 문화를 볼 수 있기에 예전부터 유럽의 여행자들은 우붓을 선호했는데 현재까지 이어져 디지털 노마드의 성지이자 한 달 살기를 하려는 장기 여행자들이 몰려 다른 발리 지역과는 다른 문화를 형성하고 있다. 야생 원숭이가 무리지어 사는 원숭이숲도 있다. 신들의 섬 발리에는 2만 개 이상의 사원이 있다. 이 가운데 깎아 지른 듯한 절벽 위의 울루와투 사원이나 바다의 신이 모셔진 롯 사원이 인기가 있다.

꾸따 비치(Kuta)

발리에서 가장 이름난 꾸따Kuta 해변에서 서핑과 스노클링을 즐기고 새로운 사람도 만나고 아름다운 일몰을 즐기면 하루는 어느새 지나간다. 발리의 꾸따 비치에서 파라솔 아래 앉아 여유를 부리거나 수영, 스노클링, 서핑을 즐겨보자. 따뜻한 기후와 서핑, 저렴한 마사지와 아름다운 일몰로 유명한 꾸따Kuta 비치는 세계 각국에서 수백만의 관광객이 찾는 유명 비치이다.

꾸따Kuta 인근에 숙소를 잡았다면 아마도 매일 한 번씩 꾸따 비치에 가게 될 것이다. 꾸따 비치는 발리 서해안의 꾸따Kuta, 레기안Legian, 투반, 스미냑Seminyak 마을들이 만나는 곳에 있지만 마을들은 뚜렷하게 구분되지는 않는다. 이곳은 어부들과 열혈 서퍼들만을 위한 장소가 아니다. 현재, 다양한 편의시설을 구비한 꾸따Kuta 비치는 모두를 위한 휴양지로 변모하였다.

꾸따 비치는 잔잔한 파도와 모래 바닥 덕분에 서퍼들에게도 적합하다. 서핑 학교에서 파도를 타는 법에서부터 물 위에서 사람들을 피하는 법까지 배울 수 있다. 서핑을 즐기지 않아도 패러세일링, 바나나 보트 타기, 인도네시아 전통 마사지 등 즐길 거리가 넘쳐난다. 밤이되면 바닷가 카페에서 식사를 하면서 일몰을 느낄 수 있다.

> 여행자들의 비치
>
> 한 달 살기를 하려는 장기 여행자들은 꾸따 비치의 높은 물가와 많은 관광객이 많아 적합하지 않다. 특히 대한민국에서 짧은 기간 동안 여행을 온 관광객은 꾸따 비치와 스미냑에서만 지내다가 돌아가는 경우도 많을 정도라는 사실을 인지하자. 발리의 청담동이라고 하는 스미냑은 물가가 상당히 높아서 대한민국과 차이가 없을 정도라고 이야기한다. 발리는 대부분의 상품들이 수입하기 때문에 수입물가로 생각한다면 이해할 수 있을 것이다.

짱구(Canggu)

부드러운 백사장이 펼쳐진 해변은 최근에 높은 물가과 많은 관광객이 몰리는 꾸따 비치를 대신해 개발이 이루어지는 곳이다. 짱구Canggu 비치는 일광욕을 하기에도, 새로운 사람을 만나기에도 좋지만 무엇보다도 인근 꾸따에서 적당히 떨어져 있어 한적한 느낌을 받는다.

부드러운 모래바닥에 왼쪽과 오른쪽으로 부서지는 파도와 너울은 세기도 한결 같아 서퍼들도 찾아오고 있다. 서핑에 관심이 없다면 바닷가에 누워 여유롭게 일광욕을 즐기다 바다로 뛰어들어 수영을 하면 된다.

짱구Canggu 비치는 아무것도 하지 않고 하루 종일 빈둥거리고 싶다. 그러다 몸이 근질거리면 남쪽의 꾸따 비치나 북쪽의 스미냑 비치로 가서 즐기려고 해도 거리가 멀지 않아서 이동하기 쉽다. 산책을 하며 해안가에 즐비한 바닷가 카페에 앉아 칵테일을 한 잔 마시거나 바닷가 식당에서 가벼운 식사를 즐길 수 있다.

늦은 오후에 짱구Canggu 비치로 나가서 지는 해를 감상하면서 인도네시아 맥주 '빈탕'을 한 잔 마시면 그 누구보다 여유로운 기분을 느끼게 된다. 해가 지고 나면 바닷가 여기저기에서는 음악이 들린다.

한 달 살기 추천 지역

꾸따 비치에 비해 상대적으로 저렴한 물가와 여유로운 해변, 다양한 해양스포츠를 즐길 수 있는 딴중 브누아 비치와 사누르 비치가 한 달 살기를 하는 장기 여행자들이 찾고 있다. 서양 여행자들이 많이 찾는 내륙의 우붓은 초록색으로 둘러싸여 있는 마을에서 힐링^{Healing}을 즐기면서 오랜 시간 머물 수 있는 장점이 있다.

누사두아, 딴중 브누아 비치

인도네시아 발리에서 가장 아름다운 여러 해변, 사원, 박물관 등을 즐길 수 있다. 누사두아 비치는 발리 남부의 아름다운 반도를 따라 쭉 뻗어 있는 모래사장이다. 해변 뒤로는 고급 리조트와 야자수가 즐비하고 바닷가에는 녹색과 푸른색의 따뜻한 바다가 찰랑거리는 그림 같은 풍경이 압권이다. 해변에서 아름다운 풍경을 벗 삼아 사진을 찍는 연인도 많이 볼 수 있다.

딴중 브누아 비치는 바위로 이루어진 곳에 앉아 탁 트인 바다 풍경을 감상하면서 가족이나 연인과 함께 모래 해변을 거닐며 예쁜 조개도 줍고 모래성도 쌓는 아이들이 많다. 긴 일광용 의자에서 쉬어가면서 깨끗한 바다에서 시원하게 수영을 즐기고, 스노클링 장비를 가져와 바다 속 다채로운 색상의 물고기들을 보는 것도 좋다.

다양한 해양스포츠를 즐기는 사람들이 많아서 해변의 투어 회사에서 가격을 잘 흥정해 제트스키, 카야킹, 패들 보딩, 패러 세일링 등 다양한 즐길 수 있다. 해안의 거대한 파도를 이용한 서핑도 인기가 높은 데, 중급 이상의 실력을 가진 서퍼들이 찾는 해변이다.

사누르(Sanur Beach)

사람들이 붐비지 않는 해안가, 아름다운 푸른색 바다, 한가로운 분위기의 마을 등으로 묘사할 수 있는 사누르 해변은 북적이는 발리 남동부의 고요한 오아시스와 같은 곳이다. 사누르 마을은 작고 평화로운 분위기로 발리 전통이 그대로 보존되어 있다. 사람이 붐비지 않아 평화롭고 조용한 곳이므로 관광을 마치고 밤에 돌아와 휴식을 취하기에 좋다.

지리적으로 볼 때 사누르 해변^{Sanur Beach}은 꾸따 해변^{Kuta Beach}의 번쩍이는 불빛으로부터 불과 15㎞밖에 떨어져 있지 않지만 완전히 다른 세상이라고 느껴진다. 사누르 해변^{Sanur Beach}은 발리에서 가장 초기에 조성된 휴양지지만 해변과 마을의 평화롭고 느긋한 분위기가 그대로 유지되고 있어 연령과 관계없이 많은 가족이나 연인들이 찾는다.

사누르 비치^{Sanur Beach}는 아름다운 모래사장과 조용한 푸른 바다, 눈부신 일출로 유명하다. 산호초에 둘러싸인 해변은 어린 아이들이 있는 가족들이 수영을 즐기기에 이상적이다. 약 5㎞에 달하는 바닷가의 오솔길을 따라 아침 산책을 즐기고, 낮에는 카누, 윈드서핑, 낚시, 스노클링을 즐겨도 좋고, 해가 질 때 배를 빌려 수평선까지 나아가서 석양을 봐도 좋다. 스쿠버 다이빙을 즐기는 사람들에게는 누사 페니다^{Nusa Penida}, 누사 렘봉안^{Nusa Lembongan} 등 환상적인 다이빙 장소가 근처에 있다.

우붓(Ubud)

발리의 로컬 문화를 느끼려면 뜨갈랄랑 마을^{Tegallalang Village} 논과 숲을 둘러보거나 우붓^{Ubud}을 방문해 보자. 서양 여행자들이 오랜 시간 머무르는 대표적인 지역이다. 한 달 살기를 발리에서 한다면 가장 먼저 생각나는 동네로 인식되고 있다. 특히 요가 수업을 듣거나, 쿠킹 클레스 등을 배우면서 지낼 수 있어서 지루하지 않다. 논길을 따라 자전거를 타거나, 우붓 원숭이 숲의 사원 지붕 위에 올라간 마카크 원숭이를 구경하면서 시간을 보내시는 것도 좋다. 신비한 코끼리 동굴에도 들러 보고 9세기 티르타 엠풀 사원에 있는 욕조에 몸을 담가 보는 것도 좋다.

발리의 예술 문화 중심지인 우붓^{Ubud}에서 푸리 루키산 박물관^{Puri Lukisan Museum}, 네카 미술관^{Neka Art Museum}, 안토니오 블랑코 박물관^{Antonio Blanco Museum}, 아르마 박물관^{Arma Museum} 등을 방문하는 것을 추천한다.

우붓^{Ubud} 남쪽의 발리 동물원^{Bali Zoo}과 발리 새 공원^{Bali Bird Park}에 가면 동물들도 만날 수 있다. 우붓^{Ubud}의 북쪽 지역인 발리의 중심부에는 산을 깎아 지은 구눙 카위 사원^{Gunung Kawi Temple}이 있다.

1. 고급 커피

동남아시아의 대표적인 커피 생산 국가는 베트
남이 대표적이다. 그래서 인도네시아의 발리가
커피가 유명하지 않다고 생각하는 사람들도 많
다. 하지만 발리는 아라비카 커피와 루왁 커피
가 유명하며 고급 커피를 마시는 즐거움이 있
다. 다른 동남아시아 국가에서는 소박한 커피
한잔의 여유를 즐겼다면 발리^{Bali}에서는 유럽 커
피의 맛을 즐기는 순간이 다가온다.

2. 탄탄한 관광 인프라

발리는 해변의 즐거움과 내륙인 우붓에서 즐기는 발리 문화를 동시에 즐길 수 있는 장점
이 있다. 휴양지로 유명한 발리이지만 발리만의 색다른 관광 컨텐츠가 섞여 탄탄한 관광
인프라가 구축되어 있다.
화산대의 활동은 발리 섬의 극히 비옥한 토양을 가져다주었고, 때로는 사람들에게 재해를
가져오면서 관광객이 줄어들지 않고 더욱 많은 장기여행자의 천국이 되고 있다.

3. 일정한 기온

발리는 년중 기온의 변화는 거의 없고, 연간 최저평균기온은 약 24도, 최고평균기온은 약 31도로 일정하다. 다만 습도는 약 78%로 덥고 습하지만, 체감 기온은 바다 바람에 의해 부드럽게 느껴진다. 최근에는 건기와 우기의 구분이 거의 느껴지지 않을 정도로 온난화의 영향을 받아 연중 높은 기온을 나타내고 있으며 우기 중 한낮의 최고기온이 34도 이상을 웃도는 뜨거운 기후를 나타내고 있다.

4. 안전한 치안

발리Bali는 다른 인도네시아 도시보다 안전하다. 수도인 자카르타는 치안이 불안하다는 인식이 있지만 발리는 치안에 상당한 공을 들이고 있다. 발리는 이슬람 문화와 힌두 문화를 바탕으로 새로운 여행자들이 몰려들면서 개방적인 인식으로 외국인에게 친절하다. 다만 스미냑의 클럽에서 즐길 때에 밤늦은 시간에는 조심하는 것이 좋다.

5. 다양한 국가의 음식

발리Bali에는 한국 음식을 하는 식당들이 많지 않다. 한국음식이 중요한 여행자들은 오랜 시간 한국 음식을 먹지 못하면 답답해 한다. 그런데 인도네시아 음식들은 상당히 대한민국 여행자에게 잘 맞아서 음식 때문에 장기간 머무르기 힘들지는 않다.

한국 음식만 아니라면 전 세계의 음식을 접할 수 있는 레스토랑이 즐비하므로 음식을 즐기고 배우는 쿠킹 클레스에서 배우는 여행자가 많다.

단 점

1. 접근성

발리Bali는 대한민국에서 동남아시아로 이동하는 시간이 가장 긴 7시간이 소요된다. 거리가 멀기 때문에 항공비용도 다른 치앙마이나 베트남보다 비싸다. 대한항공과 가루다 인도네시아 항공의 직항으로 이동하려면 100만원까지 상승할 때도 있다.

2. 저렴하지 않은 물가

한 달 살기를 하려는 대부분의 도시들은 저렴한 물가를 자랑한다. 하지만 발리Bali는 동남아시아의 다른 도시보다 물가가 저렴하지 않다. 발리는 대부분의 공산품이 수입되기 때문에 물가는 동남아시아의 다른 도시보다 상대적으로 물가가 높은 편이다.

인도네시아 음식을 즐기는 여행자는 저렴하게 한 끼 식사를 먹을 수도 있지만 레스토랑과 카페의 식사와 커피비용은 비싼 편이다. 다양한 국가의 요리를 합리적인 가격으로 즐겼다는 생각은 없고 대한민국의 물가와 차이가 없다는 판단을 할 수도 있다. 하지만 발리도 저렴하게 식사와 레스토랑을 찾으면서 지낼 수도 있다.

요가(1회 4~5천원), 서핑(1일 2시간 4~5만원) 등을 배우는 비용은 다른 치앙마이나 동남아시아 국가와 비슷하다.

Hoi An

호이안

Hội An

호   이   안

오랜 전통을 살리는 노란 색 골목에 개성이 가득한 골목골목마다 착하고 순한 호이안 사람들과 관광객이 어울린다. 베트남의 다른 도시에서는 못 보는 호이안Hội An의 장면들은 베트남다운 도시로 손꼽힌다.

호이안Hội An은 17~19세기에 걸쳐 동남아시아에서 가장 중요한 항구 중 하나였던 곳이다. 오늘날 호이안의 일부분은 100년 전이나 지금이나 같은 모습을 보여주고 있다. 호이안Hội An은 베트남 중부에서 중국인들이 처음으로 정착한 도시이기도 하다.

호이안 IN

대한민국의 관광객은 다낭을 여행하면서 하루 정도 다녀오는 여행지로 인식하고 있다. 다낭Danang에서 버스로는 1시간 10분, 자동차로 40~50분 정도 소요된다. 그래서 호이안Hoian으로 택시나 그랩Grab을 이용하는 경우가 많다. 하지만 장기여행자는 다낭Danang과 호이안Hoian을 오가는 1번 버스(편도 20,000동)를 이용하는 경우가 많다.

리조트 / 호텔 셔틀버스

최근에 다낭에서 호이안까지 이어진 해안을 따라 새로운 리조트와 호텔이 계속 들어서고 있다. 다낭 가까이 있는 해안에는 벌써 다 대형 리조트가 들어서서 호이안에 가까운 해안으로 리조트가 들어서고 있다.

최근 개장한 빈펄 랜드도 호이안에 있다. 다낭까지 30분 이상이 소요되는 거리 때문에 리조트나 호텔에서는 픽업차량을 운영하고 있다. 다만 유료로 운영하므로

장점이 없지만 택시를 타고 난 후, 낼 수 있는 바가지요금이 없는 것이 장점이다.

택시 / 그랩(Grab)

다낭에서 시내를 이동하는 데, 가까운 거

리는 대부분 택시를 이용하는 데 차량 공유 서비스인 그랩Grab과 가격차이가 크지 않다. 하지만 택시를 타고 다낭에서 20㎞ 이상 떨어진 먼 거리인 호이안을 이동하기 위해서는 택시는 400,000~500,000동 정도의 요금을 요구하므로 그랩Grab을 타고 330,000~370,000동을 이용하는 경우가 대부분이다.

호이안 올드 타운은 차량이 이동할 수 없으므로 올드 타운에서 가장 가까운 입구인 호이안 하이랜드 커피점에서 내려달라고 하면 편리하게 이용이 가능하다.

버스

현지에서 살고 있는 호이안, 다낭 사람들
중에 이동하려면 대부분 개인이 소유한
오토바이를 이용해 오가고 있다. 장사를
하는 현지인들이 주로 탑승하거나 해외
장기 여행자들이 자주 이용하고 있다.
다낭과 호이안 버스터미널을 오가는 노
란색 1번 버스를 탑승하면 저렴하게 이용
할 수 있다. 다만 에어컨이 나오지 않아서
더운 낮에는 상당히 덥다는 것을 알고 있
어야 한다.

슬리핑 버스

남부의 나트랑Nha Trang(12 시간)이나 후에(4
시간)를 가기 위해 슬리핑 버스를 이용한
다. 후에는 다낭에서 한번 정차하고 이동
하며, 나트랑은 3시간 정도마다 1번씩 정
차해 화장실을 이용할 수 있다.
호이안에서 남부의 호치민까지 이동하려
는 여행자도 가끔 있는데, 반드시 호치안
에서 저녁에 출발해 나트랑에 아침에 도
착해 쉰다. 다시 저녁에 나트랑에서 출발
해 다음날 아침에 호치민에 도착하므로
한 번에 이동이 불가능하다.

한눈에 호이안(Hoi An) 파악하기

유네스코 세계 문화유산으로 등재된 호이안Hoi An의 유서 깊은 올드 타운에서 쇼핑을 즐기고 문화 유적지를 둘러보며 강변에 자리한 레스토랑에서 저녁식사를 즐기면서 옛 시절로 떠나는 경험을 할 수 있다. 호이안Hoi An의 아주 오래된 심장부로 여행을 떠난다. 좁은 도로를 거닐다가 사원과 유서 깊은 주택을 방문하고, 다양한 전통 음식을 맛봐도 좋다.

호이안Hoi An 도심에서 사람들의 발길이 가장 많이 이어지는 곳은 규모 약 30ha의 대지 위에 조성된 유서 깊은 올드 타운이다. 16세기에 처음 세워진 지붕 덮인 목조 건축물, 일본 교를 건너보는 관광객을 볼 수 있다. 내원교 안에는 날씨를 관장하는 것으로 알려진 신, 트란 보 박 데Tran Vo Bac De를 위한 작은 사원이 있다. 150년이 넘은 꽌탕 가옥에 들러 아름답게 조각된 목재 가구와 장식을 구경할 수 있다.

중국 이민자를 위해 세워진 올드 타운의 화랑 다섯 곳에 사용된 건축도 감상해 보자. 호이안 민속 박물관에 가면 현지의 관습과 일상적인 삶의 모습이 담긴 물건도 볼 수 있다. 도자기 무역 박물관에서 8~18세기까지 만들어진 도자기 공예품도 인상적이다.

도심 지역은 쇼핑하기에 아주 좋은 장소이다. 가죽 제품과 의류, 전통 등외에 기타 수공예 기념품을 파는 상점이 즐비하다. 관광객에게는 값을 비싸게 받기 때문에 가격을 흥정하는 것이 좋다. 재단사가 많은 호이안Hoi An에서 나만을 위한 맞춤 양복도 주문할 수 있다.

강변에서는 바Bar와 레스토랑, 카페에 발걸음을 멈춰 빵과 스프, 면 요리를 맛보고 커피 한 잔에 여유를 느낄 수 있다. 해가 지면 편안한 분위기와 고급스러운 분위기의 레스토랑, 나이트클럽이 한데 어우러진 호이안Hoi An에서 밤 문화도 즐겨 보자.

호이안Hoi An의 올드 타운은 쾌속정, 페리를 타고 참 아일랜드의 해변과 숲, 어촌 마을을 둘러볼 수 있다. 보행자가 좀 더 편히 다닐 수 있도록 낮 시간에는 자동차와 오토바이의 주행이 금지되어 있다.

호이안을 대표하는 볼거리 Best 5

올드 타운

호이안^{Hoi An}의 과거가 훌륭하게 보존된 올드 타운은 목조 정자에서부터 유명 재단사까지, 서로 다른 시대와 문화가 어우러진 곳이다. 오늘날에도 구식 항구로서의 기능을 가지고 있으며, 관광과 어업이 지역의 주요 수입원이다. 호이안^{Hoi An}의 올드 타운은 1999년 세계문화유산으로 지정되었다.

옛 도시의 매력은 한두 가지가 아니다. 올드 타운의 상당 부분이 나무를 이용하여 건설되었다. 일본 다리와 목조 정자와 같은 명소들은 건축의 경지를 넘어 예술이라고까지 부를 수 있다. 과거에는 도자기 산업이 융성하였다. 호이안 고도시의 박물관에서 찬란했던 도자기 역사를 볼 수 있다. 싸 후인 문화 박물관에는 400점이 넘는 도자기가 전시되어 있다.

호이안^{Hoi An}은 다른 항구 도시와 마찬가지로 예부터 다문화적 공동체를 이루어 왔으며, 건물들은 이러한 특성을 반영하고 있다. 호이안 고도시를 거닐며 중국식 사원과 바로 옆의 식민지풍 주택을 감상할 수 있다.

이른 아침 투본 강변으로 나가 어물선상들이 고깔 모양 모자를 쓰고 흥정하는 모습을 볼 수 있다. 인근의 호이안^{Hoi An} 중앙 시장도 흥미롭다. 호이안^{Hoi An}은 재단사들과 비단 가게로도 유명하다. 맞춤옷을 주문하면 도시를 떠나기 전에 완성된 옷을 받을 수 있다. 시장의 상인들은 만만하지 않아서 물건 가격을 깎는 것은 쉽지 않다.

> **올드 타운이 보존된 이유**
> 주요 항구로서 호이안^{Hoi An}은 18세기 말에 기능을 잃어버린 후, 인근의 다낭과 같은 현대화를 겪지 않게 되었다. 수많은 전쟁을 거친 베트남의 역사에도 불구하고 심하게 훼손되지 않아 베트남의 과거 모습을 엿볼 수 있게 되었다.

호이안의 밤(Nights of Hoi An) 축제

호이안의 낭만은 해가 저물면 시작된다. 구시가지 곳곳에 크고 작은 연등이 하나둘 켜지면 옛 도시 호이안Hoian은 감춘 속살을 비로소 드러낸다. 투본Thu Bon 강 언저리와 다리에는 소원을 빌며 연등을 띄우는 여행자가 보이기 시작한다. 올드 타운을 수놓은 오색찬란한 연등의 향연은 베트남을 대표하는 장면이다.

매달 보름달이 뜨는 날이면 호이안Hoi An 올드 타운은 차 없는 거리로 변신하고, 전통 음악과 춤이 공연되며, 음식을 파는 노점상과 등불이 거리를 메운다. 연등 행사가 가장 활발한데 매월 14일 밤에 열리는 '호이안의 밤Nights of Hoi An' 축제는 하이라이트로 자리 잡았다.

송 호아이 광장(Söng Hoai Square)

도심 한가운데 자리 잡은 매력적인 광장에서 시장 가판대에 놓인 핸드메이드 공예품을 구입하고 아름다운 내원교도 건너가 보자. 베트남 중부 해안에 있는 호이안Hoi An은 베트남에서 가장 매력적인 도시로 꼽힌다. 매력적인 중앙 광장인, 송 호아이 광장이 자리해 있다. 차량 통행량이 거의 없어서 도시 광장의 인기가 많은데도 한적한 분위기가 흐른다. 즐거움으로 가득한 송 호아이 광장Söng Hoai Square에서 시간을 보내며 평온하고 한적한 분위기에 빠져들게 된다.

송 호아이 광장Söng Hoai Square에 도착하면 강변으로 발걸음을 옮겨 내원교를 구경하자. 작지만 화려하고 지붕까지 있는 다리는 의심의 여지없이 광장을 상징하는 최고의 볼거리이다. 16세기에 건축된 다리는 지진도 견뎌낼 만큼 구조가 튼튼해서 이후 사소한 복원 작업만 몇 차례 거쳤다.

다리 근처에 다다르면 입구를 지키고 있는 원숭이와 강아지 조각상을 볼 수 있다. 다리를 건너는 동안 고개를 들어 천장에 새겨진 정교한 무늬를 감상할 수 있다. 일본과 베트남, 중국의 문화가 두루 담겨 있다.

다리를 둘러본 뒤에는 송 호아이 광장의 상점과 가판대를 구경해 보자. 신선한 생선과 야채를 구입하고, 수제화, 목재 장신구의 가격도 흥정해 본다. 호이안Hoi An은 세계 최고 수준의 실크를 생산하는 곳이다. 실크를 따로 구입한 다음 현지의 솜씨 좋은 재단사에게 가져가 맞춤옷을 제작하는 사람들도 많다. 광장의 음식 가판대나 카페에 들러 점심 식사를 즐긴 후 강가에 앉아 다리 아래로 지나가는 긴 운하용 보트가 자아내는 매력적인 풍경도 볼 수 있다.

내원교(Japanese Covered Bridge)

호이안에서 가장 사랑 받는 포토 스팟으로 일몰 후에 종이 등불에 불이 들어와 장관을 이룬다. 윗부분에 정자가 세워진 내원교는 1600년대 초반 일본인들이 건설하였다. 일본인들과 운하 동쪽에 살던 중국 상인들의 용이한 교류를 위해 만들었다. 그래서 일본교가 다리라는 실용성을 넘어 평화와 우애의 상징으로 작용하게 된 계기이다. 수많은 관광객들이 즐겨 찾는 곳이 되었고 사진을 찍기에도 좋은 장소이다.

내원교는 응우옌티민카이 거리와 트란푸 거리를 잇는 좁은 운하를 가로지르고 있다. 처음 건설된 후 수차례 재건되었음에도 독특한 풍취와 강렬한 일본 양식은 여전히 간직하고 있다. 재건에 관여한 사람들의 이름은 다리 위 표지에 표시되어 있다. 그러나 최초의 건축가는 아직까지 알려지지 않고 있다.

다리 입구에 있는 목재 현판은 1700년대에 만들어졌고, 이 현판이 '내원교'라는 이름을 '먼 곳에서 온 여행객을 위한 다리'로 바꾸게 되었다. 정자 안에는 날씨를 관장한다는 트란보박데 신을 모시는 성소가 있다.

주소_ Tran Phu, Hoi An **위치_** 호이안 구시가지 동남쪽 쩐푸 거리에 위치

> **다리의 입구와 출구에 있는 동물 조각**
> 한 쪽 끝에는 개가 있고 다른 끝에는 원숭이가 있다. 개의 해에 건설이 시작되어 원숭이의 해에 마무리 되었기 때문이라는 설이다.

호이안 시장(Hoi An Market)

소란스럽지만 활기 넘치고 다채로운 강변 시장에 가면 신선한 현지 농산물을 구입하며 전통적인 길거리 음식을 맛보고 흥정하는 기술도 알게 된다. 허브와 향신료, 살아 있는 가금류와 신선한 농산물을 판매하는 노점상으로 즐비한 강변 시장인 호이안 시장에서 다양한 음식을 즐길 수 있다. 푸드 코트에서 현지의 다양한 요리와 베트남인들이 좋아하는 음식을 맛보고, 기념품과 옷도 구입할 수 있다.

현지인과 관광객이 모두 쇼핑에 나서는 장소라서 온종일 붐빈다. 생선을 구입하려면 어부가 잡은 물고기를 내리는 아침에 맨 먼저 도착하는 것이 좋다. 생선을 좋아하지 않더라도 시장 상인들과 현지 구매자가 가격을 놓고 흥정을 벌이는 생기 있고 시끌벅적한 광경을 지켜보는 재미가 있다.
신선한 과일, 채소, 허브와 고춧가루, 사프란 같은 향신료를 판매하는 다른 곳도 둘러보자. 발걸음을 멈춰 살아 있는 오리와 닭을 판매하는 노점도 구경할 수 있다. 규모가 큰 푸드 코트에 들러 베트남 쌀국수를 비롯한 전통 베트남 음식도 맛보자. 쌀국수 요리인 '까오라오' 같은 현지 특식이 노점마다 각 가정의 독특한 레시피에 따라 몇 가지 요리만 선보인다. 모든 상인이 함께 일하기 때문에 여러 노점에서 음식을 주문하면 노점에서 식사하는 자리로 음식을 가져다 준다.

야시장

식사를 끝내고 야시장을 계속해서 구경해 보자. 기념품 매장과 재단사가 맞춤옷을 판매하는 상점도 찾을 수 있다. 센트럴 마켓에는 맞춤옷 가게가 몇 군데 있는데, 주로 양복과 드레스, 재킷을 만든다. 다른 곳보다 가격이 저렴하지만 보통 처음 제시한 가격은 부풀려져 있기 마련이므로 흥정을 해서 더 깎아야 한다.

호이안 시장은 호이안의 주요 도로인 트란 푸 스트리트와 박당 스트리트 사이에 있다. 깜남 섬에서 강을 바로 가로지르는 곳에 있으며, 매일 이른 아침부터 저녁때까지 열린다.

호이안 전망 즐기기

호이안(Hoian)에서 한 달 살기

다낭Danang은 알아도 호이안Hoian은 현재 대한민국 여행자에게 생소한 도시이다. 하지만 베트남에서 옛 분위기가 가장 살아있는 도시가 호이안Hoian이다. 베트남의 한 달 살기에서 저자가 가장 추천하는 도시는 호이안Hoian이다. 왜냐하면 도시는 작지만 다양한 즐길거리가 존재하고 옛 분위기를 간직하고 있어 오래 있어도 현대적인 도시에 비해 덜 질리는 장점이 있다.

저자는 베트남의 호이안Hoi An에서 3달 동안 머물면서 호이안 사람들과 웃고 울고 느낌을 공유하면서 베트남 생활에 쉽게 적응할 수 있었고 무이네Muine와 남부의 나트랑Nha Trang, 푸꾸옥Phu Quoc에서 한 달 살기로 적응하기 쉽게 만들어준 도시가 호이안Hoian이다. 대한민국이 여행자들도 다낭에서 여행하다가 잠시 머무는 도시가 아닌 장기 여행자가 오랜 시간 호이안Hoian에 머물고 있는 도시로 바뀌고 있다.

장점

1. 친숙한 사람들

호이안Hoian은 중부의 옛 분위기를 간직한 도시이다. 도시는 작지만 많은 여행자가 머물기 때문에 호이안 사람들은 여행자에게 친절하게 다가가고 오랜 시간 머무는 여행자와 쉽게 친해진다. 달랏Dalat이 베트남의 신혼 여행지이자 휴양지로 알려져 있다면 호이안Hoian은 웨

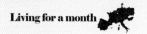

딩 사진을 찍는 도시이다. 그만큼 다양한 분위기를 가지고 베트남 사람들뿐만 아니라 여행자에게 친숙한 사람들이 호이안의 한 달 살기를 쉽게 만들어준다.

2. 색다른 관광 인프라

호이안Hoian은 베트남의 다른 도시에서 느끼는 해변의 즐거움이나 베트남만의 관광 인프라를 가지고 있지는 않다. 오랜 기간 베트남 중부의 무역도시로 성장한 도시이기 때문에 도시는 무역으로 성장한 분위기를 그대로 가지고 있다. 또한 안방 비치도 있어 해변에서 즐기는 여유도 느낄 수 있고 올드 타운의 밤에 거리를 거닐면서 즐기는 옛 분위기는 호이안Hoian만의 매력으로 다른 도시에서는 느낄 수 없는 것이다.

3. 접근성

다낭에서 30~40분이면 호이안^{Hoian}에 도착할 수 있다. 호이안^{Hoian}이 멀다고 느껴지지만 다낭에서 버스나 택시로 쉽게 접근 할 수 있다. 다낭이 최근에 성장한 무역도시이자 관광도시라면 호이안은 옛 무역도시라고 생각하면 된다. 그래서 해안이나 다낭을 통해 쉽게 접근할 수 있는 도시이다.

4. 장기 여행 문화

베트남은 현재 늘어나는 단기여행자 뿐만 아니라 장기여행자들이 모이는 나라로 변화하고 있다. 경제가 성장하면서 여행의 편리성도 높아지면서 태국의 치앙마이 못지않은 한 달 살기로 이름을 날리고 있다. 여유를 가지고 생각하는 한 달 살기의 여행방식은 많은 여행자가 경험하고 있는 새로운 여행방식인데 그 중심으로 호이안^{Hoian}이 변화하고 있다.

5. 슬로우 라이프(Slow Life)

옛 분위기 그대로 지내면 천천히 즐기는 '슬로우 라이프Slow Life'를 실천할 수 있는 도시라고 말할 수 있다. 유럽의 여행자들이 달랏Dalat에 오래 머물면서 선선한 날씨와 유럽 같은 도시 분위기에 매력을 느낄 수 있다면 호이안은 베트남의 16~17세기의 분위기를 느끼면서 옛 도시에서 머문다는 생각이 여행자를 기분 좋게 만들어 준다. 그래서 유럽의 많은 배낭 여행자들이 오랜 시간을 머무는 도시가 호이안Hoian이다.

6. 다양한 국가의 음식

다낭Dannang에는 한국 음식을 하는 식당들이 많지만 호이안Hoian에는 많지 않다. 가끔은 한국 음식을 먹고 싶을 때가 있지만 다낭만큼 한국 음식점이 많지 않다. 하지만 전 세계의 음식을 접할 수 있는 레스토랑이 즐비하다. 그래서 호이안Hoian에는 베트남 음식을 즐기는 것이 아니라 전 세계의 음식을 즐기는 여행자가 많다. 유럽의 배낭 여행자가 많아서 다양한 국가의 음식을 즐길 수 있는 곳이 호이안Hoian이다.

1. 저렴하지 않은 물가

베트남 여행의 장점 중에 하나가 저렴한 물가이다. 하지만 호이안Hoian은 베트남의 다른 도
시보다 호이안Hoian의 올드 타운의 물가는 베트남의 다른 도시보다 상대적으로 높은 편이
다. 올드 타운은 도시가 작은 규모로 유지가 되므로 더 이상 새로운 레스토랑이 들어서기
보다 기존의 레스토랑이 유지가 되고 있다. 올드 타운을 벗어나 호이안 사람들이 사는 곳
으로 이동하면 현지인의 물가가 저렴하지만 장기 여행자는 올드 타운에서 머물고 싶어 하
므로 다른 도시보다 높은 물가를 감당하고 머무는 경우가 많다.

2. 정적인 분위기

올드 타운이 오래된 옛 분위기를
보여주지만 상대적으로 활기찬
분위기의 도시는 아니다. 그래서
정적인 분위기를 싫어하는 여행
자는 호이안Hoian을 지루하다고 하
기 때문에 자신의 성격과 맞는 도
시인지 확인을 해야 한다. 근처에
안방비치도 있지만 다낭처럼 비
치의 활기찬 분위기는 아니다.

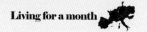

호이안을 대표하는 비치 BEST 2

호이안Hoi An에는 2개의 중요한 해변인 안방 비치An Bang Beach와 꾸어 다이 비치Cua Dai Beach가 있다. 안방 비치는 예부터 유명한 비치였지만 꾸어 다이 비치Cua Dai Beach는 최근에 해변을 선호하는 관광객에게 더 인기있는 비치로 유명해지기 시작했지만 아름다운 해변이 침식으로 인해 상당수가 침식되면서 인기는 식었다. 그래도 여전히 해변의 유명한 레스토랑을 비롯한 명소가 있다.

안방 비치(An Bang Beach)

2014년, 꾸어 다이 비치Cua Dai Beach를 강타한 해변의 대규모 침식이 발생한 후 관광객을 유치하기 위한 호이안Hoi An의 비치는 안방 비치An Bang Beach를 중심으로 이동했다. 그 이후 CNN에 의해 세계 100대 해변으로 선정되면서 유명세를 더했다. 북쪽과 남쪽에는 모두 바와 레스토랑이 줄 지어 있고, 영어를 구사하는 외국인과 유럽의 관광객을 위해 해변을 잘 정비해 두었다. 안방 비치An Bang에는 꾸어 다이 비치Cua Dai Beach보다 다양한 요리와 분위기 있는 레스토랑이 많고 거주하는 상당한 유럽 거주자들은 커뮤니티를 통해 서로 연락하고 지낸다.

신선한 해산물과 베트남스타일의 바비큐(BBQ)에서 정통 이탈리아와 프랑스 요리에 이르는 저렴한 식사를 즐길 수 있다. 소울 치킨Soul Kitchen, 라 플라쥬La Plage, 화이트 소울White Soul과 같은 레스토랑은 활기찬 파티를 즐기면서 매주 테마의 밤, 이른 시간의 해피 아워 프로모션으로 칵테일과 시원한 맥주를 늦게까지 마시면서 하루를 보낼 수 있다.
호이안 고대 마을에서 북쪽으로 7km 떨어진 곳에 자전거나 오토바이를 이용하여 안방 비치An Bang Beach에 쉽게 갈 수 있다.

꾸어다이 해변(Cua Dai Beach)

호이안Hoi An의 해변에서 도시로부터 탈출하여 여행을 떠나자. 호이안Hoi An의 더위와 북적이는 올드 타운에서 벗어나 꾸어다이 해변에서 맑은 공기를 맛볼 수 있다. 꾸어다이 해변은 호이안Hoi An에서 북동쪽으로 약 4km정도 떨어져 있다. 이곳에는 아름다운 백사장이 한없이 펼쳐져 있다.
리조트가 인근에 있지만, 꾸어다이 해변은 특히 주중에 조용하고 평화롭다. 리조트 고객들을 위한 해수욕 구역이 따로 지정되어 있지만, 해변이 워낙 넓으므로 걱정하지 않아도 된다. 갑판 의자와 일광욕용 의자도 대여할 수 있다. 해변에 즐비한 야자나무는 정오의 해를 가려준다.
꾸어다이 해변의 바닷물은 깨끗하고 비교적 시원하다. 4~10월 사이에는 해수욕을 즐기기에 좋다. 11월부터는 파도가 높아 조금 위험할 수도 있다. 해수욕을 즐기다 붉은 깃발로 표시된 지점이 나오면 역류가 있는 곳이므로 조심해야 한다.
출발하기 전 호이안Hoi An에서 먹을거리를 사 가거나, 해변에서 직접 구입할 수 있다. 해변 위의 매점에서 음료와 해산물을 포장 판매한다. 바닷가에 해산물 요리를 파는 식당들이 즐비하다.

EATING

포 리엔
Phở Liến

구시가지 한복판에 위치한 로컬 쌀국수 집이다. 국물은 담백하고, 약간 단 맛이 난다. 콩나물 해장국에 계란을 넣어 먹듯이 것처럼 현지인들은 특이하게 쌀국수에 생 계란을 넣어 먹는다.
면은 다른 쌀국수와는 다르게 쫄깃한 식감이 난다. 식사 시간대에 방문하면 야외 테라스 및 매장 내부가 현지인들로 꽉 차서 자리가 없을 정도이니 피해서 가는 게 좋다. 현지 로컬 식당이다 보니 깔끔하지 않을 수 있다.

주소_ 25 Lê Lợi, Phường Minh An, Hội An
시간_ 6시~19시
요금_ 쌀국수 40,000동
전화_ +84-90-654-3011

포 슈아
Pho xua

호이안Hoi An에서 한국인들에게 인기가 많은 베트남 음식 전문점이다. 길가다가 한글로 간판도 보이고, 한국 관광객들이 줄서서 대기 하고 있으니 찾기는 어렵지 않다. 메뉴는 쌀국수, 반쎄오, 분짜, 스프링롤가 인기가 많다.

전체적으로 음식 맛은 괜찮고, 관광지인 호이안 물가에 비하면 저렴한 편에 속한다. 식사 시간에 방문하면 대기는 기본이고, 자리가 없으면 당연히 합석해야 한다. 호이안 시장에서 가까워서 시장 구경하고 가는 계획에 넣으면 된다.

주소_ 35 Phan Chu Trinh, Phường Minh An, Hội An
시간_ 10~21시
요금_ 소고기 쌀구수 45,000동
전화_ +84-90-311-2237

카고 클럽
The Cargo Club

베트남 음식과 서양 음식 등 메인 요리도 있지만, 디저트로 더 인기가 많은 카고 클럽이다.

서양식은 피자 파스타, 립 요리등 다양하게 준비되어 있고, 베트남 음식은 화이트 로즈, 쌀국수, 라이스 페이퍼 롤 등이 있다. 메인 식사를 마치고 꼭 디저트를 시켜보기 바란다. 투본 강을 마주하고 있어서 전망이 좋다. 올드 타운에서 가게 앞 등불이 가장 눈에 띄게 장식 되어 있어서, 밤에는 사진도 많이 찍기 위해 온다. 전망 좋은 2층 야외 테라스에 앉기 위해선 예약을 하고 가야한다.

주소_ 109 Nguyễn Thái Học, Street, Hội An
시간_ 8~23시
요금_ 화이트 로즈 85,000동
그릴 미트 콤보 225,000동
전화_ +84-235-3911-227

미스 리
Miss Ly

25년 넘게 가족들이 운영해 오고 있는 베트남 음식 전문점이다. 고풍스럽고, 호이안 스타일의 내부도 아늑한 느낌을 준다. 호이안 전통 음식을 메인 메뉴로 내어 놓는다. 신선한 재료들과 조미료를 넣지 않아서 대체 적으로 깔끔하고, 담백하다. 화이트 로즈, 프라이드 완탕, 까오러우,

한국 여행객들이 많이 시키는 요리이다. 매콤하게 해달라고 요청하면 한국 반찬으로 손색이 없다. 저녁 시간대에 가면 대기는 기본이다. 대기시간을 알려주니 구시가지를 거닐면서 시간에 맞춰서 오면 된다.

///

주소_ 22 Nguyen Hue, Hội An
시간_ 10시 30분~22시
요금_ 화이트 로즈 85,000동
　　　그릴 미트 콤보 225,000동
전화_ +84-235-3861-603

홈 호이안 레스토랑
Home Hoian Restaurant

유명 예약사이트에 항상 순위권에 있는 모던한 베트남 레스토랑이다. 모든 음식은 깔끔하고 정갈하게 나와서 특히 외국인 여행자들인 많이 찾아온다.

호이안 전통 음식에서부터 베트남 대표 음식까지 다양한 음식이 있다. 에피타이저로 나오는 바삭한 라이스 크래커는 이집의 별미이고, 쌀국수는 직접 육수를 따로 부어준다. 비슷하지만 조금씩은 다른 게 이 식당의 매력인거 같다.

영어로 된 메뉴판에 사진이 나와 있어서 주문하기 편리하지만, 메뉴가 많아서 한참을 망설이게 된다. 호이안의 레스토랑에서는 가격이 비싼 편이다. 고풍스러운 분위기의 에어컨이 나오는 시원한 레스토랑을 찾는다면 가 볼만 하다.

주소_ 112 Nguyễn Thái Học, Phường Minh An, Ancient Town

시간_ 12~21시 30분

요금_ 그릴 오이스터 155,000동
돼지고기 쌀국수 120,000동

전화_ +84-235-3926-668

호로콴
Hồ Lô quán

다양하고 맛있는 베트남 요리를 현지 가정식처럼 먹을 수 있는 레스토랑이다. 우리나라 시골식당 같이 포근한 인테리어와 시원한 에어컨이 나와서 쾌적하다. 타마린드 소스에 새우, 채소가 들어가 있는 프라이드 쉬림프 위드 타마린드 소스가 이 집의 인기 메뉴이다.
매콤하고 약간 달짝지근한 한국인 입맛에 잘 맞는다. 메인 메뉴를 주문하면 밥을 무료로 무한 리필 해줘서 배부르게 한 끼 해결 할 수 있다. 올드 타운에서 가기에 거리가 좀 있지만, 음식 맛, 가격을 생각하면 방문 해 볼 만 하다. 아기 의자도 제공해 준다.

주소_ 20 Trần Cao Vân, Phường Cẩm Phố, Hội An
시간_ 09~23시
요금_ 타마린드 새우 112,000동
전화_ +84-90-113-2369

망고 룸스
Mango Rooms

내원교에서 도보로 3분쯤 걸리는 위치해 있고, 투본 강을 전망하면 베트남 퓨전 요리와 칵테일을 즐길 수 있는 레스토랑이다. 가게가 골목 전망과 투본 강 전망이 있어서 원하는 곳으로 안내 해준다. 다양한 원색으로 장식한 실내는 캐리비언에 와 있다는 착각이 든다.

캐주얼한 분위에서 색다른 베트남 요리를 즐길 수 있다. 해피아워(9시~19시)에는 칵테일, 맥주를 50% 할인해 준다. 올드 타운 레스토랑에 비해 가격이 저렴한 편은 아니다.

주소_ 111 Nguyen Thai Hoc, Hội An
시간_ 9시~22시
요금_ 로킹 롤 95,000동. 베리베리 굿 120,000동
전화_ +84-90-5011-6825

시크릿 가든
Secret Garden

골목 사이에 위치해 있어서 근처까지 가도 찾기가 쉽지 않은 곳에 위치해 있다. 열대 식물과 다양한 초록의 나무로 꾸며 놓아서, 상쾌하고, 숲 속 가든에 온 기분이 든다. 매일 시장에서 사온 신선한 재료를 대대로 내려오는 할머니 레시피로 정성스럽고, 깔끔하게 베트남 요리를 만든다. 다양한 종류의 와인도 있고, 저녁에는 라이브 음악도 하니, 특별한 날이나 기분 내고 싶을 때 방문하면 좋을 것이다. 레스토랑 자체 원데이 쿠킹 스쿨도 운영하고 있다.

주소_ 60 Le Loi, Hoi An
시간_ 8~24시
요금_ 화이트 로즈 68,000동
전화_ +84-94-156-1465

라 플라주
La Plage

안방 비치가 보이는 야외 테라스에서 여유롭게 식사를 할 수 있는 곳이다. 위치도 좋지만, 음식의 맛도 가성비도 좋은 해산물 레스토랑이다. 영어로 된 메뉴판에 사진도 있어서 주문하기에 어려움은 없다. 가리비와 크리스피 새우가 한국인들이 많이 시키는 인기 메뉴이다. 메인 메뉴를 주문하면 샤워장 이용도 가능하고, 어린이 놀이 시설도 갖추고 있어서 구시가지에 숙박을 잡으신 여행객들이 많이 방문하는 곳이다.

주소_ An Bang Beach. Hội An
시간_ 7~22시
요금_ 그릴드 오징어 90,000동
　　　새우 샌드위치 60,000동
전화_ +84-93-592-7565

소울 키친
Soul Kitchen

시원한 바다가 보이는 뷰로 한국인들에게 잘 알려진 소울 키친이다. 베트남 음식을 한 번쯤 쉬어가야겠다고 생각된다면, 햄버거, 스파게티 등 간단한 음식과 서양 요리가 다양하게 갖춰진 이 소울 키친을 방문해도 좋은 선택이 될 것이다.
일행이 많은 가족 여행객들을 위해 방갈로 좌석도 있으니, 예약을 하고 오면 좋다. 해피아워 시간에는 일부 맥주에 한해서 1+1 이벤트도 진행하고, 주말 저녁 시간에는 라이브 공연도 한다. 노을 지는 풍경을 보면서 식사하기 좋은 곳이다.

주소_ An Bnag Beach, Hội An
시간_ 8~23시
요금_ 까르보나라 160,000동, 소울 햄버거 155,000동
전화_ +84-90-644-03-20

윤식당
Youn's Kitchen

베트남 음식에 힘든 분들을 위한 한국 음식 전문 식당. 한국인 주인과 한국어 메뉴판, 시원한 에어컨까지 베트남 음식에 지친 한국인을 위해 준비된 곳. 차돌 된장찌개, 참지 김치찌개, 제육 쌈밥, 숯불 닭 갈비등 친숙한 메뉴와 알아서 해주는 반찬 리필등은 한국음식이 그리운 사람에게는 이 곳보다 더 좋은 식당을 없을 듯하다.
디저트로 망고를 준다. 베트남에서 많이 쓰는 향신료를 사용하지 않아서, 특히 부모님을 모시고 온 가족 여행객들이 많이 방문한다.

올라 타코
Hola Taco

이름에서 알 수 있듯이 멕시코 음식을 전문적으로 파는 레스토랑이다. 멕시코가 떠오르는 다양한 그림으로 채워져 있는 벽면과 외국인들만 있어서 멕시코가 아닌가 하는 착각이 든다.
푸짐한 양과 멕시코 현지의 맛을 그대로 느낄 수 있어서, 항상 외국인 여행자들로 붐비는 곳이다. 주 메뉴는 타코, 케사디야, 나쵸, 엔칠라다드이 있고, 김치 타코도 있으니 맛보시기 바란다. 일요일은 휴무이다.

주소_ 9 Phan Chu Trinh, Cẩm Châu, Hội An, Quảng Nam, 베트남
시간_ 11시 30분~22시
요금_ 케사디야 115,000동, 나쵸 160,000동
전화_ +84-91-296-1169

주소_ 73 Nguyễn Thị Minh Khai, Phường Minh An, Hội An
시간_ 10~22시
요금_ 스팸 계란 복음밥 150,000동
차돌 된장찌개 150,000동
전화_ +84-90-870-8256

Krabi

끄라비

끄라비(Krabi)에서 한 달 살기

태국의 치앙마이Chiang Mai와 방콕Bangkok이 한 달 살기로 떠오르고 있지만 깨끗한 환경과 재미있는 해양스포츠와 아름다운 풍경, 저렴한 물가를 생각하여 추천한다면 태국에서는 끄라비Krabi이다. 안다만해의 아름다운 해안선은 남쪽의 말레이시아인 랑카위Langkawi와 페낭Penang부터 태국의 푸켓Phuket, 피피 섬Pipi Island, 끄라비Krabi까지 이어진다. 푸켓Phuket 여행을 하면 짧은 기간에 신혼여행이나 휴양을 즐기는 단기여행이 대세였던 것에, 비해 최근에는 오랜 기간, 한 곳에 지내며 여유를 가지고 지내는 끄라비krabi에서의 한 달 살기가 인기를 끌고 있다. 태국의 방콕, 치앙마이나 발리의 우붓Ubud이 한 달 살기의 원조로 인기를 끌었다면 최근에는 동남아시아의 다양한 지역으로 확대되고 있다.

태국은 한 달 살기의 원조답게 한 달 살기를 하는 여행자가 많이 늘어나고 있다. 태국의 수도인 방콕Bangkok이나 북부의 치앙마이Chiangmai, 빠이Pai 등에서 한 달 살기를 머무는 여행자가 많이 늘었고 점차 다른 도시로 확대되고 있다. 시대가 변하면서 짧은 시간의 많은 경험보다 한가하게 여유를 가지고 생각하는 한 달 살기의 여행방식은 많은 여행자가 경험하고 있는 새로운 여행방식이다.

내가 좋아하는 도시에서 머무르며 하고 싶은 것을 무한정할 수 있는 장점이 한 달 살기의 최대 장점이지만 그만큼 머무르는 도시가 다양한 활동이 가능해야 한다. 한 달 살기 동안 재미있게 지내려면 해양스포츠와 인근의 유적지와 관광지가 풍부해야 가능하다.

여행지를 알아가면서 현지인과 친구를 사귀고 그곳이 사는 장소로 바뀌면서 새로운 현지인의 삶을 알아갈 수 있는 한 달 살기지만 인근에 활동을 할 수 있는 곳이 제한된다면 점차 지루해지는 것은 어쩔 수 없는 일이다. 저자도 태국의 치앙마이Chiang Mai, 방콕Bangkok, 빠이Pai에 한 달 이상을 머무르면서 그들과 같이 이야기하고 지내면서 한 달 살기에 대해 확실히 경험하게 되었다.

끄라비Krabi의 한 달 살기는 바쁘게 지내는 것이 아닌 여유를 가지고 지낸다는 생각과 저렴한 물가로 돈이 부족해도 걱정이 없어진다. 끄라비Krabi는 규모가 큰 도시가 아니고 해안에 위치하고 한 달 살기를 하면서 다양한 해양스포츠와 아름다운 해변에서 지내기 좋은 도시이다. 해안에 있지만 카르스트 지형의 아름다운 절벽을 오르내리는 록 클라이밍Rock Climbing도 끄라비Krabi의 한 달을 짧게 만든다.

끄라비Krabi에서 모든 레스토랑과 식당에서 음식을 먹어보며 내 입맛에 맞는 단골집이 생기고 단골 팟타이와 해산물 전용 레스토랑에서 만나 사람들과 짧게 이야기를 나누다가 점점 대화의 시간이 늘어났다. 끄라비Krabi가 지루해질 때면 가까이 있는 아오낭Ao Nang 비치로 나가 탁 트인 해변에서, 수영도 하고 선베드에 누워 낮잠을 즐기기도 했다. 여유를 즐기면 즐길수록 마음은 편해지고 행복감은 늘어났다.

끄라비|Krabi은 1년 내내 화창한 날씨를 가진 도시이다. 그래서 비가 오는 날이면 커피 한 잔의 여유를 즐기는 순간이 즐겁다. 바쁘게 사는 대한민국에서는 비가 오면 신발이 젖은 채로 사무실로 들어오는 순간 짜증이 생기지만 바로 일을 할 해야 하는 내가 싫은 순간이 많다. 끄라비|Krabi에서의 비는 매일같이 내려도 짧고 강하게 오기 때문에 일상생활에 크게 지장을 주지 않았다. 바쁘게 무엇을 해야 하는 것이 아니기에 신발에 빗물이 들어가도 돌아가는 길이 짜증나지 않고 슬리퍼를 신고 빗물이 발가락 사이를 타고 살살 들어오는 간지러움을 느끼며 우산을 쓰고 돌아다녔다. 어린 시절의 느낌을 다시 가지게 되는 순간이었다.

┌──────────────┐
│   장 점   │
└──────────────┘

1. 저렴한 물가

끄라비Krabi의 물가가 저렴하다는 것은 '사실이 아니다'라는 말이 있지만 관광객을 상대로 영업을 하는 레스토랑으로 먹으러 가는 횟수가 줄어들면 주머니가 두둑해진다.

관광객의 물가는 높을 수 있지만, 매일같이 고급 레스토랑에서 해산물 요리를 먹지 않는 한 끄라비Krabi물가는 저렴하다. 팟타이는 50~100B(약 1,800~3,800원)이며, 똠양꿍도 비슷하다. 특히 오랜 기간을 같은 지역의 음식을 먹기 때문에 나의 입맛에 맞는 팟타이와 똠양꿍을 찾아 맛있게 먹었다는 만족도도 높다.

2. 풍부한 관광 인프라

끄라비Krabi는 곳곳에 해변이 있고 인근에는 아름다운 작은 섬들이 많다. 그래서 4섬 투어나, 7섬 투어 같은 투어 상품으로 즐길 수 있다. 바닷물 속이 훤히 들여다보이는 해변은 끄라비Krabi 인근 어디서든 볼 수 있는 풍경이다.

해양스포츠만이 아닌 록 클라이밍Rock Climbing 같은 활달한 활동이나 사원을 오르내리는 일도 하루가 금방 가도록 만들어준다. 또 온천도 있고 자연 풀장도 있어서 관광 인프라가 풍부하다.

여유를 즐긴다고 해도 매일 같은 것을 즐기는 것이 지루해지지만 끄라비Krabi는 지루해질 틈이 없다. 만약 인접한 지역으로 시야를 넓히면 야시장부터 인근 도시인 뜨랑Trang까지 2~3시간이면 여행을 다녀오기도 좋다.

3. 쇼핑의 편리함

끄라비krabi 인근에 빅씨 마트Bic C Mart와 테스코Tesco가 있고, 타운에는 보그 쇼핑센터Vogue shopping center가 있고, 아오낭Ao Nang에는 작은 테스코Tesco매장도 있다. 한 달 살기를 하려면 필요한 물건들이 수시로 발생한다. 가장 저렴한 쇼핑을 하려면 공항 가는 길에 있는 테스코Tesco를 가야 하지만 많은 물품을 구입하는 것이 아니라면 걸어서 갈 수 있는 보그 쇼핑센터Vogue shopping center를 가장 많이 이용한다.

필요한 물건이 있을 때마다 힘들게 구매하거나 비싸게 구매하면 기분이 좋지 않아진다. 그런데 끄라비krabi에서는 쇼핑이 센터가 있어서 저렴하고 편리하게 구매할 수 있다. 근처에 상설 시장도 있어서 맛있는 열대과일을 저렴하게 사 먹을 수도 있다.

4. 문화적인 친화력

태국에서 TV를 보면 2~3개의 한국 드라마를 더빙한 드라마가 메인 시간에 방영된다. 그만큼 한국 문화에 익숙하고 한국에 대한 호감이 좋다. 태국은 동남아에서 한류가 가장 사랑받는 나라여서, 한국 드라마, 영화, 음악에 관심이 높으며, 한국 관광은 꼭 한 번은 가보고 싶어하는 사람이 많다. 태국 사람들은 대한민국 사람들을 친근하게 느끼고 대한민국이라면 무조건 좋아하는 효과까지 거두게 만든 게 한류이다.

일부 젊은 한류 팬들은 한류 공연을 보기 위해서 직접 한국으로 원정을 오기도 한다. 수도인 방콕에서는 한국가수의 콘서트가 자주 열린다. 대한민국의 제품들은 태국 어디에서든 최고의 제품으로 평가받고 친근하게 느끼고 있다. 중국 사람들과 중국 제품들이 태국에서 저평가를 받는 것과 대조적인 상황이다. 친밀도가 높아졌으므로 태국에서 친구를 사귀기도 쉽고 금방 친해지기 좋은 나라이다.

5. 한국 음식

끄라비Krabi에는 한국 음식을 하는 식당들이 있다. 끄라비Krabi에 있으면서 한식에 대한 필요성을 느끼지 못하지만 한 달을 살게 되면 가끔은 한국 음식을 먹고 싶을 때가 있다. 그럴때 한식당을 찾기 힘들다면 음식 때문에 고생을 할 수 있지만 끄라비Krabi에는 한식당이 있어서 한식에 대한, 고민은 하지 못했다.

6. 다양한 국적의 요리와 바(Bar)

끄라비Krabi에는 유럽 사람들의 겨울 휴양지로 관광을 오기 시작했다. 그래서인지 끄라비타운krabi Twon과 아오낭Ao Nang 비치를 걷다 보면 다양한 언어를 들을 수 있고, 유럽인들부터 중동 사람들까지 볼 수 있다. 유럽의 배낭여행자와 말레이시아, 인도, 중동 관광객이 늘어나면서 여행자 거리에는 다양한 나라의 음식들을 먹을 수 있는 장점이 생겼다.
이탈리아 요리부터 이집트 요리까지 원하는 나라의 음식을 먹을 수 있으며, 최근에는 저렴한 펍Pub도 생겨서 소박하게 맥주 한 잔을 하면서 밤까지 즐길 수 있다. 루프탑 바Bar, 라이브 클럽Club등 다양한 가게가 생겨서 밤에도 지루하지 않다.

1. 정보가 많이 없음

한국 관광객들에게 아직은 생소한 지역이다. 근처 푸켓Phuket이나 피피섬Pipi Island은 관광지로 각광을 받고 있지만, 끄라비krabi는 잠시 들리는 곳, 투어로 잠깐 갔다 오는 곳으로 인식되어 있다. 끄라비krabi의 진정한 매력을 모르는 사람이 많다는 것이다. 하지만 끄라비는 푸켓Phuket이나 다른 섬에 비교해 물가도 저렴하고, 다양한 해양스포츠가 있다.

2. 직항 노선이 없음

한국에서 끄라비krabi까지 아직 직항 노선이 없다. 방콕Bangkok에서 국내선으로 환승을 하거나, 푸켓Phuket에서 배나 버스로 이동을 해야 해서 이동시간이 많이 걸리는 편이다. 짧은 휴가로 오기엔 쉽지 않아서, 많이 알려지지 않았지만, 오랜 기간 있을 수 있다면 충분히 매력적인 곳이다.

끄라비 여행코스

1일

리조트 조식 → 4섬 아일랜드 투어(전날에 투어 신청하면 리조트로 태우러 온다) → 점심 제공 → 오후 4~5시에 아오낭 비치에 도착 → 햇빛에 노출된 피부와 몸을 편안하게 마사지 받기 → 저녁부터 아오낭 비치 로드 둘러보기 → 아오낭 해산물 저녁 식사

2일

리조트 조식 → 에매랄드 풀 투어 → 점심 미제공(사전에 점심을 준비하거나 현지 음식점 이용) → 온천 풀(스프링 풀) → 오후 4~5시에 아오낭 비치에 도착 → 저녁부터 아오낭 비치 시장 둘러보기 → 아오낭 저녁 식사

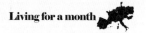

3일

리조트 조식 → 라일라이 암벽 등반(반나절투어나 1일투어 신청 / 초보자는 대부분 반나절 투어를 한다) → 점심은 아오낭 비치의 식당에서 해결 → 햇빛에 노출된 피부와 몸을 편안하게 마사지 받기 → 저녁에는 아오낭 비치 나이트 라이프 둘러보기

4일

리조트 조식 → 홍 섬 아일랜드 투어 → 점심 제공 → 오후 4~5시에 아오낭 비치에 도착 → 저녁부터 아오낭 비치 로드 둘러보기 → 아오낭 해산물 저녁 식사

5일

리조트 조식 → 카약킹 보르 투어 → 점심 제공 → 오후 4~5시에 아오낭 비치에 도착 → 햇빛에 노출된 피부와 몸을 편안하게 마사지 받기 → 저녁에는 끄라비 타운의 나이트 마켓 둘러보기(투어로도 운영)

끄라비 투어

프라낭 반도

이동방법

라일레이는 반도 형태로 육지와 연결되어 있지만 연결부분이 우뚝 솟은 산이어서 육로로 출입이 불가능하다. 끄라비 타운이나 아오낭 비치에서 라일레이를 잇는 대표적인 교통수단은 보트로 롱테일 보트와 스피드 보트가 있다. 끄라비 시내 타운에서 동쪽의 라일레이 비치로 가는 배편이 매일 2편 이상 있다.(1인당 150~300B)

아오낭 비치에서 출발하면 1인당 100~150B 비용을 내고 서쪽의 라일레이 비치로 간다. 보트는 모두 8명 이상의 인원이 모여야 출발하기 때문에 가끔은 인원이 적어 출발시간을 한참 흐른 후에 출발한다. 인원이 적을 경우 최소 요금을 모두 지불하면 출발이 가능하니 적절한 협상이 필요할 수도 있다.

피피섬에서도 1인당 600B의 요금으로 서쪽의 라일레이 비치까지 오는 정기선이 있다. 대부분은 스노클링 투어와 연결이 되어 있다.(1인당 1500B) 피피섬에서는 비수기나 기상상태에 따라 운행하지 않을 경우가 있으니 미리 확인하자.

이동순서
끄라비 공항(공항버스 300B) → 끄라비 타운 → 아오낭 비치 → 라일레이 비치 → 아오낭
비치 선착장(롱테일 보트 거리에 따라 100~150B) → 라일레이 비치

라일레이 비치로 이동

라일레이 비치에서 롱테일 보트 외에 동력을 사용하는 교통수단은 없다. 이스트 라일레이
비치와 웨스트 라일레이 비치, 프라낭은 걸어서도 충분히 갈 수 있다. 웨스트 라일레이에
서 이스트 라일레이 비치까지는 걸어서 약 10분 정도 걸린다.

웨스트 라일레이와 산 하나로 가로막혀 있는 돈사이 비치까지는 롱테일 보트를 이용해야
한다. 웨스트 라일레이에서 돈사이 비치까지 1인 50B, 최소 인원 6명이 되어야 출발한다.

태국에서 가장 아름다운 자연환경을 가지고 있는 라일레이 비치는 아오낭 비치에서 롱테
일 보트로 약 5~10분 거리에 있다. 육지와 연결되어 있지만 솟아있는 봉우리 때문에 바다
로만 들어 갈 수 있다. 그렇기 때문에 대부분의 사람들은 섬으로 알고 있기도 하다. 라일레
이 비치는 3개로 나누어 다른 이름으로 부르고 있다.

남쪽의 비치는 프라낭 비치, 동쪽은 이스트 라일레이 비치, 서쪽은 웨스트 라일레이 비치로 부르고 있다. 남쪽의 프라낭 비치가 가장 아름다워 라일레이가 아닌 "프라낭"이라는 다른 이름으로 부르고 있는 것 같은 느낌이다.

라일레이 비치는 암벽등반의 성지로 유럽의 클라이머들이 자주 찾는 장소이다. 동쪽의 이스트 라일레이 비치는 직접적으로 바다의 파도가 세게 넘나들어 해수욕에는 어울리지 않고 다들 해변 옆에 석회암 절벽이 우뚝 솟아 있어 기가 막힌 풍경의 섬회암 절벽에서 락 클라이밍을 즐긴다.
서쪽의 웨스트 라일레이 비치에서 롱테일 보트를 타고 약 15㎞정도를 가면 끄라비를 소개하는 책자에 나오는 암벽 등반 사진을 볼 수 있는데 그 배경이 톤사이 비치다.
숙소의 숫자가 적고 가격은 비싸기 때문에 비치의 주변이 한적하여 비치에서 평화롭게 유유자적 힐링하는 느낌으로 있기에 아주 제격인 장소이다. 한가로운 비치의 풍경은 아오낭 비치와 비할 바가 아니어서 끄라비에서 휴양지로 가장 유명한 곳이다.

라일레이 비치 즐기기

1일차
리조트에서 하루 시작 → 라일레이 서쪽 비치에서 해안 즐기기 → 라일레이 비치에서 아름다운 해지는 장면을 보면서 식사하기

2일차
오전에 락 클라이밍 투어 신청 → 락 클라이밍 도전하기 → 피곤한 몸 마사지 받기 → 라일레이 비치 주변 바(Bar)에서 약간의 술과 아름다운 밤 즐기기

3일차
오전에 돌아갈 준비하기 → 아침에 한적한 해변 거닐기 → 아오낭으로 돌아가기

라일레이 비치 볼거리

프라낭 반도는 가운데가 움푹 들어간 라일레이 비치가 좌우로 길게 펼쳐져 있다. 1990년대 이후에 비치의 리조트와 등반지가 생겨나면서 발전하기 시작했다. 특히 미국의 클라이밍 잡지에 실리면서 태국의 프라낭은 북반국의 겨울에 등반을 할 수 있는 대체 등반지로 급부상하며 한층 더 발전하였다. 프라낭은 석회암이 해풍과 빗물에 부식되어 형성된 거대하고 기기한 형태의 바위들로 절벽이 만들어지며 반도이지만 섬처럼 배로만 이동하기 때문에 상대적으로 보호가 잘 되어 있다.

4섬 투어

4섬 투어, 5섬 투어, 7섬 투어까지 투어상품으로 나타났다. 4, 5, 7은 돌아다니는 섬의 숫자를 이용해 투어 이름을 만들었는데 대부분은 4 섬 투어를 한다. 투어를 해보면 섬을 돌아다니며 비치를 구경하거나 스노클링 등을 하기 때문에 너무 길면 오히려 재미가 반감되는 경우가 많다.

투어의 가격에는 4, 5, 7 등의 섬의 개수도 중요하지만 배의 종류에 따라 롱테일 보트와 스피드 보트로 나뉘어 투어상품 가격에 영향을 미친다. 투어 가격은 700~1,800B 수준이다.

투어 순서

대부분 오전 9시에 모여 인원을 확인하고 출발하여 오후 4시 정도에 투어를 마치고 돌아온다. 회사마다 들르는 섬과 코스가 같아서 시간대가 서로 조금씩만 달라 한꺼번에 모이는 경우에 대비하고 있다. 롱테일 보트의 선택은 신중할 필요가 있다.

9시에 투어인원이 다 왔는지 확인하고 나면 10시 정도가 된다. 다 같이 롱테일 보트와 스피드 보트를 타고 순서대로 출발을 한다. 이때 롱테일 보트를 선택한 관광객들은 자신의 선택에 실망을 하기도 한다. 롱테일 보트가 가격이 저렴하지만 시설이 나쁘고 불편하기 때문이다. 투어를 선택할 때는 스피드 보트를 우선 선택하라고 조언하고 싶다. 섬을 돌아다니는 순서는 바뀔 수 있다.

① 포다 섬(Koh Poda)

'끄라비의 하이라이트'라고 부르지만 다른 섬들과 큰 차이는 없다. 포다 섬은 아오낭과 라일레이 비치와 가까워서 가장 먼저 들르는 섬이다. 그리고 해변이 내륙과 반대쪽으로 발달되어 있어 파도가 심하지 않아 투어로서는 안성맞춤이다.

② 툽 섬(Koh Tup)

작은 2개의 섬이 가깝게 위치해 섬 사이의
파도가 잔잔하고 깊지 않아서 가족여행객
들이 특히 좋아한다. 썰물 때, 바다가 갈라
져서 육지(길)가 드러나는 것처럼 현상이
일어나기도 하지만 매번 볼 수 있지는 않
다. 툽 섬은 포다 섬과 까이 섬 사이에 위치
해 대부분 2번째로 방문하는 섬이다.

③ 까이 섬(Koh Kai)

일명 치킨 아일랜드(Chicken Island)라는 별
명을 부르는데 섬에 내리지 않고 닭의 머
리 형상을 한 바위 옆에서 스노클링을 주
로 즐긴다. 앞의 2섬은 비치에서 즐긴다면
스노클링은 대부분 까이 섬에서 하게 된
다. 태국어로 '까이'는 닭이라는 뜻으로 닭
모양을 형상화한 섬이라는 데에서 그 명칭
이 지어졌다. 포다 섬이나 툽 섬처럼 비치
에서 휴식은 취하지 않으니 배에서 있어야
하는데 롱테일 보트는 시설이 낡아서 불편
하다. 스노클링 후에 샤워하는 것도 롱테일
은 불가능하다.

④ 홍 섬(Koh Hong)

홍 섬 투어의 홍 섬하고는 다른 섬으로서,
착각하지 말자. 종유석이 발달되어 안으로
깊숙이 들어간 만에 아름다운 비치가 마지
막을 장식한다. 카약킹과 스노클링에 적합
한 곳으로 어린아이들이 얕은 바다에서 스
노클링을 하기 때문에 특히 아이들의 호응
이 높다.

홍 섬까지 이용하면 투어 회사에서는 다시
아오낭 비치로 롱테일 보트나 스피드 보트
를 동일하게 탑승하여 돌아오는데 대부분
4~5시에 도착하게 된다. 끄라비에서 가장
높은 이용률을 자랑하는 투어이다.

에매랄드 풀 투어
(사 모라코트 Sa Morakot)

끄라비에서 내륙으로 들어가면 있는 아름다운 자연 풀장과 온천을 즐기는 투어로 만족도가 높은 내륙 투어이다. 현지에서는 에매랄드 풀투어 Emerald Pool나 사 마라코트 Sa Morakot라고 부른다. 위치상 개인적인 이동은 렌터카를 이용하는 것인데 힘들기 때문에 핫 스트림 워터폴과 같이 묶어서 투어로 매일 인원을 모집하여 판매하고 있다. 호텔 픽업, 입장료, 교통비를 포함하여 1,300~1,500B이다. 하지만 점심식사를 포함하는 투어는 조금 더 비싸다.

대부분은 점심을 싸가지고 가기 때문에 점심은 포함하지 않는 것이 일반적이다. 투어는 아주 간단하게 진행된다. 먼저 에매랄드 풀의 주차장에 내려주면 10분 정도 이동을 하면 에매랄드 풀이 나온다. 이때 미리 화장실을 먼저 다녀오는 것이 좋다. 시간은 약 1시간 30분~2시간 정도의 시간을 주기 때문에 시간이 부족하지는 않다.

① 크리스탈 라군 투어(Cristal Lagoon Tour)
끄라비 시내에서 서쪽으로 1시간 정도 가면 나오는 자연풀장으로 인공풀장보다 더 깨끗하

고 아름다워 가족여행객이 반드시 신청하는 투어다. 개인적으로 들어가려면 입장료는 1인 400B이다. 에메랄드 풀에서 놀다가 나무 데크로 만들어진 레일 길을 따라 걸으면 맑은 인공 수영장 같은 조그맣고 새파란 색의 작은 풀장을 보게 되는데 바로 블루 풀Blue Pool이라고 부르는 곳이다. 자연적인 연못에 물이 햇빛에 반사되면서 연못 속을 다 볼 수 있다.

여기서 한 가지 특이한 행동을 보게 되는데, 다 같이 박수를 치면 물의 표면에서 물방울이 올라오는 것을 보게 된다. 신기한 현상으로 다 같이 박수를 치고 있다면 물의 상태를 직접 잘 관찰하기를 바란다.

블루 풀(Blue Pool)

② 핫 스트림 워터폴(Hot Stream Waterfall)

에메랄드 풀과 크리스탈 라군을 묶어 크리스
탈 라군 투어라고 부르는데, 함께 진행하는 투
어상품으로 판매하고 있다. 온천수에 미네랄
이 풍부한 계단식 온천인 이곳은 해외 관광뿐
만 아니라 태국의 겨울철(건기)에 내국인인 태
국인들에게도 인기가 높다.

석회암 지형이 온천물에 녹으면서 자연적으
로 형성된 계단 형태의 온천탕이 만들어져 있
고 5명 정도가 들어가는 조그만 웅덩이가
7~8개 정도가 있다. 반드시 미리 사전에 수영
복이나 해변 비치 복장을 미리 입고 가야 편리
하다. 여자들은 화장실에서 갈아입고 남자들
은 미리 수영복을 입고 있어서 바로 벗고 옆에
자신의 짐을 놓고 들어간다.

자연 온천이라 안 좋을 거라는 생각이 들겠지
만 노천탕에 들어가면 마음의 평화가 오는 것
처럼 심신이 편안해져 웬만하면 나오고 싶지
않다. 이렇게 간단하지만 투어로 묶여있는 크리스탈 라군 투어는 한곳에서 즐기는 시간이
많아 5시 정도가 되어야 아오낭으로 돌아온다.

맹그로브 투어

끄라비에서 아주 특이한 기암괴석과 종유석, 물과 같이 사는 밀림에서 자라는 맹그로브 나무가 만들어 놓은 지형을 카약킹으로 즐기고 고대인들이 사는 동굴을 탐사하는 투어로 아이들과 어른들에게 고대의 동굴을 가까이서 볼 수 있어 유럽인들에게 더욱 사랑받고 있다.

태국 정부에서 맹그로브 나무를 보호하면서 끄라비 강과 쌓이고 있는 토사가 넓게 분포하면서 위에서는 넓은 숲처럼 보인다.

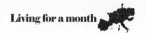

카약은 석회암이 침식되어 아름다운 지형 밑으로 통과하기도 하여 여자와 어린이들이 특히 재미있어 한다. 카약킹 중간에는 큰머리 동굴을 둘러본다.

선사시대 유적은 다른 나라에서는 보기 힘든 고대 유적지로 특히 사람의 형상과 알기 힘든 그림들이 그려져 있다. 두개골을 분석해 본 결과 이 곳의 해골은 인간 두상보다는 더 커서 "큰 머리 동굴"이라고 이름을 붙였다. 그림을 보면 마치 누군가에게 이야기를 하고 싶은 듯한 그림이다.

롱테일 보트나 카약킹을 이용하고 끄라비 타운에서 숙박을 한다면 끄라비 타운 차오파 선착장에서 출발하는 것이 일반적이다. 끄라비 강을 따라 카오 칩 남과 아름다운 맹그로브 숲을 볼 수 있다. 수상가옥과 양식장도 가는데 아이들이 좋아한다. 투어 시간은 보통 3시간 내외이다.

투어 순서

1 선착장에 도착하면 장비와 카약을 보고 선택한다.

2 카약킹을 타는 방법을 강사가 설명한다.

3 약 2시간 정도 아름다운 배경을 무대로 즐긴다.

라일레이 비치

라일레이 비치는 깎아진 듯 험한 산세와 절벽, 맑고 푸른 물빛으로 끄라비에서도 아름답기로 손꼽히는 곳이다. 섬은 아니지만 워낙 산세가 험해 배를 이용해야만 접근이 가능한데 아오낭이나 끄라비 타운에서 롱테일 보트를 이용해 갈 수 있다.
다양한 가격대의 호텔들이 해변에 들어서 있으며 비치를 따라 레스토랑, 바 등도 자리하고 있지만 다른 지역보다 여행자의 발길이 뜸해 여유롭고 평화로운 분위기를 느낄 수 있다.

엑티비티

홈페이지_ www.railayadventure.com
전화_ 075-662-245

록 클라이밍(Rock Climbing)
1990년대 이후에 시작된 동쪽의 이스트 라일레이 비치와 톤사이 비치는 록 클라이밍의 세계적인 메카가 되었다. 12~2월까지 라일레이 비치는 태국 땅이 아니라 유럽이나 미국에

온 것 같다. 그만큼 많은 클라이머들이 라일레이 비치를 점령하고 록 클라이밍을 즐긴다. 겨울철이지만 따뜻한 기후와 저렴한 물가는 전 세계 클라이머들을 끌어들이고 있다.

처음 경험하는 클라이밍도 기초부터 알려주고 쉬운 코스부터 시작하기 때문에 무리해서 무조건 도전할 필요는 없지만 한번은 해볼 만하다. 온몸의 힘을 주고 힘, 평행력, 모험심을 가지고 해보고 싶다면 가격도 저렴하고 안전하게 최적의 조건으로 클라이밍을 즐길 수 있다.

킹 클리프스 맨King Cliffs에는 트레이닝 할 수 있는 코스별 클라이밍 절벽이 있다. 자신의 실력에 따라 원하는 코스를 즐기면 되고, 초보자라면 전문 강사가 장비를 빌려주고 착용법과 같이 쉬운 코스부터 하나씩 코스를 올리며 모험을 즐길 수 있다.

반나절 코스(4시간)는 1,200B(점심 불포함)로, 매일 오전 9시와 오후 2시에 두 차례 투어상품이 있다. 하루 코스 1,900B(점심 포함)로 하루 8시간 동안 2곳의 장소를 옮겨다니면서 강습을 받고 절벽을 올라간다. 자녀와 함께 클라이밍을 해도 초보 어른과 같이 시작하지만 코스만 조절을 시켜주기 때문에 어린이도 충분히 즐길 수 있다.

▶락 클라이밍 순서

1 사무실에서 신청하기
2 클라이밍 신청서 작성
3 장비를 받고 직접 착용해 보기
4 신발을 착용할 때 자신의 발에
　꼭 맞는 신발 찾기(가장 중요)
5 강사가 설명한 착용법에 맞추어
　직접 착용하면서 준비하기
6 코스별로 체험하면서 락 클라이밍 즐기기

▶밧줄 착용순서

① 한 팔을 벌려 다른 손으로 두 번 돌려
8자를 만든다.

② 아래의 구멍부터 위로 넣어 올린다.

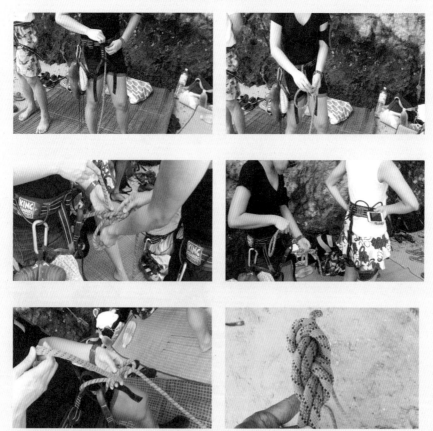

③ 위의 구멍까지 넣어 올리고 다시 나온 줄을 8자에 맞추어 2겹의 줄 상태를 만든다.

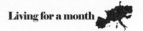

▶코스 소개

▲초급자 코스

▲중급자 코스

▶다양한 락 클라이밍 모습

Luang Pravang

르앙프라방

루앙프라방에서 한 달 살기

루앙프라랑Luang Pravang은 대한민국 여행자에게 생소한 도시가 아니다. 하지만 라오스에서 불교유산을 가장 많이 가지고 있는 서양인들에게는 생경한 도시로 인기가 높다. 라오스의 한 달 살기는 루앙프라방Luang Pravang에서 대부분을 지내게 된다. 유럽의 여행자들이 루앙프라방Luang Pravang에 오래 머물면서 불교문화와 상대적으로 선선한 날씨에 매력을 느끼게 된다. 루앙프라방Luang Pravang의 레스토랑은 전 세계 국적의 요리 경연장이라고 할 정도로 다양한 나라의 요리를 먹고 즐길 수 있다.

라오스는 현재 대한민국에서는 단기여행자가 많지만 서양의 장기여행자들이 모이는 나라로 알려져 있다. 경제가 성장하지도 않고 여행의 편리성도 떨어지지만 따뜻한 분위기를 가진 도시로 태국의 치앙마이 못지않은 한 달 살기로 알려져 있다. 여유를 가지고 생각하는 한 달 살기의 여행방식은 많은 여행자가 경험하고 있는 새로운 여행방식인데 그 중심으로 루앙프라방Luang Pravang이 있다.

장 점

1. 유럽 커피의 맛

루앙프라방Luang Pravang은 1년 내내 맛있는 커피를 마실 수 있는 도시이다. 그래서 유럽의 여행자들은 아침을 커피와 크로아상으로 시작한다. 루앙프라방에서 커피 한잔의 여유를 즐길 수 있는 즐기는 순간을 오랫동안 느낄 수 있다.

2. 색다른 관광 인프라

루앙프라방Luang Pravang은 베트남의 다른 도시에서 느끼는 해변의 즐거움이나 베트남만의 관광 인프라를 가지고 있지는 않다. 프랑스 식민지 시절의 느낌을 담은 도시이기 때문에 모든 도시의 분위기는 프랑스풍의 색다른 관광 컨텐츠가 풍부하다. 해변에서 즐기는 여유가 아니라 새로운 관광 인프라를 가지고 있다.

3. 몰랐던 자연의 세계

1년 내내 푸시 산과 빡우 부처 동굴에서 해지는 대자연의 선물을 감상하면서 몸과 마음이 한결 가벼워지는 것을 알 수 있다.

전통 예술과 민족학 센터 같은 자연사 박물관에서는 다채롭고 흥미로운 전시물을 둘러보는 것도 좋다. 하지만 꽝시 폭포에 가서 폭포수가 떨어지는 장관을 감상하지만 몰랐던 자연의 세계도 알게 되는 경험을 하게 된다.

4. 유럽 문화

라오스는 경제성장이 떨어지고 항상 같은 풍경을 가진 저성장 국가이다. 그런데 프랑스의 식민시절의 분위기와 란상 왕국의 강력한 불교문화가 섞여 새로운 문화를 받아들이는 라오스 유일한 도시가 루앙프라방Luang Pravang이므로 장기 여행자에게 인기는 높아지고 있다.

5. 다양한 국가의 음식

루앙프라방Luang Pravang에는 한국 음식을 하는 식당들이 많지 않다. 다른 동남아시아 국가에는 한국 음식점이 있지만 루앙프라방Luang Pravang에는 많지 않다. 그나마 한국 문화를 접한 사람들이 만든 음식점이다. 가끔은 한국 음식을 먹고 싶을 때가 있지만 루앙프라방Luang Pravang에서는 쉽지 않다. 하지만 전 세계의 음식을 접할 수 있는 레스토랑이 즐비하다. 그래서 루앙프라방Luang Pravang에서는 라오스 음식도 즐기지만 전 세계의 음식을 즐기는 여행자가 많다.

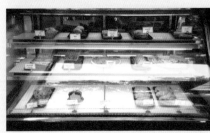

단점

은근 저렴하지 않은 물가

라오스 여행의 장점 중에 하나가 저렴한 물가이다. 하지만 루앙프라방Luang Pravang은 라오스의 다른 도시보다 접근성이 떨어지므로 물가는 다른 도시보다 상대적으로 물가가 높은 편이다. 그래서 라오스 음식을 즐기는 여행자보다는 다양한 국가의 음식을 즐겨도 비싸다는 인식이 생기지 않는다. 특히 피자나 스테이크, 프랑스 음식을 즐길 수 있는 다양한 레스토랑이 있다. 다양한 국가의 요리를 합리적인 가격으로 즐겼다는 생각 때문에 여행자들이 느끼는 만족도도 높다.

접근성

방비엥에서 6~8시간 동안 버스를 타고 이동하면 루앙프라방Luang Pravang에 도착할 수 있다. 또한 인천공항에서 루앙프라방Luang Pravang으로 향하는 직항이 없어 비엔티엔Vientiane을 거쳐 항공으로 이동할 수 있다. 그래서 가기 힘든 도시이므로 접근성에 제한이 있다.

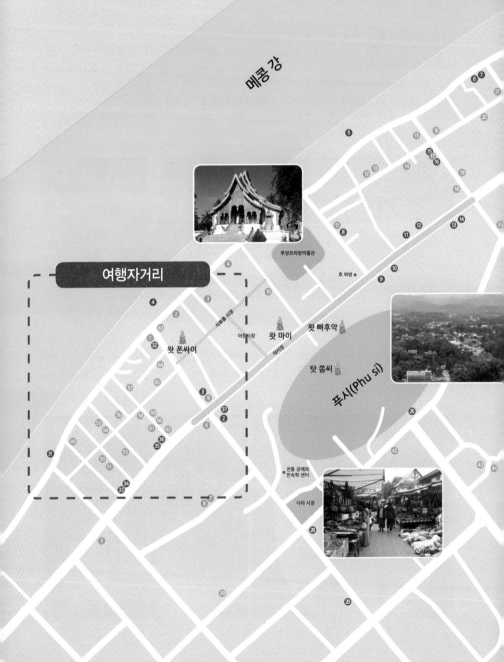

루앙프라방 시내지도

메콩 강

여행자거리

루앙프라방박물관

호 파방

씨로통 시장

아침시장

왓 폰싸이

왓 마이

왓 빠후악

탓 쫌씨

푸시(Phu si)

전통 공예와
민속학 센터

다라 시장

왓 씨엔통

왓 쎈

남칸 강

레스토랑

1. 조마 베이커리
2. 바게트 샌드위치 노점
3. 야시장 노점식당 골목(1만낍 뷔페)
4. 리버사이드 바비큐 레스토랑
5. 캠콩
6. 사프란 에스프레소 카페
7. 빅 트리 카페
8. 블루라군
9. 루앙프라방 베이커리
10. 코코넛 레스토랑
11. 코코넛 가든
12. 나짐(인도음식점)
13. 더피자
14. 다오파 비스트로
15. 빡훼이미싸이 레스토랑
16. 카페 뚜이
17. 엘레팡
18. 르 카페 반 왓쎈
19. 딸락 라오
20. 왓 쎈 맞으면 카우쏘이 국수집
21. 르 바네통
22. 씨앙통 누들 숍
23. 타마린드
24. 쌀라 카페
25. 엔싸바이
26. 에트랑제 북스& 티
27. 유토피아
28. 낭애 레스토랑
29. 니샤 레스토랑
30. 감삿갓(한식당)
31. 쏨판 레스토랑
32. 사프란 에스포레소 카페(분점)
33. 델리아 레스 토랑
34. 라오 커피숍(한 까페 라오)
35. 조마 베이커리
36. 바게트 샌드위치 노점

호텔

1. 루앙프라방 리버 로지
2. 타흐아메 게스트하우스
3. 라오루로지
4. 메콩 홀리데이 빌라
5. 메종 쑤완나품 호텔
6. 푸씨 호텔
7. 분짤른(분자런) 게스트하우스
8. 쏨쿤므앙 게스트하우스
9. 에인션트 루앙프라방 호텔
10. 라마야나 부티크 호텔
11. 푸씨 게스트하우스
12. 씨앙무안 게스트하우스
13. 싸요 씨앙무안
14. 남쑥 게스트하우스3
15. 남쑥 게스트하우스
16. 빌라 짬빠
17. 낀나리 게스트하우스
18. 빌라 싸이캄
19. 삐파이 게스트하우스
20. 라오우든 하우스
21. 반팍락 빌라
22. 암마따 게스트하우스
23. 벨 리브 부티크 호텔
24. 로터스 빌라
25. 르 깔라오 인
26. 씨앙통 팰리스
27. 쿰 씨앙통 게스트하우스
28. 씨앙통 게스트하우스
29. 메콩리버뷰 호텔
30. 빌라 산티 호텔
31. 스리 나가(홍햄 쌈 나까)
32. 창인(홍햄 쌍)
33. 빌라 쌘쑥
34. 빌라 쏨퐁
35. 부라싸리 헤리티지
36. 압사라 호텔
37. 싸이남칸 호텔
38. 폰쁘라삿 게스트하우스
39. 레몬 라오 백팩커스(도미토리)
40. 짜리야 게스트하우스
41. 타위쑥 게스트하우스
42. 씨따 노랑씽 인
43. 위라이완 게스트하우스
44. 퐁피락 게스트하우스
45. 메리 게스트하우2
46. 콜드 리버게스트하우스
47. 르 벨 애 부티크 리조트
48. 선웨이 호텔
49. 나라씸 게스트하우스
50. 쑤언 깨우 게스트하우스
51. 왓 탓 게스트하우스
52. 싸이싸나 게스트하우스
53. 피라이락 빌라
54. 랏따나 게스트하우스
55. 쏨짓 게스트하우스
56. 호씨앙1 게스트하우스
57. 호씨앙2 게스트하우스
58. 쌩펫 게스트하우스
59. 씨야나 게스트하우스
60. 마이 라오 홈
61. 파쑥 게스트하우스
62. 루앙프라방 리버 로지
63. 메콩 문 인
64. 텝파윙(우동풍2)게스트하우스

루앙프라방Luang Prabang은 수도인 비엔티엔Vientiane에서 약 407km 떨어져 있어서 버스로 약 10시간 이상 소요되고, 방비엥에서는 버스로 약 273km로 6~7시간 정도 거리에 위치해 있다. 그래서 루앙프라방은 버스를 주로 이용해 이동하지만 비엔티엔에서 항공으로도 이동이 가능하다.

비엔티엔과 방비엥에서 버스가 매일 오전, 오후에 운행되고 있다. 가장 많이 이용하는 버스는 VIP버스로 장거리를 달리는 2층짜리 코치버스를 말한다. 일반버스와 미니밴도 운행을 하고 있지만 사용빈도는 높지 않다. 비엔티엔과 방비엥에서 야간 슬리핑버스로 자면서 이동하는 경우도 많다.

비엔티엔,방비엥
→ 루앙프라방

투어회사나 호텔에서 버스티켓서비스를 하고 있다.

비엔티엔에서 방비엥까지는 평탄한 도로이지만 방비엥에서 루앙프라방까지는 우리나라의 대관령도로를 지나는 것처럼 꾸불꾸불한 도로를 지나서 이동을 하기 때문에 멀미가 날 수도 있다.

낮에 오랜 시간을 차에서 보내면 상당히 지루하기도 하다. 비엔티엔에서 루앙프라방을 갈때는 중간에 점심식사 가격이 버스티켓에 포함되어 있는 경우도 있다(VIP버스).

노선	출발	도착	소요시간	요금
비엔티엔	7시	19시	10~12시간	14~17만낍(Kip)
	18시 30분(Sleeping)	아침 7시		19~19만낍(Kip)
	18시 30분(Sleeping)	아침 7시		19~21만낍(Kip)
방비엥	09시	15시	6~7시간	10~12만낍(Kip)
	10시	16시		
	14시	20시		
	15시	21시		
	9시(슬리핑버스)	새벽4시		14~17만낍(Kip)

주의사항

버스로 이동을 할 때 가끔이지만 도난사고가 발생하고 있다. 짐을 싣고 버스의 자리에 앉아 있을 때 짐을 훔쳐가는 사고가 발생하기 때문에, 짐을 잘 확인하고 탑승해야 한다. VIP버스는 1층에 짐을 싣고 2층에 탑승을 하고 미니벤은 버스위에 짐을 싣게 된다. 미니벤은 짐을 내리기가 쉬워서 도난사고가 더 많은 편으로 조심해야 한다.

루앙프라방 이해하기

루앙프라방은 동서로 비스듬히 메콩강
이 흐르고, 남북으로 꾸불꾸불 칸 강이
흐르고 있어 강 안쪽의 분지지형처럼
되어 있다. 루앙프라방 남부 버스터미
널에서 내리면 뚝뚝이가 여행자거리의
조마 베이커리앞에 내려준다. 동서로
나있는 이 도로가 '타논 시사웡왕' 거리
이다. 이 도로가 여행자거리부터 동쪽
끝의 왓 씨엔통까지 이어지기 때문에,

타논 시사웡왕 도로롤 따라 아침시장과 야시장, 탁발과 사원들, 푸시(산)가 있다.

많은 여행사, 투어회사들, 음식점, 오토바이나 자전거를 빌려주는 가게들이 즐비하다. 여행
자거리에서 왓 씨엔통에서 작은 도로들이 나와 있어서 작은 도로들을 여유롭게 보는 즐거
움이 있다. 배낭여행객들이 자전거가게와 여행사
나 카페를 찾아 루앙프라방을 둘러본다.

타논 시사웡왕 거리 중간부분에 푸시를 넘어가면
왓 아함, 왓 위쑨나랏이 이어지면서 루앙프라방의
맛집들이 상당히 많다. 또한 다른 루앙프라방의 모
습도 볼 수 있다. 주로 유럽 배낭여행자들이 많이
묶는 게스트하우스와 호텔들이 푸시 넘어 위치하
고 있다.

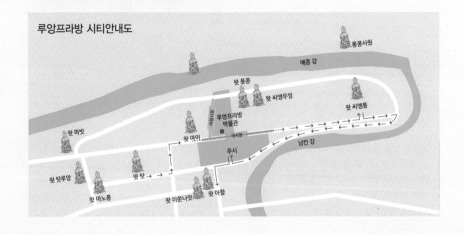

루앙프라방 시티안내도

룽쿵사원
메콩 강
왓 퐁콩
왓 씨엥무엉
왓 씨엥통
루앙프라방
박물관
왓 파빗
왓 마이
야시장
남칸 강
푸시
왓 탓루앙
왓 탓
왓 마노롬
왓 위쑨나랏
왓 아함

머니트랜드(Money Trend)

루앙프라방에서는 거의 신용카드
보다 현금을 사용한다. 루앙프라방
인포메이션 센터 건너편에는 많은
ATM가 있어 시간에 관계없이 돈
을 인출할 수 있다. 또한 환전소도
많아 달러를 가지고 있다면 환전하
여 이용하면 된다.

▲인포메이션 센터 건너편 ATM

타논 시사왕왕 거리를 따라 동쪽으
로 가다보면 카페와 야시장 등이
열리기 때문에 여행자들은 사전에
미리 현금을 준비해 두자. 숙박은 호텔 25~50달러($)정도, 게스트하우스는 도미토리는 4
만낍(Kip), 2인실은 12만낍(Kip)정도의 가격으로 이용하고 있다.

사원은 왓 시엔통 정도만 입장료가 2만낍(Kip)이고 다른 사원들은 입장료가 없다. 꽝시폭포
까지 이동하는 뚝뚝비용이 4~6만낍(Kip), 입장료는 2만낍(Kip)이다. 노점에서는 바게뜨 샌
드위치가 1만~2만낍(Kip), 커피가 5천~1만낍(Kip)으로 매우 저렴하다. 오히려 조마 베이커
리나 분위기 좋은 카페들이 먹다보면 가격이 조금 비싸다고 느껴질 수가 있어 가격을 확인
하고 한끼식사를 하는 것이 좋다.

About 루앙프라방

라오스의 메콩 강가에는 아름다운 도시 루앙프라방이 있다. 루앙프라방은 각종 물건을 사고파는 상업 도시이자 불교 사원이 많아 승려들이 모이는 종교의 중심지였다. 특히 1300년대 이후부터는 란상 왕국의 수도였다.

커다란 황금 불상

원래 루앙프라방의 이름은 '무웅스와'였다. 1353년에는 파눔 왕이 '황금 도시'라는 이름을 가진 '무옹 시엥 통'으로 바꾸었다. 그러다가 스리랑카에서 불상 프라방을 만들어 선물하자, 이 불상을 기념해 도시의 이름을 루앙프라방으로 바꾸었다. 프라방은 무게가 53kg이나 나가는 커다란 황금 불상이다. 루앙은 '크다', '프라방'은 '황금 불상'이라는 뜻이다.

불교 사원인 와트가 많다

루앙프라방은 도시 전체가 박물관이라고 할 만큼 오래된 건축물과 유적이 많다. 여기에 1800년대~1900년대에 프랑스의 지배를 받으면서 생긴 유럽식 건물도 많아서 도시 풍경이 아주 독특하다. 하지만 루앙프라방의 핵심은 옛 시가에 많은 불교 사원인 '왓(Wat)'이다. 메콩 강과 칸 강이 만나는 지점에 있는 왓 시엥 통은 전통적인 라오스 건축의 걸작으로 손꼽힌다. 그밖에도 왓 비순, 왓 아함, 왓 마이, 왓 탓 루앙 등이 유명하다.

탁발
Tak Ba

루앙프라방을 찾는 관광객들에게 하고 싶은 한가지를 물어보면 누구나 탁발수행을 보고 싶다고 한다. 그래서 새벽 6시부터 일찍, 졸린 눈을 비비며 일어나 거리에서 기다리는 관광객들을 매일 보게 된다. 탁발은 불교국가인 라오스에서 매일 행해지는 종교의식으로, 마치 관광상품처럼 느껴지지만 라오스의 전통의식이므로 사진만 찍는데 집중해서는 안 된다. 이 의식은 승려들의 수행 중 하나로 인정해줘야 하기 때문에, 조금 멀리 떨어져서 수행을 보고 탁발의 의미를 느껴보려고 해야 한다. 라오스 여행은 아름다운 자연이나 엑티비티도 있지만 미려한 문화를 보고 느끼면서 힐링되는 점도 무시할 수 없다. 탁발의식을 하는 승려들의 수행을 방해하지 말고 신체의 접촉도 하지말아야 한다. 침묵으로 그들의 수행을 바라보면서 자신을 다시 한번 돌이켜보는 시간을 가져보자.
시주를 하고 싶다면 대나무통에 찰밥을 미리 준비하고 신발을 벗고 현지인처럼 앉아서 시주를 하면 된다. 탁발은 시간이

정확하게 새벽 6시에 시작되기 때문에, 조금만 더 자자고 생각해 늦어지면, 탁발이 끝난 후에 나오게 된다. 탁발이 끝나고 나면 바게뜨 샌드위치 노점에서 아침을 먹으면서 하루를 시작해도 좋다.

위치_루앙프라방 박물관 앞이나 조마베이커리 건너편
시작시간_ 06시

꽝시폭포
Kuang Si Waterfall

루앙프라방에서는 방비엥처럼 투어상품을 만들어놓지는 않았다. 코끼리투어가 있지만, 유럽인들이 주로 하고 우리나라 관광객들은 주로 꽝시폭포만 이용한다. 꽝시 폭포는 뚝뚝이기사와 이야기를 해서 가면 되는데 5명 정도가 모여져야 한다. 일행이 있다면 다행이지만 일행이 없다면 뚝뚝이 기사아저씨가 모아서 갈때까지 기다리면 된다. 가격은 5만낍(Kip)이다. 만약 5명의 일행이 있다면 총 20만낍(Kip)으로 갈 수 있다.

꽝시폭포는 라오스 최고의 절경을 가진 폭포이다. 석회암지형으로 된 지형이 내려오는 물을 에메랄드 빛으로 물들여 놓은 꽝시폭포는 유럽의 크로아티아에 있는 플리트비체 국립공원과 비슷한 풍경을 가지고 있다. 플리트비체 국립공원도 석회암지형의 물이 떨어지면서 폭포를 만들어 물이 에메랄드 빛을 내뿜는다.

오전에 뚝뚝이가 출발하면 50~60분정도면 도착한다. 꽤 먼거리를 뚝뚝이를 타고 지나는데 총 6개의 다리를 지나가게 된다. 지나가는 풍경에서 순박하게 살아가는 라오스인들을 다시 만나게 될 것이다.

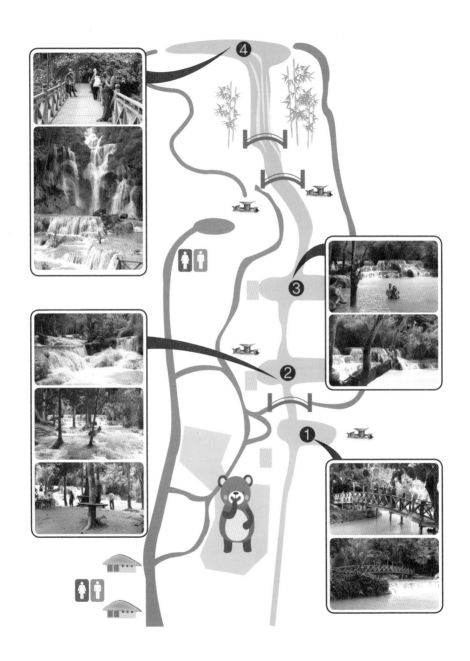

꽝시 폭포로 올라가기

한 숲을 이루고 나무사이로 빛들이 흩어진다.

이때부터 천천히 올라가면서 폭포수가 흘러 내리며 여러 개의 작은 폭포를 만들고, 이 아담한 폭포들이 둘러싸고 있는 사람들이 즐길 수 있는 옥빛의 자연 수영장을 보게 될 것이다. 올라가는 과정이 조금은 힘들지만 에메랄드 빛의 3단 계곡을 만나면 탄성을 지르게 된다.

우리나라 폭포에서는 수영하기가 힘들지만 꽝시폭포의 에메랄드 빛의 자연적인 수영장은 이곳을 찾는 이들에게 더 큰 추억을 선사한다. 이는 자연이 인간에게 준 최고의 선물일지도 모른다.

꽝시폭포 바로 아래에는 레스토랑이 있어서 여유를 즐기며 점심을 먹을 수도 있고, 싸 온 음식이 있다면 테이블과 의자에 앉아 서로 이야기하며 즐겨도 된다.

4번의 계곡을 지나 올라가면 온 보람이 있는 꽝시폭포를 볼 수 있다. 시원하게 내려오는 물줄기는 바라보는 이들을 행복하게 만드는 매력이 있다. 안보면 후회하게 된다.

50~60분을 지나 꽝시폭포입구에 도착하면 뚝뚝이 기사아저씨가 언제까지 오라는 시간을 알려준다. 그 시간까지 꽝시폭포에서 즐겁게 놀고 돌아오면 된다. 뚝뚝이 요금은 돌아갈 때 주면 된다. 사전에 미리줄 필요가 없다.

입구에서 2만낍(Kip)의 입장료를 내고 올라가면 곰구조센터를 보게 된다. 이곳에서는 야생에서 조난을 당한 곰들 약 20마리 정도를 키우고 관리하고 있다. 먹이를 주지 말라는 문구가 보여서 곰들을 자세히 보지 못할 수도 있다.

곰 구조센터를 지나 위로 올라가다보면 울창한 나무를 지나고, 그렇게 올라가다 보면 졸졸졸 물소리가 들려온다. 폭포수가 흘러내리며 곧게 뻗은 나무들이 울창

푸시산
Phu Si

라오스어로 '푸(Phu)'는 '산'이라는 뜻이고 '씨(Si)'는 '신성하다'라는 뜻으로 100m높이의 정상까지 328개의 계단으로 이루어져 있다. 해질 무렵이면 많은 관광객들이 푸시산으로 올라가 해지는 풍경을 보곤 한다.

노란색의 '탓 씨' 꼭대기 모습이 보이면 정상에 도착한 것이다. 계단의 중간 오른쪽 공터에는 해지는 풍경이 아름다워 보는 사람마다 사진을 찍게 된다. 정상에서 산의 뒤를 보면 칸 강과 루앙프라방의 아름다운 도시모습을 볼 수 있다.

왓 파 후악
Wat Pa Huak

푸시 산 입구에 있는 작은 사원이다. 1861
년 완공이 되었지만 보수가 거의 이루어
지지않아 낡은 모습이 역력하고, 대법전
안에는 벽화들로 장식되어 있다. 중국이
나 유럽, 페르시아에서 온 사절단을 맞이
하는 내용이나 중국인들에 대한 내용이
나와 있다. 상인방에는 머리가 3개 달린
코끼리와 하늘의 신인 '인드라' 조각이
있다.

왓 탐모 타야람
Wat Thammo Thayalam

푸시 산을 넘어가면 서쪽 강을 바라보는
쪽에 경사진 산의 바위 밑에 만들어진 사
원이다. 1851년 루앙프라방에 정착한 유
럽인들이나 중국의 청나라 사절단이 머
물던 곳으로 다양한 모양의 불상이 곳곳
에 흩어져 있다. 동굴사원이라 '왓 탐 푸
시'라고 부르기도 한다. 부처님의 발자국
이 새겨진 석판도 의미가 있지만, 관광객
인 우리에게는 칸 강을 해질 때에 바라보
면 아름다운 루앙프라방을 느낄 수 있다.

위치_ 푸시산 뒤

왓 씨엔 통
Wat Xieng Thong

루앙프라방에서 가장 유명한 사원으로 세계 유네스코 문화유산으로 등재되어 있다. 라오스 말로 씨엔Xieng은 '도시', 통 Thong은 황금으로 '황금도시의 사원'이라 는 뜻이다. 서양인들에게는 루앙프라방에 서 반드시 방문해야 하는 아름다운 사원 으로 인식되고 있을 정도이다.

씨엔 통은 루앙프라방의 예전이름으로 쓰일 정도로 왓 씨엔 통 사원은 아무리 사원에 관심이 없어도 봐야하는 대표적 인 사원이다.

1599년 세타타랏 왕이 세워 1975년 비엔 티엔으로 수도를 옮기기 전까지 왕의 관 리 하에 있던 사원이다. 메콩 강에 인접한 곳에 사원을 만들어 왕이 메콩 강에서부 터 나와 계단을 따라 사원까지 연결되도 록 만들어졌다.

메콩 강은 과거 루앙프라방의 물자가 나 오고 들어가고 왕이 손님을 맞이하는 관 문의 역할을 했기 때문이다.

보는 순서
입구 → 왕실 납골당 → 대법전 → 붉은 예배당 → 메콩강으로 나가기

왓 씨엔 통은 과거 국왕의 대관식이 열리 는 왕실의 사원이며, 루앙프라방에서 열 리는 축제가 왓 씨엔통에서 시작이 된다. 입구에서부터 "왕이 걷는다"라는 생각으 로 사원을 둘러보면 색다른 느낌을 가지 게 될 것이다.

입구 오른쪽에 왕실 납골당이 있는데 납 골당 안에 12m 높이의 장례운구배가 있 다. 외벽에는 고대 인도의 라마야나 에로 틱벽화가 금박으로 그려져 있다. 안의 운 구배는 계속 보수를 하고 있는 중이고,

대법전 뒤쪽에 2개가 서 있는데 왼쪽의 붉은색 법당이 유명하다. 대접전 안에는 16세기때 만든 청동 와불상이 있다.

사진을 통해 보수작업을 어떻게 하고 있는지를 알려주고있어 더 생생한 느낌이 난다.

대법전은 새들이 날개를 펴고 날아가는 모양을 형상화하여 지붕을 나타내었고 꽃무늬 장식과 전설 곳에 나오는 동물들의 신들로 그려져 있다. 힌두 신화의 라마야나의 지옥도 등이 둘러싼 벽화에 그려져 있다. 메콩강 쪽에는 은색 유리의 코끼리 머리 조각상이 돌출되어 나와 있다. 힌두교 지혜의 신으로 '가네샤'라고 부른다. 대법전 전면 전체에는 Tree of Life(삶의 나무)라는 모자이크로 조각되어 있다.

붉은 예배당이라고 부르는 와불 법당이

메콩 강 포토존
Photo Zone

루앙프라방 오른쪽으로 올라가면 왓 씨엔 통이 마지막으로 나온다. 왓 씨엔 통 끝으로 메콩 강과 칸 강이 만나는 지점에 카페 뷰 포인트가 있고 그 밑으로 나무다리가 보인다. 이 나무다리에서 일몰 때 많은 관광객들이 다리 통행료 7,000낍(Kip)을 내고 지나가면, 아름다운 해지는 메콩 강의 일몰을 볼 수 있고 사진도 찍을 수 있다.

왓 마이
Wat Mai

루앙프라방 박물관 바로 옆에 있는 사원으로 18세기 후반에 지어졌고 루앙프라방에서 남아 있는 사원 중에 오래되어 가치가 있다. 왕족들이 왕실 사원으로 사용하여 라오스의 명망있는 스님들이 거주하던 사원이며 라오스 불교의 대표적인 본산으로 일컬어지고 있다.
황금불상인 파방(프라방)을 안치하여 왕실사원의 위용을 자랑하였지만, 현재 그

불상은 루앙프라방 박물관에 옮겨 놓았다. 라오스 최대의 신년 축제인 삐 마이 라오때는 루앙프라방 박물관에서 파방을 가지고 와서 3일간 왓 마이 사원에서 물로 불상을 씻기며 새로운 한 해의 행운을 기원하는 행사를 한다.
왓 마이 사원은 루앙프라방 왕국의 초기 사원양식인 낮은 지붕의 내림으로 지어져, 대법전의 붉은색 지붕이 5층으로 웅장한 느낌을 준다. 그래서 왕 마이 사원이 오히려 왕궁사원같은 느낌을 받기도 한다. 대법전 입구의 기둥과 출입문 양 옆을 장식한 황금부조는 부처님의 생애를 기록해 놓았다.

위치_ 메루앙프라방 박물관 옆
입장료_ 대법당만 3만낍(Kip)

왓 탓
Wat That

여행자거리의 숙소들이 몰려 있는 조마 베이커리 건너편 계단 위에 위치한 사원이다. 아침에 탁발을 마치고 계단을 올라가 해뜨는 장면을 보는 것도 인상적인 루앙프라방의 하루를 시작하는 방법 중 하나이다. 라오스어로 '탓'은 탑을 뜻한다. '파 마하탓'라는 탑 때문에 유명한 사원으로, 라오스 사람들은 신성한 탑으로 생각하고 있다.

중간에 태풍 등의 문제로 계속 보수공사를 하고 있고, 1991년에 마지막으로 보수를 한 탑이다. 왓 탓도 대법전과 탑, 승려 등의 방, 법고를 가지고 있는 제법 큰 사원이다.

대법전을 올라가는 계단은 머리가 5개인 '나가'라는 용으로 장식되어 있고, 지붕의 처마는 삼각형의 판으로 된 박공으로 둥글게 장식되어 있다. 겉면은 부처님의 일대기를 장식해 놓았다.

위치_ 조마베이커리 정면 건너편
입장료_ 무료

루앙프라방 국립 박물관
LUANGPRABANG National Museum

▲오른쪽, 호 파방

왕궁박물관 안에 왕궁과 호파방, 왕궁박
물관이 같이 위치한다. 왕궁박물관이라
고 씌여 있어 단순하게 지나치기도 하지
만 박물관부터 호파방 왕궁을 보다보면
다 둘러보는데 상당한 시간이 걸린다. 입
구에서 보이는 건물이 왕궁이자 왕궁박
물관이고 오른쪽에 호파방, 왼쪽에 씨싸
왕웡 왕의 동상이 있다.

위치_ 왓 마이 바로 오른쪽 옆
요금_ 박물관 안 입장료만 3만낍(Kip)

왕궁박물관
루앙프라방 왕국시절에 사용했던 왕궁터
에 자리한 박물관이다. 19세기말 청나라
말기의 무장세력들이 라오스로 밀려 내
려오면서 라오스를 일부 점령한 시기에
왕궁은 소실되었다. 프랑스가 라오스를
점령하면서 라오스 왕이 머무를 장소로
다시 건설해 주었던 곳이 지금은 왕궁박
물관으로 사용되고 있다. 1904년부터 5년
동안 건설되었고, 1924년까지 보수와 증
축이 계속 이루어졌다.
프랑스 건축가가 설계를 하였기 때문에
완전한 라오스 양식의 건물은 아니다. 프
랑스와 라오스 양식의 '혼합'이라고 말할
수 있을 것이다. 유럽식의 십자형 바닥구

왕궁박물관 내부도

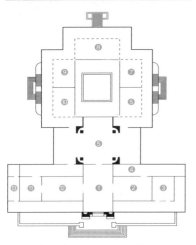

① 현관(의전실)
② 국왕 접견실
③ 파방(황금 불상) 전시실
④ 황동 북 전시실
⑤ 국왕 집무실
⑥ 서고(도서관)
⑦ 왕비 침실
⑧ 국왕 침실
⑨ 라마야나 전시실
⑩ 다이닝 룸
⑪ 왕비 접견실
⑫ 국왕 비서 접견실
⑬ 사물 보관소

조에 황금색으로 탑장식을 하여 화려하지는 않다.

라오스가 식민시절 당시 지어져, 웅장한 느낌은 전혀 없다. 그래도 이름은 '황금의 방'이라는 '호캄(Ho Kham)'으로 불렸다고 한다. 1975년 사회주의 라오스 정부가 수립되면서 왕궁을 박물관으로 사용하여 지금에 이르고 있다.

호캄 왕궁

란쌍 왕국과 루앙프라방왕국 시절에 사용했던 왕궁이다. 입구를 들어가면 탁 트인 전경이 가슴을 시원하게 만들어준다. 야자수 길을 걸어가면 오른쪽에 화려한 장식이 보인다. 왕 씨엔 통도 마찬가지만 코끼리 장식이 보인다.

라오스의 란쌍 왕국때에 '란쌍'이라는 이름이 '백만의 코끼리'라는 뜻이며, 강력한

힘을 가지고 있었다는 뜻으로 생각하면 된다. 동남아에서는 코끼리를 타고 전쟁을 수행했기 때문에 코끼리는 군사력을 의미한다.

왕궁을 들어가면 중앙에 국왕이 일을 하던 집무실이 있고, 오른쪽에 왕의 접견실로 지금은 라오스, 마지막 국왕들의 동상과 내부에는 루앙프라방 풍경을 그린 그림으로 전시되어 있다. 왼쪽은 왕을 수행하는 비서들이 사용했던 방이 배치되어 있다.

왕궁의 방문시 주의사항

왕궁을 들어가려면 무릎이 보이는 반바지와 미니스커트를 입지말고 긴바지를 입어야 한다. 어깨가 보이는 민소매도 제한된다. 왕궁 현관 왼쪽에 영어로 신발을 벗고 입장하라는 표시가 되어 있다. 가방과 모자, 카메라도 사물함에 넣어야만 입장이 가능하다.

호 파방(Ho Pha Bang)

초록색과 황금색이 만나 햇빛에 빛나는 호 파방은 관광객의 시선을 끈다. 황금불상인 '파방(프라방)'을 모시기 위한 건물이 호 파방(Ho Pha Bang)이다. 1963년에 왕실 사원으로 짓기 시작했지만 1975년 사회주의 국가가 들어서면서 중단되었다가 1993년에 다시

지으면서 2005년에 완공된 사원이다. 파방에는 높이 83cm, 무게 50㎏인 90% 금과 은, 동을 합금해 만든 불상이 있다. 1359년, 크메르왕이 라오스를 최초로 통일한 자신의 사위, 란쌍왕국의 국왕, 파응엄에게 선물한 불상이다.

왓 아함
Wat Aham

왓 위쑨나랏 옆에 있는 사원이라 같은 사원처럼 느껴진다. 아함은 '열린 마음의 사원'이라는 뜻으로 1818년, 루앙프라방을 지키기 위해 사원을 만들었다고 한다. 관광객들은 여행자거리에서 떨어져 있어 많이 찾지는 않는다.

대법전 내부에는 지옥도가 그려져 있다고 한다. 계단에는 사자 동상을 세워 루앙프라방을 지키고 힌두 신화의 하누만과

랏 사원은 루앙프라방 시민들이 찾는 시민들의 사원이다. 특히 해지는 밤의 야경이 인상적이라 저녁에 보는 모습이 아름답다. 사원의 이름처럼 위쑨나랏 왕(1501~1520)이 황금불상을 모시기 위해 만든 사원으로, '왓 위쑨'이라고 줄여서 부르기도 한다.

루앙프라방에서 사원으로 가장 오래된 건물이기도 하고 건물의 모든 부분을 목조로 만들어 가치가 있었지만, 1887년 청나라때 흑기군이라는 무장세력이 내려와 소실되었다. 지금 건물은 1898년에 재건축한 건물로 원형은 같지만 벽돌을 사용해 목조건물은 아니다. 대법전 내부에 다양한 불상의 종류가 전시되어 있고 루앙프라방에서 가장 큰 불상이 있는 사원이다. 특히 대법전 앞에 탓 빠툼이라는 35m의 '위대한 연꽃 탑'이라는 뜻의 둥근 연꽃 모양의 탑이 인상적이다.

라바나의 조각상이 지키고 있는데, 사원 앞에는 루앙프라방을 지키는 신이 있다는 보리수나무가 심어져 있다. 아침이나 해질 때의 사원모습이 아름답다.

왓 위쑨나랏
Vat Visounnarath

루앙프라방의 많은 사원들이 관광객들이 주로 보러 가는 사원들이지만, 왓 위쑨나

위치_ 푸시산은 넘어가면 밑으로 보이는
2개의 사원이 타논 폼마탓 거리 중심
요금_ 2만낍

아침시장
Morning Markets

아침에 탁발이 끝나면 아침시장이 인포 메이션 센터 옆에 열린다. 골목 중간에는 왓 마이 사원(Wat Mai)이 있어 아침시장 과 같이 사원을 둘러보는 것도 좋은 방법 이다. 우리나라의 5일장과 그 모습이 닮 아 있는 아침시장은 루앙프라방 사람들 이 직접 재배한 것들을 파는 현지인들을 위한 시장으로, 라오스인들의 삶을 알 수 있는 곳이다.

야시장
Night market

아침시장이 현지인들을 위한 시장이라면 야시장은 관광객들을 위한 시장이다. 씨싸왕웡거리를 해가 지는 오후 5시 정도부터 가로 막고 수공예품들을 팔기 시작한다. 루앙프라방을 밤까지 재미있는 여행지로 만들어주는 고마운 밤의 명물이다. 서양인들은 루앙프라방의 수공예품에 관심이 많아 스카프, 공예품과 그림들을 많이 구입하지만 우리나라의 관광객들은 아이쇼핑을 많이 한다. 푸시산으로 올라가는 언덕에서 내려다보는 야시장도 운치가 있어 관광객들이 많이 찾는다.

만낍뷔페
푸시산 앞쪽에 야시장의 명물로 야시장을 들르는 누구나 한 번씩은 먹어보는 인기있는 만낍뷔페가 있다. '꽃보다 청춘' 방송에서도 싸고 양이 많은 뷔페에 놀라기도 했다. 음식의 맛은 좋지 않지만 저렴한 가격과 많은 양으로 배낭여행자들에게 매우 인기가 많다. 원하는 양대로 먹고 싶은 음식을 정하여 아저씨에게 주면 그 자리에서 볶아서 먹을 수 있다. 음료수와 라오맥주는 5,000낍(Kip)으로 같이 구입할 수 있다.

카놈빵 바게뜨 노점거리
(바게뜨 샌드위치)

루앙프라방 사거리 인포메이션 센터 건너편에 위치한 바게뜨 샌드위치를 파는 노점들이 모여 있는 곳이다. 방비엥 바게뜨 샌드위치와 거의 비슷하지만 약간의 차이가 있다. 아침에 바게뜨와 라오스 커피를 마시면서 하루를 시작하는 배낭여행객들이 많다. 초입에 있는 노점들이 가장 바게뜨 내용물이 많고 신선하다.

방비엥 바게뜨는 재료를 그 자리에서 익히지만 루앙프라방 바게뜨는 사전에 준비가 되어 있다. 바게뜨의 내용물은 방비엥이 더 많고 방금 익힌 따뜻한 맛이 더 좋다. 가격은 루앙프라방이 조금 더 저렴하다.

**루앙프라방 바게뜨 vs
방비엥 바게뜨의 차이점을 알아보자.**

1. 먼저 바게뜨 빵을 일부 반으로 자르고 미리 준비된 야채를 넣는다.

2. 손님이 선택한 참치, 베이컨, 비프를 야채 위에 놓으면 끝.

3. 케찹과 소스는 손님이 원하는 대로 뿌리도록 테이블에 비치되어 있다.

EATING

조마 베이커리
Joma Bakery

비엔티엔
에도 있는
라오스의
유명한 빵
집으로 여
행자거리 입구에 있어 뚝뚝이를 기다리
면서도 많이 커피를 마신다. 여행자거리
중심에 있어 루앙프라방에서는 "조마에
서 만나자?"라고 이야기하면 될 정도로
위치를 찾는 지표로도 사용된다. 커피와
빵이 유명하다. 비엔티엔처럼 유럽인들
이 넘쳐나는 카페로 케이크와 샐러드를
많이 주문한다. 루앙프라방 버스터미널에
도 광고를 할 정도로 성장한 조마 베이커
리는 라오스에서 한번은 꼭 둘러봐야 할
정도로 인지도가 높다.

위치_ 여행자거리 입구
　　　　(버스터미널에서 뚝뚝이가 내려주는 장소)
요금_ 5천~5만낍

베이커리 스칸디나비안
Bakery Scandinavian

유럽인들이 즐겨찾는 빵집으로 바게뜨와
케익이 특히 유명하다. 사원과 박물관을
어느정도 둘러보고 힘들 때 찾게 되는 중
간정도에 위치해 있다. 유럽의 분위기를
느낄 수 있는 케익과 커피맛이 인상적이
다. 브런치를 즐기는 유럽인들이 많고 거
리에 나와 있는 테이블에서 마시는 아침
의 커피맛은 느긋한 여행 맛을 느끼게 해
준다.

위치_ 루앙프라방 박물관에서 오른쪽으로 이동
요금_ 1만~5만낍

더 피자 루앙프라방
The Pizza LuangPrabang

루앙프라방에는 피자가 유명한 곳이 몇
군데 있다. 유
럽인들이 즐
겨찾는 장소
로 도우가 특
히 맛이 좋다.

라오스에는 프랑스 식민지였던 탓에 먹거리가 유럽에서 먹는 음식들로만으로도 여행이 가능하다. 그 중에 한 곳으로 필수 피자집으로 인식되고 있다.

위치_ 스칸디나비안 베이커리 옆
요금_ 1만 5천~3만낍

루앙프라방 베이커리
LuangPrabang Bakery

루앙프라방 박물관에서 왓 씨엔 통을 가다보면 유럽풍의 빵집과 피자를 커피와 같이 파는 카페가 늘어서 있는데 이 곳도 마찬가지이다. 베이커리가 특히 유명하고 인기도 높지만 달달하여 우리입맛에는 맞지 않는다.

위치_ 더 피자 루앙프라방 건너편
요금_ 1만~3만낍

금빛노을 식당

입구에 한글로 되어 있는 메뉴가 보이고 메콩 강을 보면서 식사를 할 수 있는 곳으로 해질 때에 더욱 아름다운 식당이다. 가격이 싸지는 않지만 분위기를 내면서 먹을 수 있고 번잡하지 않은 루앙프라방을 느낄 수 있다. 가끔 너무 떠드는 사람들로 분위기를 망칠 수도 있다.

위치_ 여행자거리에서 메콩 강 보트 정거장
요금_ 2만 5천~5만낍

가든 레스토랑
Garden Restaurant

역시 유럽인들이 즐겨찾는 음식점으로 사원과 박물관을 어느 정도 둘러보고 힘들 때 찾게 되는 중간정도에 위치해 있다. 유럽의 분위기를 느낄 수 있는 커피맛이 인상적이다. 테이블에서 마시는 아침의 커피맛은 느긋한 여행의 여유를 느끼게 해준다.

위치_ 루앙프라방 베이커리 오른쪽
요금_ 1만~5만낍

3나가스 레스토랑
Nagas Restaurant

왓 씨엔 통에서 메콩 강변으로 나오면 고급 호텔과 레스토랑들이 즐비하다. 그 중에 하나가 3나가스 레스토랑인데 전형적인 고급 생선요리와 스테이크를 잘한다. 해질 때에 아름다운 메콩 강을 보면서 저녁식사를 할 수 있다. 번잡하지 않은 루앙프라방을 느낄 수 있다.

달트 앤 페퍼 레스토랑
Dalt and Pepper Restaurant

라오스와 유럽의 분위기가 섞인 분위기인 곳으로, 맛도 라오스 전형적인 맛이 아니고 유럽의 맛도 아니다. 유럽인들이 라오스의 분위기를 즐기는 유럽인들이 많고 저녁식사를 하러 오는 관광객이 많다.

위치_ 왓 씨엔 통에서 메콩강으로 나가 오른쪽
요금_ 2만 5천~5만낍

뷰 포인트 카페
View Point Cafe

메콩 강과 칸 캉이 동싱에 보이는 지점에 있는 카페이다. 가장 해지는 장면이 멋진 카페이다. 바로 밑에는 나무다리를 건너 많은 아름다운 사진을 찍기 위해 모이는 장소가 보인다. 비싼 음식과 커피이지만 맛은 보통이다. 루앙프라방 연인들도 많이 찾는다.

위치_ 왓 씨엔 통에서 메콩강과 칸 강쪽으로 이동
요금_ 2만~10만낍

유토피아
Utopia

루앙프라방에서 여유를 갖고 싶은 여행자들이 가장 선호하는 카페로 칸 강을 볼

수 있어 인기가 높다. 잘 갖추어진 정원과 여유로운 의자들이 오랜 시간 유토피아에 머물게 한다.
방석이 깔린 방석과 쿠션을 베개삼아 진짜 유토피아에 온 것 같은 착각에 빠지게 될 것이다.

홈페이지_ www.utopialuangprabang.com
위치_ 왓 아함 건너편 강변에 있는 좁은 골목으로 끝
요금_ 2만 5천~7만낍

Yogyakarta

족자카르타

About 족자카르타(Yogyakarta)

자바 문화유산의 중심지인 족야카르타^{Yogyakarta}에서 고대 사원과 전통 밀랍 염색품인 '바탐 ^{Batam}'을 구경하고 그림자 인형극과 가믈란 음악을 보고 듣는 것이 일반적인 코스이다. 족 야카르타^{Yogyakarta}는 자바의 풍부한 전통과 문화를 즐기기에 좋은 곳이다. 현지 유산과 관습 을 보전하기 위해 많은 노력을 기울이는 곳으로 잘 알려진 족야카르타^{Yogyakarta}는 수준 높 은 자바 미술과 음악, 시, 춤 문화를 비롯한 공예품, 인형극의 중심지이다. 보로부두르 ^{Borobudur}와 프람바난^{Prambanan}의 수준 높은 사원을 둘러보고 불교와 힌두교, 자바 문화가 한 곳에 모인 다채로운 문화를 알 수 있는 곳으로 최근에 유럽의 배낭 여행자들이 찾는 대표 적인 장소로 바뀌고 있다.

족야카르타^{Yogyakarta}는 인도네시아에서 가장 유서 깊은 도시 중 하나로 역사 지구 주변을 거닐면 커다란 정원과 회교사원, 박물관이 한데 모여 있는 술탄 궁전^{Kraton Ngayogyakarta}을 지나게 된다. 중앙우편국^{Kantor Pos Besar}과 투구 기념탑을 보고 길거리 음식가판대에서 구입한 먹거리를 들고, 크라톤 단지로 가서 현지 주민들이 체스를 즐기는 모습을 볼 수 있는 이색적인 도시이다.

자바 문화와 역사를 알아보고 싶다면 소노부도요 박물관이나 바틱 박물관, 포트 프레데부르크로 발걸음을 옮겨 밀랍 염색 제품과 인형극, 가면, 가믈란 악기 같은 유서 깊은 문화유산과 전통 수공예품을 살펴볼 수 있다. 아판디 박물관과 세메티 아트 하우스에서 번성하는 족야카르타^{Yogyakarta}의 미술 문화를 볼 수 있다.

숨이 멎을 듯 아름다운 족야카르타^{Yogyakarta}의 고대 사원을 찾아가면 현지인들이 '짠디'라고 부르는 사원은 정교하게 장식된 돔 지붕이 덮인 높다란 모습의 힌두교 사원을 볼 수 있다. 많은 프람바난에서 다양한 신전과 기념비는 9세기경에 지은 멋진 보로부두르 불교 사찰은 족야카르타^{Yogyakarta}에서 자동차로 1시간 거리인 마겔랑^{Magelang}에 있다.

족자카르타^{Yogyakarta}에 유럽의 배낭 여행자들이 모이는 이유는 마사지를 받거나 아침의 요가와 명상 수업을 들으면서 몸의 긴장을 풀어보고 머라피 산을 바라보며 골프를 즐길 수도 있는 장면을 보면 이해할 수 있다. 이곳에 머무는 동안에는 잭푸르트와 종려당, 코코넛 우유, 닭을 넣고 만든 달콤한 커리^{Curry} 같은 현지 음식의 매력에 빠지게 될 것이다. 1월이 되면 자바의 회교 문화를 기념하는 전통 세카텐 축제^{Sekaten Festival}가 열린다.

역사의 도시

족자카르타^{Yogyakarta}는 역사와 문화의 도시로 우리나라의 경주처럼 역사 유적이 많은 도시이다. 이 도시는 중부 자바 섬의 중심지이며, 이 지역을 중심으로 일어났던 고대 왕조들의 유물이 많이 남아 있다. 족자카르타^{Yogyakarta} 주변에는 세계 최대의 불교 유적 보로부두르와 힌두교 유적 프람바난이 있다. 족자카르타^{Yogyakarta}는 이러한 고대 유적과 전통문화가 잘 보존되어 있어 해마다 많은 관광객들이 이곳을 찾는다.

족야카르타 IN

아디수시프토 국제공항^{Adisutjipto International} ^{Airport}으로 가는 항공편이나 시외버스, 열차를 이용해야 한다. 도시에서는 택시나 버스, 세발 인력거인 릭샤^{Rickshaw}를 타고 이동할 수도 있다. 릭샤^{Rickshaw}를 탈 때에는 미리 요금을 협상하고 탑승해야 한다.

아디수시프토 국제공항^{Adisutjipto International} ^{Airport} 공항의 모습

국제공항이라고 하지만 작은 규모이기 때문에 공항은 항상 복잡하다. 입국심사를 거쳐 나오면 짐을 찾는 곳은 단 2곳에 불과하기 때문에 여러 항공사의 짐이 한꺼번에 나오기도 하고 도착하는 시간차가 있으면 이어서 나오기도 한다. 때로는 짐이 한참을 나오지 않아 오랜 시간을 기다릴 수도 있다.

환전소

기다리는 시간동안 바로 옆에는 ATM과 환전소^{Money Changer}가 있으므로 빨리 환전을 하는 것이 시간을 단축시키는 방법이 될 수도 있다. 환전은 달러를 가지고 와서 교환을 하는 것이 가장 좋은 방법이다. 발리를 거쳐 들어오는 유럽 배낭 여행자가 늘어나고 있어서 유로에 대한 환전율도 좋아지고 있지만 달러만 못하다.

여행자거리에 숙소를 예약했다면 환전을 안하고 가도 되지만 숙소까지 이동하는 데까지 사용해야할 현금이 필요하기 때문에 환전은 해야 하는 경우가 대부분이다. 공항과 여행자거리의 환전을 비교해보았더니 차이가 크지 않으므로 어디서 하든 상관은 없다. 굳이 비교한다면 여행자거리의 환전이 더욱 이익이기는 하다.

스타벅스와 KFC
공항에서 나오면 택시가 서있는 공간과 주차장 사이에 다양한 상점과 레스토랑이 있다. 우리에게 가장 친숙한 브랜드는 스타벅스와 KFC이다. 스타벅스는 입구에서 왼쪽으로 한적하게 떨어져 있고 입구에서 직진하면 KFC가 있다.

> #### 소매치기 조심
> 공항은 항상 붐비고 택시를 외치는 택시기사들과 환전을 하라는 사람들까지 혼잡하다. 이때를 노려 소매치기를 당하는 여행자도 발생하고 있다. 경찰이 있지만 어느새 훔쳐가 버리기 때문에 잡기는 쉽지 않다. 귀중품은 가방에 넣어서 확실하게 잠가놓았는지 확인하는 것이 좋다.

공항에서 시내 IN

공항에서 시내로 들어가려면 버스나 지하철을 이용하는 것이 아니라 택시를 이용해야 한다. 최근에는 공유서비스인 그랩Grab이 인기를 끌면서 공항에서 짐을 찾으면서 미리 그랩Grab 자동차를 잡아서 나오는 장면도 자주 볼 수 있다.

> #### 공항에서 그랩 자동차 타기
>
> 동남아시아를 여행하려면 그랩(Grab)만큼 편한 공유 차량 서비스도 없다. 다만 그랩 자동차는 어느 나라, 어느 도시의 공항을 가도 공항 내에는 들어올 수 없기 때문에 공항 밖으로 나가 차량을 탈 수 있다. 공항에서 그랩을 탈 수 있는 주차장이나 밖으로 나가 탑승하도록 그랩 자동차가 한꺼번에 모여 있다는 사실을 먼저 알고 있는 것이 편리하다. 족자카르타(Yogyakarta)공항은 공항 정면으로 나가 왼쪽으로 걸어서 1km 정도를 이동해야 하는 불편함이 있다.
> 1km를 걸어가면 왼쪽 위에 마르타박 스텍타쿨라(Martabak Spektakular)이라고 써 있는데, 못 찾아도 많은 기사들이 그랩(Grab)라고 씌여진 옷이나 헬맷을 쓰고 있어서 찾기는 어렵지 않다.
>
>

아디수시프토 국제공항 Adisutjipto International Airport 공항의 모습

국제공항이라고 하지만 작은 규모이기 때문에 공항은 항상 복잡하다. 입국심사를 거쳐 나오면 짐을 찾는 곳은 단 2곳에 불과하기 때문에 여러 항공사의 짐이 한꺼번에 나오기도 하고 도착하는 시간차가 있으면 이어서 나오기도 한다. 때로는 짐이 한참을 나오지 않아 오랜 시간을 기다릴 수도 있다.

환전소

기다리는 시간동안 바로 옆에는 ATM과 환전소^{Money Changer}가 있으므로 빨리 환전을 하는 것이 시간을 단축시키는 방법이 될 수도 있다. 환전은 달러를 가지고 와서 교환을 하는 것이 가장 좋은 방법이다. 발리를 거쳐 들어오는 유럽 배낭 여행자가 늘어나고 있어서 유로에 대한 환전율도 좋아지고 있지만 달러만 못하다.

여행자거리에 숙소를 예약했다면 환전을 안하고 가도 되지만 숙소까지 이동하는 데까지 사용해야할 현금이 필요하기 때문에 환전은 해야 하는 경우가 대부분이다. 공항과 여행자거리의 환전을 비교해 보았더니 차이가 크지 않으므로 어디서하든 상관은 없다. 굳이 비교한다면 여행자거리의 환전이 더욱 이익이기는 하다.

스타벅스와 KFC

공항에서 나오면 택시가 서있는 공간과 주차장 사이에 다양한 상점과 레스토랑이 있다. 우리에게 가장 친숙한 브랜드는 스타벅스와 KFC이다. 스타벅스는 입구에서 왼쪽으로 한적하게 떨어져 있고 입구에서 직진하면 KFC가 있다.

소매치기 조심

공항은 항상 붐비고 택시를 외치는 택시기사들과 환전을 하라는 사람들까지 혼잡하다. 이때를 노려 소매치기를 당하는 여행자도 발생하고 있다. 경찰이 있지만 어느새 훔쳐가 버리기 때문에 잡기는 쉽지 않다. 귀중품은 가방에 넣어서 확실하게 잠가놓았는지 확인하는 것이 좋다.

말리오보로 거리
Malioboro

족야카르타^{Yogyakarta}에서 가장 활기 넘치는 상업 지구는 바틱 염색 의류점, 길거리 음식, 유서 깊은 랜드마크이다. 즐겁고 신나는 말리오보로^{Malioboro} 거리는 수많은 상점과 카페 및 레스토랑이 밀집된 지역이다. 족야카르타^{Yogyakarta}의 시내 중심을 이등분하는 말리오보로^{Yogyakarta} 거리는 인접한 골목마다 안으로 들어가면 현지 사람들을 대상으로 영업하는 더 많은 상점과 식당이 들어서 있다. 말리오보로^{Malioboro} 거리는 매일 24시간 사람들로 북적인다. 인파를 피하려면 아침에 가야하며 저녁에는 사람들이 가장 많이 모여들 때이다.

식민지 시절에 말리오보로^{Malioboro} 거리는 네덜란드 정부의 중심지였다. 이후 족야카르타 술탄국의 의식이 치러지는 대로로 사용되었다. 거리의 이름은 인도네시아가 영국의 지배를 받던 시절 유명한 인물이었던 '말보로 공작^{Duke Malboro}'의 이름에서 유래했다고 한다.

현지인들의 번화가이므로 인도네시아 기념품을 흥정하면서 저렴하게 구입하기에 좋은 곳이다. 식민지 시대 건물과 현대적인 건물이 혼재하는 거리의 수많은 상점을 둘러보면 길가에 늘어선 장인과 아티스트들의 작품을 구경하는 재미가 쏠쏠하다. 인기 품목으로는 바틱 염색천, 수제 샌들, 가죽 제품, 사롱 등이 있다. 브랑하르조 시장은 기념품, 보석, 신선한 농산물, 허브, 향신료 등을 쇼핑하기에 안성맞춤인 곳이다.

레세한^{Resehan}이라 불리는 길거리 음식점에서 맛있는 인도네시아 음식을 맛보고 신발을 벗고 돗자리에 앉아 먹는 현지 별미가 일품이다. '베벡 고렝'이라는 튀긴 오리고

기와 나시 구득이라는 카레라이스는 현지인들이 매일 먹는 음식이다. 바나나와 베리 및 초콜렛 등으로 채운 바삭한 팬케익은 달콤한 디저트로 인기가 많다.

거리 이름이 바뀌는 브랑하르조 시장을 지나 계속 남쪽으로 가면 도시의 여러 랜드마크가 나온다. 인도네시아의 독립을 위한 전투를 기록하고 있는 브레데부그 요새 박물관이 있다. 박물관은 네덜란드 동인도 회사가 지은 18세기 요새 안에 자리하고 있다. 반대편에는 인도네시아의 대통령궁 중의 하나인 '게둥 아궁'이 있다.

왕실 거주지이자 자바 건축의 훌륭한 작품 중 하나인 케라톤 족야카르타^{Yogyakarta}는 인기 관광지이다. 자바 악기는 물론 불교, 이슬람교, 힌두교 동상들을 볼 수 있다. 인도네시아 전통 음악 연주단인 가믈란 음악과 전통 춤, 와양 인형극도 볼 수 있다.

숙소 예약 주의 사항!

말리오보로(Malioboro) 거리가 번화가이지만 배낭 여행자가 모이는 대표적인 여행자거리인 프라비로타만(Prabirotaman)과는 거리가 상당히 떨어져 있다는 사실은 알고 있어야 한다. 그러므로 여행자의 숙소는 말라오보로(Malioboro) 거리에 있기보다 인도네시아 인 여행자가 주로 머무는 숙소가 말리오보로(Malioboro) 거리이다.
여행자에게 필요한 여행 정보와 현지 여행사는 대부분 프라비로타만(Prabirotaman)에 몰려 있기 때문에 당연히 여행의 편리성은 프라비로타만(Prabirotaman)에서 얼마나 떨어져 있느냐가 관건이다. 말리오보로 거리에서 프라비로타만(Prabirotaman)과 가까운 도로로 숙소를 예약한다면 여행하기에 나쁘지 않을 것이다.

족자카르타 대통령궁
Yogyakarta Presidential Palace

현재 대통령이 살고 있는 장소로 족자카르타의 왕이 살았던 크라톤 궁전^{Kraton Palace}과는 다른 곳이다. 대통령궁에서는 아트 갤러리를 둘러보고 네덜란드 정착민에 대한 저항과 관련하여 어떤 결정이 내려졌는지 살펴볼 수 있다.

족야카르타 대통령궁^{Yogyakarta Presidential Palace}은 거대한 19세기 건축물로서, 웅장하고 정교한 여러 동상들로 꾸며진 마당과 26개의 건물로 구성되어 있다.

이곳에는 건물과 도시의 역사를 연대순으로 소개하는 전시가 종종 열린다. 가이드가 안내하는 투어를 통해 궁전과 주변 건물들을 둘러보고 족야카르타의 문화와 역사를 이해하기에 쉬워진다.

대통령궁에는 네덜란드 식민지 개척자들에 맞서 싸운 이전 사령관과 전투를 기리는 공간이 있다. 이곳에서 사령관은 대통령에게 네덜란드를 겨냥한 게릴라 전투를 시작하도록 허락을 요청했다.

디포네고로 방에는 디포네고로 왕자의 그림이 걸려 있다. 대표 건물의 남쪽으로 가면 대통령과 가족들의 침실이 나온다. 부통령과 가족들은 건물의 반대편에서 숙식한다고 한다.

///

주소_ Ngupasan, Gondomanan Sub District
위치_ 족야카르타 대통령궁은 시내 중심의 곤도마난 지구에 위치
교통_ 트랜스 족자(Trans Jogja) 버스 타고 이동
전화_ 553-8140

> ⌐ **외관 & 내부**
>
> 게둥 인둑이라고 알려진 대표 건물은 우아하고 세련된 건축미가 일품이다. 안으로 들어가면 국빈을 맞이하는 환영 장소로 쓰였던 방이 나온다. 이곳에서 있었던 수많은 국가 원수들 간의 중요한 회의가 열렸던 장소이다. 대표 건물 안에는 정기적으로 미술 전시를 개최하는 소노 아트 건물이 있다. 문화 공연도 구경하고 전시된 예술 작품도 감상할 수 있다.
> 내부 정원을 거닐면 힌두교, 불교, 자바 문화에서 인기 있는 수호 전사 드와라팔라의 2m 동상들을 보게 된다. 다른 조각상도 살펴보며 각각의 상징적이고 종교적인 중요성을 구분할 수 있다. 정원의 쾌적한 마당에는 울창한 나무가 시원한 그늘을 만들어 준다.

크라톤 왕궁
Kraton Palace

크라톤 왕궁Kraton Palace은 욕야카르타 술탄을 위한 웅장한 궁전이다. 박물관과 이슬람 모스크는 물론 여러 정원으로 구성되어 있다.

족야카르타Yogyakarta에서 문화와 정치의 중심지인 이곳은 현재 인형극도 보고 인도네시아 전통 음악도 감상할 수 있는 곳으로 바뀌었다. 가이드가 안내하는 투어를 통해 이 도시의 왕실 역사에 대해 잘 이해할 수 있다. 반얀 트리가 심어져 있는 북쪽과 남쪽의 광장은 느긋하게 휴식을 만끽하기 좋다. 현지 젊은이들 중에는 눈을 가리고 나무 사이를 걸으려는 사람들이 쉽게 눈에 띄는데, 행운을 가져다준다고 믿기 때문이다.

주소_ Jalan Malioboro **시간**_ 9~13시
요금_ 카메라를 사용은 추가 요금(가이드는 팁 요망)

크라톤 궁전

마당을 지나면 나오는 궁전은 역사가 18세기로 거슬러 올라간다. 전형적인 자바 문화스 타일로 건축된 궁전은 정교한 장식의 홀과 넓은 정원과 파빌리온으로 구성되어 있다. 골든 파빌리온은 대리석 바닥에 네덜란드 스테인드글라스 창문과 바로크식 지붕으로 꾸며져 있다.

하이라이트

여러 술탄을 연대기 순으로 보여주고 있는 박물관이 핵심 볼거리이다. 유럽 군주들로부터 받은 선물과 신성한 가보, 인도네시아 전통 악기 등 다양한 보물들이 전시되어 있다. 특히 인기 많았던 술탄 하멩쿠부워노 4세의 여러 사진과 개인 소지품은 인기가 많다.

문화 행사

매주 수요일 아침에 열리는 골렉 메낙 인형극은 아이들이 정말 좋아한다. 매주 목요일에는 댄스 공연을 볼 수 있고 월요일과 화요일에는 가멜란이라 불리는 자바 전통 음악을 감상할 수 있다. 주중 나머지 기간에는 다른 춤과 음악 공연이 열린다.

보로부두르(Borobudur)

보로부두르 사원Borobudur Temple은 중부 자바의 족자카르타Yogyakarta에서 북서쪽으로 40㎞ 정도 떨어진 곳에 위치해 있다. 족자카르타Yogyakarta 시내에서 차로 이동하면 약 60~75분이 걸린다. 또한 좀보르 버스 터미널에서 버스를 타거나 트랜스 족자 버스를 이용해 갈 수도 있다.

대부분의 관광객은 보루부두르 사원Borobudur Temple과 프람바난 사원Prambanan Temple을 1일에 같이 보는 투어를 이용해 가기 때문에 차량으로 이동하게 된다. 버스를 타고 보로부두르 사원Borobudur Temple을 보고 다시 프람바난 사원을 이동하는 것은 매우 힘든 방법이라서 거의 선택하는 여행자는 없다.

한눈에 보루부두르(Borobudur) 지역 파악하기

보로부두르 지역Borobudur은 세계 최대 규모의 불교 사원이 있다. 옛 불교 유적과 건축물이 가득한 보로부두르Borobudur는 자바 섬에서 빼놓을 수 없는 관광 명소이다.
보로부두르Borobudur는 큰 규모의 불교 사원뿐만 아니라 엄청난 크기의 불상으로도 유명하다. 여러 층으로 된 발코니를 걸으면서 여러 돌 조각과 불상을 직접 느낄 수 있다. 유네스코 세계 문화유산으로 등재된 사원의 규모와 세부적인 사항을 보려면 직접 둘러보는 것만큼 좋은 방법이 없다. 사진만으로는 규모와 세세한 장식을 제대로 파악하기 힘들다.
자바 섬의 유명한 사원들과 마찬가지로 보로부두르에는 8~9세기에 건축된 건물과 조각

이 많아서, 이를 통해 당시의 시대적 분위기도 알 수 있다 하지만 대다수 자바인들이 이슬람교로 개종하면서 유적지는 수백 년 동안 방치되었다가, 19세기 초가 되어서야 다시 대중적 관심을 끌게 되었다.

근처 셋툼부 언덕Setumbu Hill에서 보로부두르 위로 떠오르는 태양을 볼 수 있는 선 라이즈Sun Rise는 더 장관이다. 자바 섬을 여행하는 동안 잊을 수 없는 순간이 될 것이다. 이어서 닭 모양의 교회로 많이 알려진 그레자 아얌도 둘러보면 좋다. 이름 그대로 교회 건물이 닭 모양이라서 붙여진 이름이다.

만약에 먼저 작은 교회를 둘러본 후 보로부두르를 방문하면 상대적으로 규모가 더 크게 느껴질 것이다. 언덕을 내려가 가까이에서 사원을 보고, 가파른 계단을 따라 위쪽으로도 올라가면 계단식 피라미드를 시계 방향으로 올라가고 마침내 꼭대기에 이르게 된다. 360도에서 멋진 풍경이 파노라마처럼 펼쳐진다.

일정에 여유가 있다면 칸디레조 마을도 방문해 보면 좋다. 보로부두르에서 마을까지 택시를 타고 20분 정도면 갈 수 있다. 아니면 투어 여행사에서 제공하는 보로부두르 사원이나 전통 자바인 마을 투어 프로그램을 이용할 수 있다.

셀로그리요 사원은 규모는 작지만 아름다운 경치를 보며 걸을 수 있는 하이킹 코스 덕분에 많은 관광객이 찾는 곳이다. 보로부두르에서 1시간 정도 오르막길을 올라가야 하므로 편한 신발을 준비하는게 좋다.

보로부두르 사원
Borobudur Temple

종교적 색채와 뛰어난 건축물로 유명한 세계 최대 규모의 불교 사원, 보로부두르 사원Borobudur Temple은 내세를 기리는 대승 불교의 사원이다. 9층의 사원과 여러 형태의 기념물로 구성된 사원은 유네스코 세계 문화유산으로도 지정되었다. 웅장하고 다양한 건축물과 장식, 불상은 장관이다. 사원에 입장할 때, 너무 화려한 복장은 피하는 것이 좋다.

사원 주변에는 화산 등 여러 산이 포함된 케두 평원의 울창한 나무와 숲이 펼쳐져 있다. 약 2,672개의 석판과 504개 정도의 불상은 너무 많아서 나중에는 모든 것이 같아 보일 정도이다. 사원의 규모는 가로와 세로 각각 118m라고 하니 정말 엄청난 규모라 할 수 있다. 짙은 회색의 돌이 층

층이 쌓인 탑을 올라가다 보면, 종 모양의 스투파 안에 72개의 불상이 안치되어 있는 것을 볼 수 있다.

사원을 내려오고 나면 이동하는 통로가 있다. 왜 이 통로가 있나 봤더니 사원 밖 가판대에서 음식과 현지 공예품을 구입하도록 유도하는 것이었다. 물건을 흥정하여 구입이 가능하지만 조악한 물건을 구입하는 관광객이 상대적으로 작다. 반드시 구입할 때에는 가격 흥정이 필요하다. 내려오고 나면 사원 근처의 조용한 잔디밭 주변을 산책하거나 휴식하는 데 너무 더워서 이마저도 쉽지는 않다.

외국인에게만 비싼 입장료

족야카르타(Yogyakarta)에서 보로부두르까지 택시나 투어회사의 차량을 타고 가면 약 1시간이 걸린다. 힘들게 가야 하는 사원을 갈까말까를 고민하는 첫 번째 이유는 비싼 입장료 때문이다. 사원의 입장료는 내국인과 외국인의 금액이 다른데 외국인의 입장료가 7배가 비싸다. 내국인은 50,000루피아이지만 외국인의 입장료는 350,000루피아이다.

안볼 수 없으니 비싸지만 지불하고 보게 된다. 근처의 프람바난 사원까지 같이 보는 입장티켓의 가격은 560,000루피아로 조금 저렴하게 책정하여 같이 구입해 입장하는 것이 대부분의 관광객이다. 개인적으로는 가기가 힘든 곳이라서 대부분의 여행자는 다양한 투어를 이용해 다른 관광객과 같이 투어로 가게 된다.

프람바난 사원
Prambanan Temple

프람바난 사원^{Prambanan Temple}은 족야카르타^{Yogyakarta} 북동쪽으로 약 17km 떨어져 있는데, 자바^{Jaba} 중부와 족야카르타^{Yogyakarta}의 특별 지역을 나누는 주 경계선에 자리하고 있다. 지금으로부터 약 1,000여 년 전에 지어진 신비로운 힌두 사원은 보로부두르 사원^{Borobudur Temple}과 함께 핵심 유적지로 유네스코 세계문화유산으로 지정되었다.

프람바난 사원^{Prambanan Temple}은 인도네시아의 족자카르타^{Yogyakarta}에 있는 힌두교 사원으로 9~10세기경에 세워졌다. 사원에는 힌두교의 신들을 위한 신전들이 있는데, 시바 신전, 비슈누 신전, 브라흐마 신전이 대표적이다. 신전의 벽에는 인도의 대서사시 라마야나의 이야기가 섬세하게 새겨져 있다. 이곳의 대표적 사원 3개는 힌두 신인 시바^{Siba}, 비슈누^{Binusu}, 브라마^{Brama}에게 바치는 것이다.

힌두교 건축물 중 최고의 걸작으로 평가받는 프람바난 사원^{Prambanan Temple}은 정교한 장식이 돋보이며 마치 전혀 다른 세상에 온 것 같은 신비한 느낌을 준다. 뾰족하고 삐죽삐죽한 회색 건물이 마치 땅에서 솟아오른 듯 이색적이다. 중앙의 높이가 47m에 이르는 높다란 탑은 수많은 사원들의 중심부에 세워져 있으며 주변의 작은 여러 사당으로 둘러싸여 있다. 거대한 사원 안으로 들어가면 다양한 시바 동상을 모신 4개의 방이 나온다.

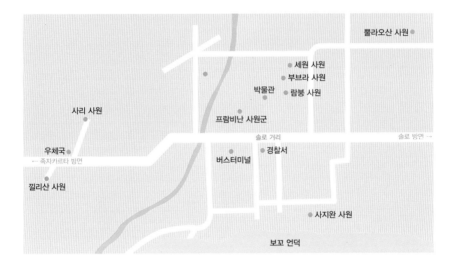

뿔라오산 사원 ●

● 세원 사원
● 부브라 사원
박물관 ● ● 람붕 사원

사리 사원
●

프람바난 사원군

슬로 거리   슬로 방면 →

우체국
← 족자카르타 방면   버스터미널   ● 경찰서

낄리산 사원

● 사지완 사원

보꼬 언덕

언제 가장 아름다울까?

밤에는 사원 건물에 조명이 켜져 더욱 신비한 느낌을 자아낸다. 해가 질 무렵에는 땅거미가 지는 하늘을 배경으로 탑 건물의 실루엣이 아름다운 풍경을 연출하기 때문이다. 날씨가 좋다면 사원 주변을 둘러싸고 있는 공원 잔디밭에 앉아 소풍을 즐겨도 좋다. 지금으로부터 약 1,000년 전에 이 놀라운 건축물을 짓느라 얼마나 많은 사람이 애썼는지 상상하면 슬퍼지기도 한다.

힌두교 전설

사랑에 빠진 남자가 사랑하는 여인이 제시한 도전 과제를 이루기 위해 이곳을 하룻저녁에 다 지었다. 그런데 그 여인이 불을 이용해 해가 뜬 것처럼 속였고 남자는 벌로 사랑하는 연인을 동상으로 만들었다는 이야기가 전해온다.

준비물

11월부터 3월까지는 비가 자주 오는 우기인데 사전에 우산을 준비하는 것이 좋다. 비가 언제 내릴지 모른다.

자세히 알아보자. 보로부두르 사원(Borobudur Temple)

자바 섬, 중부 족자카르타^{Yogyakarta}에 위치한 보로부두르 사원^{Borobudur Temple}은 이슬람 속의 불교유적이다. 동남아시아의 불교는 소승 불교인데, 보로부두르 사원^{Borobudur Temple}은 동남 아시아에 있으면서도 대승 불교의 가르침을 담고 있다는 점이 다른 동남아시아 불교 유적 과 다른 점이다.

보로부두르 사원^{Borobudur Temple}은 캄보디아의 앙코르 와트와 함께 동남아시아에서 손꼽히 는 불교유적이다. 다른 동남아시아 나라 사람들 대부분이 불교를 믿는 데 비해, 인도네시 아 인들은 거의 모두 이슬람교를 믿는다. 그런 인도네시아에 거대한 불교 유적이 있다는 게 이상하다고 생각이 들 것이다. 하지만 보로부두르 사원^{Borobudur Temple}이 만들어진 8세기 무렵에는 인도네시아에도 힌두교와 불교가 널리 퍼져 있었다.

보로부두르 사원^{Borobudur Temple}을 언제 처음 만들었는지는 정확히 알 수 없지만 8세기 무렵 의 불교 왕조인 샤일렌드라 왕조가 만들었을 것으로 생각한다. 그런데 10세기 중반쯤 샤일 렌드라 왕조가 약해지면서 보로부두르 사원^{Borobudur Temple}도 사람들의 기억에서 점점 멀어졌다. 게다가 화산까지 폭발해 오랫동안 화산재 속에 묻혀 있다가 영국의 식민지 시절인 1814년에 식민지 관리가 발견했다. 그 뒤 몇 차례 발굴이 이루어지다가 1970년대와 1980년 대에 유네스코의 도움으로 완전히 복원되어 예전의 모습을 되찾았다.

보도부두르 사원Borobudur Temple은 가장 아래쪽이 120m, 높이가 31,5m나 되는 9층의 탑인데 무려 100만 개나 되는 돌로 만들었다. 그래서 '높은 언덕의 사원'을 뜻하는 '보로부두르 Borobudur'라는 이름이 붙었다. 보로부두르 사원Borobudur Temple은 모양새가 매우 독특하다. 크게 보면 낮은 원뿔 모양을 얹은 피라미드처럼 보이지만, 자세히 보면 수많은 작은 탑들이 모여 있는 거대한 탑이다. 이런 모양의 건축물은 이 세상 어디에도 없다.

받침이 되는 널찍한 기단 위에 네모난 층이 5개, 동그란 층이 3개 있고 맨 위에는 커다란 종 모양의 탑이 있다. 맨 아래에는 인간이 살아가는 모습들을, 위의 5층에는 석가모니의 일생을 새겼다. 그리고 그 위의 3층에는 불상을 안에 모신 작은 탑들을 늘어세웠다. 아래에서 위로 올라가면서 차츰 깨달음의 단계가 높 아져 결국 불교의 최고 경지인 열반에 오르는 것을 나타냈다고 한다.

스투파
스투파라는 불탑이 있는데 불탑 안에는 불상이 들어 있다.

보로부두르 불탑의 전경
석가모니의 깨달음과 불교의 세계를 나타내는 만다라 형식이다. 아래에서 위로 갈수록 네모에서 둥근 모양으로 바뀌는 것을 알 수 있다.

벽에 새긴 부조
각 층의 벽마다 수많은 부조를 새겼다. 이 부조는 보로부두르 사원의 꼭대기까지 장장 5km나 이어져 있다.

불교의 세계를 나타내는 회랑
층마다 긴 복도 모양의 회랑을 오른쪽으로 돌아 위로 올라가게 되어 있다. 걸어가는 동안 불교의 가르침을 새긴 부조를 바라보며 깨달음이 높아진다.

준비물

보로부두르 사원을 보는 것은 일어나기가 힘들어서 일출투어가 힘든 것 같지만 실제로는 따가운 햇볕 때문이다. 그래서 차라리 일출투어가 더 쉽게 보로부두르 사원을 보는 방법이다. 햇볕이 힘들게 하는 데 무더운 습도가 관광객을 괴롭힌다. 사전에 얼음 물, 목을 두를 수 있는 수건, 햇볕을 막을 수 있는 양산이나 우산, 아니면 모자가 필요하다.

일출투어

일출을 보려면 투어를 신청해 새벽 4시부터 출발해 미리 언덕에 올라 기다리고 있어야 한다. 그러나 힘들게 기다리고 있어 지쳤다가도 장엄한 일출을 보면 힘들게 오른 보상을 충분히 받을 수 있다. 일출 때, 넓은 하늘을 배경으로 높게 솟은 사원의 모습을 볼 수 있다.

아이와 함께라면?

아이들은 보로부두르 사원을 보는 것이 쉽지 않다. 입장하여 사원까지 걸어가고 많은 계단을 올라가야 한다. 올라가도 곤혹스러운 것은 특히 햇볕을 피할 수 있는 그늘이 없어서 더욱 힘들다. 대비책은 입장해서 입장하여 근처를 돌아 사원 앞까지 이동하는 미니 열차를 이용해 보는 방법과 사전에 물과 우산을 준비하는 것이다. 더운 날씨와 강렬한 햇볕은 어른도 구경하다가 내려오기 때문에 아이와 함께 갔다면 사전 준비물이 필수이다.

가이드 투어

불상에 담긴 의미를 더 자세히 알고 싶다면 가이드를 이용해야 한다. 올라가다보면 가이드를 신청하라고 하는 사람들이 관광객 옆에 붙어 이야기하지만 가이드투어로 보는 사람들은 많지 않다. 가이드투어를 이용하면 좋은 점은 사무드라락사 박물관, 카르마위방가 박물관과 같이 지역의 역사를 알아볼 수 있는 설명을 같이 들을 수 있기 때문인데 영어로 이루어지기 때문에 이해가 쉽지 않아서 신청자는 영어권 관광객이 대부분이다.

사원과 마을 주변을 돌아보고 싶다면

미니 열차를 타고 이동하거나 자전거를 대여하는 방법도 있다.

GEORGIA

조지아

Tbilisi | 트빌리시

한 달 살기 여행지로 떠오르는 코카서스의 중심,
조지아

조지아는 현재 대한민국 여행자에게 생소한 나라이다. 하지만 조지아는 흑해와 카스피해 사이에 있기 때문에 색다른 느낌을 주는 여행지이다. 또한 국토의 면적은 작지만 5,000m 가 넘는 고봉들이 아름다운 풍경을 자아내서 최근에는 '동유럽의 스위스라'는 별명이 붙은 나라이다. 유럽의 아름다운 자연의 풍경을 나타내는 여행지는 스위스와 오스트리아를 말 하기 때문에 조지아는 상당히 생소하다.

유럽의 여행자들이 조지아에 오래 머물면서 선선한 날씨와 조지아 정교회의 도시 분위기 에 매력을 느끼면서 알려지기 시작했다. 조지아의 수도, 트빌리시Tbilisi의 레스토랑은 전 세계 국적의 요리 경연장이라고 할 정도로 다양한 나라의 요리를 먹고 즐길 수 있다. 조지 아에서 한 달 살기를 한다면 대도시인 트빌리시Tbilisi나 서북부의 한적한 메스티아Mestia, 동 부의 시그나기Signagi에서 머물고 있다.

조지아는 현재 늘어나는 단기여행자 뿐만 아니라 장기여행자들이 모이는 나라로 변화하고 있다. 경제는 저성장에 시름하지만 여행의 편리성을 높이면서 여행으로 국가의 성장을 높이기 위해 노력하는 나라로 알려지고 있다. 여유를 가지고 생각하는 한 달 살기의 여행 방식은 많은 여행자가 경험하고 있는 새로운 여행방식인데 그 중심으로 조지아가 떠오르고 있다.

■ 쿠타이시(Kutaisi)

조지아의 고대 수도인 쿠타이시Kutaisi에 위치한 고대 건축물인 바그라티 대성당Bagrati Cathedral과 겔라티 수도원Gelati Monastery(1994년 등재)이다.

바그라티 대성당(Bagrati Cathedral)

조지아의 첫 번째 왕인 바그라트 3 세 바그라티오니Bagrat III Bagrationi의 이름을 딴 바그라티 대성당Bagrati Cathedral은 10세기 말부터 11 세기 초까지 건설되었다. 1691년 터키에 의해 부분적으로 파괴되었지만 지금은 복원되어 있다.

겔라티 수도원(Gelati Monastery)

겔라티 수도원Gelati Monastery의 건축되던 시기는 조지아의 황금기였다. 12~17세기에 종교적으로 중요한 장소였던 겔라티 수도원Gelati Monastery은 훌륭한 모자이크와 벽화가 있는 곳이다. 대성당과 수도원은 조지아에서 중세 건축의 꽃으로 상징되는 장소이다.

건축가인 아그하마쉐네벨리Aghmashenebeli의 지휘아래 지어졌으며 그는 이곳에 묻혔다. 오랫동안 수도원은 국가의 종교 중심지뿐만 아니라 자체 아카데미가 있는 문화와 교육 장소였다. 수도원의 아카데미는 과학, 문화의 요람이 되어 조지아 사람들의 교육에 공헌을 했다. 소련의 통치 시기까지 수도원에서 많은 귀중한 유물과 교회 유적이 보존되었지만 소련의 통치 시기에 일부는 잃어 버렸다.

므츠헤타Mtskheta의 역사 유적지

트빌리시로 수도를 옮기기 전까지 조지아의 수도였던 므츠헤타Mtskheta의 교회는 코카서스 지방의 중세 종교 건축물의 전형적인 모습을 보여주고 있다. 고대 왕국이 달성한 높은 예술적, 문화적 수준을 보여주고 있다. 므츠헤타Mtskheta의 교회는 조지아의 중앙인 아그라비Aragvi와 쿠라Kura 강의 합류 지점에 위치하고 있으며 트빌리시에서 약 20㎞ 떨어져 있다.

므츠헤타Mtskheta는 한때 기독교가 337년에 조지아에서 공인된 카르틀리 왕국의 고대 수도 였다. 현재, 조지아 정교회 사도 교회의 거주지로 사용되고 있다. 고대 무역인 실크로드 교 차로에서의 전략적 위치와 로마, 페르시아, 비잔틴 제국과의 긴밀한 관계는 도시의 발전에 기여했으며, 지역의 문화적인 전통과 다른 문화적 영향을 받았다.

6세기 이후, 수도가 트빌리시로 옮겨졌지만, 므츠헤타Mtskheta는 국가의 중요한 문화적, 정 신적 중심지로 주도적인 역할을 수행하고 있다. 즈바리Jvari와 스베티츠호벨리Svetitskhoveli의 성 삼위일체 수도원Holy Cross Monastery은 중세 조지 왕조 건축물의 걸작으로 평가받는다.

즈바리 수도원(Jvari Monastery)

초기 정교회 건축의 걸작 인 즈바 리 수도원Jvari Monastery은 기원전 585~604년으로 거슬러 올라간 다. 므츠헤타Mtskheta 마을 근처의 언 덕에 위치한 이곳은 1994 년에 유네 스코 세계 문화유산으로 등재 되었 다. 순례자들이 수도원을 방문하고 기도하면서 눈물을 흘리며 근처의 호수 바라보았기 때문에 '눈물 호수' 라고 부르기도 했다고 한다. 수도원 은 여전히 종교 의식 때 역할을 하 고 있다.

스베티츠호벨리 대성당(Svetitskhoveli Cathedral)

므츠헤타의 또 다른 중요한 기독교 성당은 1010~1029년에 지어진 스 베티츠호벨리 성당Svetitskhoveli Cathedral이다.

이곳은 실크로드의 주요 지점으로 예수 그리스도의 매장지, 조지아 왕 의 무덤으로 조지아에서 가장 자주 방문하는 관광 명소이다.

어퍼 스바네티^{Upper Svaneti}

독특하게 지리적으로 격리가 도면서 보존된 어퍼 스바네티^{Upper Svaneti}의 산악 풍경은 중세 마을과 적을 감시거나 피신할 수 있는 탑형 주택인 코쉬키^{Koshiki}와 함께 코카서스 지방의 산악 풍경이 탁월하다. 스바네티^{Svaneti}로 이동하는 것은 쉽지 않지만 여행이 아무리 힘들더라도 관광객이 찾을 가치가 있다.

스바네티(Svaneti)

많은 관광객들에게 인기 있는 명소가 된 것은 독특한 풍경 때문이다. 스바네티 ^{Svaneti}는 수도인 트빌리시에서 가장 멀리 떨어져 있고 접근하기 어려운 지역 중 하나이지만 스바네티^{Svaneti}에는 압도하는 자연 풍경이 있다. 높은 고도와 고립된 지역으로 스키와 모험, 생태 관광으로 최근에 가장 인기가 높다.

291

우쉬굴리(Ushguli)

우쉬굴리Ushguli 마을은 유럽에서 가장 높은 정착지로 2,300m의 고도에 위치하고 있다. 인구리Inguri 강 상류를 차지하고 눈 덮인 산의 웅장한 배경을 가진 협곡과 고산 계곡 사이에는 산의 경사면에 몇 개의 작은 마을이 흩어져 있다.

가장 주목할 만한 특징은 집 위에 있는 탑이 많다는 사실이다. 현재 200개가 넘는 탑형 주택인 코쉬키Koshiki를 보유하고 있다. 코쉬키Koshiki는 주택으로도 사용되었지만 더욱 중요한 것은 침략자에 대한 방어 수단으로 사용되었다는 것이다. 2000년이나 된 마을에는 약 70가구가 아직도 살고 있다. 겨울에는 눈이 전체 지역을 덮으며 때로는 우쉬굴리Ushguli까지 가는 길도 폐쇄가 된다.

우쉬굴리는 스바네티Svaneti의 중심인 메스티아Mestia에서 약 45㎞ 떨어져 있다. 우쉬굴리Ushguli로 가려면 메스티아Mestia에서 4륜구동 차량을 대여해서 이동해야 한다. 마을로 가는 길은 비포장도로라서 힘들고 약 3시간이 걸린다. 여러 마을을 지나 오래된 그림과 벽화가 있는 작은 교회를 찾으면 도착한 것이다.

치유는 어디에서 올까?

와인의 시작

조지아는 인류가 와인을 처음 만든 곳으로 알려져 있다. 봄과 가을에 일교차가 심해 포도의 농도가 높다. 그래서 품질 좋은 와인으로 유명하다. 와인 한 잔의 여유를 즐긴다면 조지아는 최고의 여행지로 다가올 것이다.

크베브리(Kvevri)

점토, 달걀 모양의 배에서 포도를 발효시켜 조지아에서 전통적으로 와인을 만드는 방법은 유네스코의 교육, 과학, 문화의 특징으로 세계 문화유산으로 등재되었다. 고대 조지 왕조의 와인 생산 방식인 크베브리(Kvevri)는 인류의 무형 유산의 일부이다.

포도 발효에 전통적으로 사용되는 대형 토기를 크베브리(Kvevri)라고 한다. 고고학적으로 그들이 8000년 이상 사용되었다는 것이 증명되었다. 크베브리(Kvevri)는 조지아 인들에게 반 성지로 여겨지는 마라니(Marani)라는 특별한 지하실에 묻혀 있다.

아름다운 자연

조지아는 유럽의 다른 국가에서 느끼는 도시여행이나 해변의 아름다움을 가지고 있지는
않다. 조지아는 초기 기독교 공인 국가의 느낌과 와인이 처음 만들어진 자부심이 가득한
국가이기 때문에 모든 도시의 분위기가 유럽과는 다르다. 수도인 트빌리시를 벗어나면 다
양한 자연이 관광객을 사로잡는다. 해변에서 즐기는 여유가 아니라 새로운 관광 인프라를
가지고 있는 것이다.

저렴한 물가에서 오는 여유

조지아는 동유럽에 속한다고 하지만
위치는 유럽과는 떨어져 있다. 최근에
유럽과 같은 기독교 문화를 가지고 있
어서 동유럽에 포함이 되고 있지만 오
랜 시간 동안 유럽과는 다른 역사를 가
지고 살아왔다.

그 덕에 경제는 낙후되었고 소련에 포
함되면서 오랜 시간 알지 못한 미지의
국가였다. 지금도 경제상황이 좋지 않
지만 여행자에게는 저렴한 물가로 여
행할 수 있는 국가이다. 최근에 아름다
운 자연으로 여행자가 늘어났지만 아
직도 저렴한 물가는 유지되고 있다.

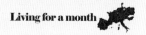

다양한 음식

러시아를 여행하면 조지아 레스토랑을 많이 보게 된다. 그만큼 조지아 음식은 유명하다. 하지만 대한민국의 여행자들은 조지아 음식이 짜고 느끼하게 느껴진다. 현재, 트빌리시에는 전 세계의 음식을 접할 수 있는 레스토랑이 즐비하다.

흑해와 카스피 해 사이에 있는 조지아는 코카서스 3국에 속해 중동도 유럽도 아닌 국가로 생각해왔다. 하지만 전 세계에서 2번째로 기독교를 공인한 국가이며 와인의 발상지로 중동이 아닌 유럽으로 분류되고 있다. 최근에 친 서방정책으로 유럽에 가까워지려는 노력을 하고 있다. 조지아에서 한 달 살기를 한다면 작은 국토에 다채로운 매력을 가진 장소가 많다는 사실을 알 수 있다.

Tbilisi

트빌리시

한눈에 트빌리시 파악하기

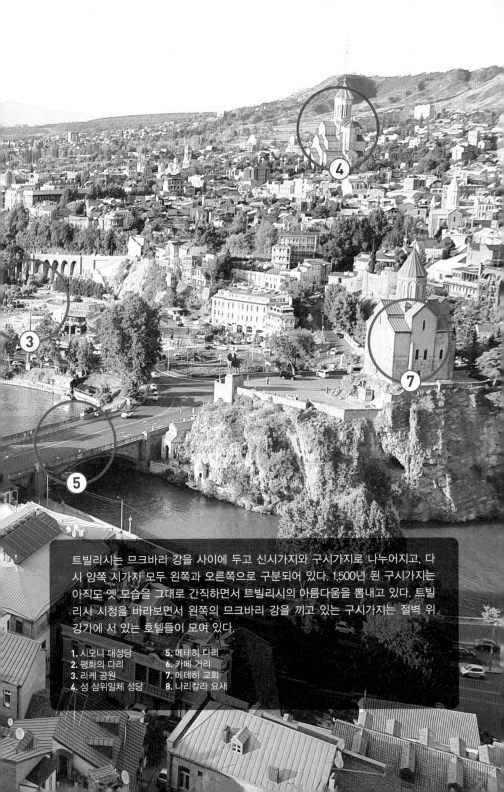

트빌리시는 므크바리 강을 사이에 두고 신시가지와 구시가지로 나누어지고, 다시 양쪽 시가지 모두 왼쪽과 오른쪽으로 구분되어 있다. 1,500년 된 구시가지는 아직도 옛 모습을 그대로 간직하면서 트빌리시의 아름다움을 뽐내고 있다. 트빌리시 시청을 바라보면서 왼쪽의 므크바리 강을 끼고 있는 구시가지는 절벽 위 강가에 서 있는 호텔들이 모여 있다.

1. 시오니 대성당   5. 메테히 다리
2. 평화의 다리   6. 카페 거리
3. 리케 공원   7. 메테히 교회
4. 성 삼위일체 성당 8. 나리칼라 요새

트빌리시 핵심도보여행

5세기에 세워진 조지아의 수도 트빌리시의 구시가지는 양 옆으로 쿠라Kura강이 흐르고 고풍스런 옛 건물이 많아 올드 트빌리시Old Tbilisi로 불리며, 고대 도시로서의 가치가 높고 기독교 건축양식의 사조를 알 수 있는 유적들이 많아 트빌리시 역사지구Tbilisi Historic District로 지정되었다.

트빌리시여행은 구시가지에서 시작한다. 가장 오래된 교회부터 가장 중요한 교회까지 주요 시설들이 구도심에 몰려 있어 걸어 다니며 두루 볼 수 있다. 메테히 다리를 건너 쿠라Kura강 언덕에 있는 메테히Metekhi Church 교회를 만날 수 있다. 무려 37번이나 다시 지어진 이 교회는 조지아정교 수난의 상징이다. 옛 소련 시절에는 감옥과 극장으로 사용되기도 했다. 교회 옆에는 트빌리시를 세운 바

300

흐탕 고르가살리 왕의 동상이 있는데 이곳이 올드 타운 전체를 조망하기에 가장 좋은 곳이다. 쿠라Kura강 도심을 가로질러 굽이쳐 흐르고, 강 옆 깎아지른 절벽 위 메테히Metekhi 교회는 트빌리시를 찾는 모든 이들을 바라보고 있다.

메테히 다리를 다시 건너 케이블카를 타고 나리칼라 요새에 오르면 도시 전체를 볼 수 있다. 4세기경 페르시아가 처음 짓기 시작한 이 요새는 8세기에 아랍족장의 왕국이 들어서며 현재의 모양으로 완성되었다. 적의 침입을 알 수 있도록 쿠라Kura강까지 쉽게 조망할 수 있는 곳에 만든 요새이다.

요새에서 내려오면 폭포로 가는 협곡이 있다. 폭포는 크지 않지만 협곡 위에 자리 잡은 건축물들이 볼거리다. 협곡 입구에는 벽돌무덤 단지처럼 생긴 유황온천 지대가 있다. 가족 욕실도 있어서 피로를 풀기 좋은 곳이다. 구도심에서 조금 떨어져 있지만 트빌리시 벼룩시장도 꼭 들러야 하는 곳이다. 진귀한 골동품이나 옛 소련 물품이 많아서 물건을 고르는 재미가 유별나다. 볼거리가 많은 구시가지의 노천카페와 레스토랑들이 줄지어 있다. 유럽의 관광도시하고 다를 것이 별로 없다. 가을이 되면 거리 곳곳에 포도나무들이 덩굴터널을 만든다.

나리칼라 요새를 올라가기 시작하는 지점에는 "I love Tbilisi"라는 표시가 보이고 주위에는 카페들이 즐비하다. 이곳은 광장도 아니지만 광장 같은 느낌의 공간이 있고 나리칼라 요새, 메테히 교회 등을 볼 수 있어 마치 트빌리시의 중간 지점 같다. 메테히 다리를 시작하는 지점의 골목으로 카페들이 골목길을 따라 이어진 지점이 카페 거리이다. 위치를 잘 모르겠다면 네모난 시계를 보고 시작지점을 확인할 수 있다. 혹자는 '여행자거리'라고 부르지만 여행자거리는 아니고 카페골목이라고 부르는 것이 더 맞을 것 같다. 카페 골목이 끝나는 지점에 타마다 작은 동상이 나오므로 시작과 끝은 정확하게 알 수 있다.

카페 골목이 끝나는 지점에는 시오니 교회와 평화의 다리가 나오고 평화의 다리를 건너면 리케 공원이다. 시오니 교회는 성녀 니노(St. Nino)의 포도나무 십자가가 보관되어 있는 곳으로 트빌리시의 올드 타운 안에 있는 랜드마크로 유명한 교회이다.

쿠라(Kura) 강, 동 · 서의 상징

어머니상(Mother of Georgia / Kartlis Deda)

솔로라키 언덕Sololaki Hill 꼭대기에 있는 조지아의 어머니상이라고 불리는 트빌리시의 상징이다. 왼손에는 와인을 오른손에는 칼을 든 모습으로 시내를 내려다보고 있다. 적에게는 용감하게 동포에게는 포도주를 대접한다는 의미를 갖고 있는 그루지야 어머니상은 조지아를 가장 잘 표현한 말이다. 이민족에게 끊임없이 침략을 받으면서 몇 천년동안 지켜나간 조지아는 어머니처럼 부드럽지만 강할 때는 강할 줄 아는 민족의 나라이다. 동상은 케이블카를 타고 올라가면 전체를 조망할 수 없고 산책로가 뒤로 나 있지만 옆모습만이 보인다.

손님에게는 와인을 적에게는 칼을 이라고 표현하기도 한다. 처음부터 힘들게 칼로 싸울 생각을 하지 않고 다음 뒤에 칼을 들었을 것만 같다고 하기도 하고, 적이 오면 힘들게 우리들 손해는 없게 해야 되는데 상대방 맨 정신에 전쟁을 하면 힘들기 때문이 아닐까라고 들으니 슬퍼지기도 한다. 그만큼 삶이 힘들었던 '조지아'이다.

주소_ ySololaki Hill

주소_ Elia Hill 위치_ Avlabari역 전화_ +995-599-98-88-15

츠민다 사메바 성당(Tsminda Sameba Cathedral)

구소련으로부터 독립한 후 조지아인만을 위해 세운 조지아 정교회 사원으로 조지아 정교회의 1,500주년을 기념하기 위해 만들어진 성당이다. 성당은 상당히 크기 때문에 트빌리시의 어디서든 볼 수 있다. 시내 중심에 있지 않고 카즈베기 산을 배경으로 언덕에 위치해 있다. 올드 타운에서 상당히 먼 거리이기 때문에 차를 타고 이동한다. 걸어가려면 중간에 있는 언덕길은 비포장이기 때문에 먼지투성이가 될 수 있다. 성당 앞의 언덕에서 보는 풍경도 아름답다.

305

트빌리시의 이국적인 분위기

강가에 있는 구시가지에 한 발짝 발을 들여놓으면 아득한 옛날 조지아를 정복한 페르시아의 향기가 감돈다. 목조 가옥의 위층에는 발코니가 설치되어 있는데, 난간에 새겨진 투명한 조각이 이국적인 분위기를 자아낸다.

구시가지는 옛 거리를 보존하기 위해 포장하지 않았다. 도로 공사를 하더라도 파헤친 돌을 다시 묻어서 원래대로 복구해 놓는 방식으로 보존하고 있다. 민족 분쟁이 끊이지 않는 코카서스 3국이지만 조지아의 수도, 트빌리시에는 많은 민족이 살고 있어 국제적이고 자유로운 분위기가 느껴진다.

이란의 이맘모스크와 비슷한 분위기의 모스크

이란의 이맘모스크와 비슷한 분위기의 모스크

트빌리시의 특이한 모습의 시계 탑

아지가지한 카페거리

페르시아가 점령할 당시 사용한 유황온천

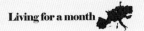

트리빌시 지하철 노선도

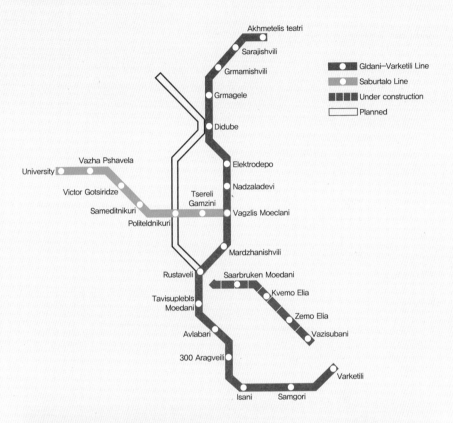

Akhmetelis teatri
Sarajishvili
Grmamishvili
Grmagele
Didube
Elektrodepo
Nadzaladevi
Tsereli
Gamzini
Vagzlis Moeclani
Mardzhanishvili

Vazha Pshavela
University
Victor Gotsiridze
Sameditnikuri
Politeldnikuri

Rustaveli
Saarbruken Moedani
Kvemo Elia
Zemo Elia
Vazisubani

Tavisuplebls
Moedani
Avlabari
300 Aragveili
Varketili
Isani
Samgori

- Gldani–Varketili Line
- Saburtalo Line
- Under construction
- Planned

트빌리시의 가장 중요한 볼거리 BEST 6

메테히 교회(Metekhi Church)

트빌리시에서 온천 다음으로 오랜 역사를 지닌 것이 교회일 것이다. 천 년이 넘은 성당이 여러 개이지만 특히 절벽에 절묘하게 자리를 잡은 메테히 교회Metekhi Church이 눈에 들어온다. 5세기에 교회로 지어졌으나 13세기에 완공된 중세 성당이다. 17~18세기 이슬람에 의해 요새로 사용됐고, 구소련 시절엔 감옥으로 쓰여 스탈린이 투옥되기도 했다. 1980년대 말 조지아 총대주교가 교회 복구 운동을 벌인 끝에 비로소 조지아 정교회 역할을 되찾았다. 오래도록 같은 자리를 지키며 아픈 역사의 단면을 보여준다.

사제의 축복과 허락을 받고 교회 안으로 들어간다. 중세성당에서 흔히 볼 수 있는 화려한 장식이 없는 소박한 성당이다. 이들의 의식을 지켜보는 것만으로 경건함이 느껴진다. 트빌리시를 한눈에 담고 싶다면 가장 좋은 장소일 것이다. 탁 트인 전망을 바라보며 메테히 교회Metekhi Church에 얽힌 이야기를 생각해보자.

위치_ Avlabari역

> **조지아 정교회**
>
> 조지아는 로마 가톨릭이 아닌 정교회를 신봉한다. 성화 아이콘에 경배를 드리고 성모를 긋는 방식도 약간 다르고 미사를 드릴 때 앉지 않는 것이 기본적으로 다르다. 조지아 기독교 역사는 세계에서도 오래되었다. 아르메니아와 로마에 이어 기독교를 국교로 채택한 초기 기독교 국가이다. 오늘날에도 조지아에서 기독교가 자연스런 삶의 일부이다.

바흐탕 고르가살리 왕의 기마상
(Monument of King Vakhtang Gorgasali)

메테히 성당 앞에는 트빌리시로 수도를 천도한 바흐탕 고르가살리 왕King Vakhtang Gorgasali의 기마상이 위풍당당하게 서 있다. 전설에 따르면, 고르가살리 왕King Vakhtang Gorgasali이 매와 함께 꿩 사냥에 나섰는데 꿩을 쫓던 매와 쫓기던 꿩이 숲속 뜨거운 연못에 떨어져 죽었다. 그 모습을 본 왕이 숲의 나무를 모두 베어버리고 도시를 세우라고 명했다. 그 숲이 지금의 트빌리시고, 뜨거운 연못은 메테히 교회 건너편의 유황 온천이다. 트빌리시는 조지아어로 '뜨거운 곳'이라는 뜻을 품고 있다.

위치_ Avlabari역 전화_ +995-599-98-88-15

나리칼라 요새(Narikala Fortress)

깎아지른 바위산에 요새를 구축한 철옹성이지만 요새의 주인은 여러 차례 바뀌었다. 4세기경 페르시아가 처음 짓기 시작한 이 요새는 8세기에 아랍족장의 왕국이 들어서며 현재의 모양으로 완성되었다. 적의 침입을 알 수 있도록 쿠라Kura강까지 쉽게 조망할 수 있는 곳에 만든 요새이다. 케이블카를 타고 올라가면 트빌리시 시내가 다 보이는 곳으로 관광객과 현지인이 뒤섞여 붐빈다. 산책로를 따라 뒤로 이동하면 식물원이 있다.

온천 옆 오르막길을 따라 오르면 '어머니의 요새'라 불리는 나리칼라Narikala에 닿는다. 나리칼라는 도시가 형성될 무렵 방어를 목적으로 지어진 고대 유적인데, 7~8세기에 아랍인들이 그 안에 궁과 사원을 세워 그 규모가 더 커졌다.

> 감상법
>
> 보다 편하게 풍경을 감상하며 요새에 오르려면 므크라비 강변에서 케이블카를 타면 된다. 요새에서 트빌리시의 전경이 파노라마처럼 펼쳐진다. 므크바리 강이 도시의 한가운데를 지나며 절벽을 빗어놓았다. 시대 최고의 장인이 건축한 교회가 두드러지게 빛난다.

310

시오니 교회(Sioni Cathedral Church)

성녀 니노St. Nino의 포도나무 십자가가 보관되어 있는 곳으로 트빌리시의 올드 타운 안에 있는 랜드마크로 유명한 교회이다. 니노Nino의 십자가는 니노Nino의 머리카락과 포도덩쿨이 엉켜서 십자가가 되었다. 조지아에 기독교를 전파한 성 니노St. Nino이다. 가장 오래된 교회보다 사람들이 더 많다. 조지아정교 교회라 분위기도 더 엄숙하다. 촛불을 밝혔다. 사람들은 엎드려 기도하기도 한다.

시오니 대성당은 최초 건립 이후 외세의 침략에 의한 파괴로 13세기부터 19세기까지 재건이 거듭되었다. 시온(Sion)은 일반적으로 예루살렘의 시온산Sion Mt.을 뜻하지만, 시오니 대성당은 트빌리시의 '시오니 쿠차Sioni Kucha'라는 거리명에서 유래했다. 제단 왼쪽, 성 니노St. Nino의 포도나무십자가로 유명한 성당이다. 전설에 의하면 4세기 초 꿈속에서 성모마리아로부터 "조지아에 가서 기독교를 전파하라"는 계시를 받은 성녀 '니노St. Nino'가 시오니 대성당 십자가에 자신의 머리카락을 묶었다고 한다.

평화의 다리(The Bridge of Peace)

활 모양의 보행자다리로 철과 유리로 된 구조물이다. 트빌리시 시내의 쿠라Kura 강 위에 수많은 LED로 조명된 다리는 저녁에 되면 다양한 모습을 보여준다. 활 모양의 다리는 구시가지와 새롭게 조성된 지구를 연결해주고 있다. 과거와 현재의 트빌리시를 보여주고 있다고 해도 과언이 아니다. 다리는 건설되면서 새롭게 적용된 강철과 유리로 다리를 만든다는 논란의 여지가 있었다. 정치인, 건축가, 도시 계획가 등 많은 사람들은 다리가 역사적인 구시가지를 가리고 있다고 불만이었다고 한다.

구라 강Kura River 위로 150m로 뻗어 있는 다리는 구 트빌리시Old Tbilisi와 새로운 지역을 연결하는 현대적인 디자인 특징을 만들도록 지침이 내려지면서 시작되었다. 다리위치는 쿠라 강을 뻗어 있는 메테히Metekhi 교회, 도시의 설립자인 동상 바흐탕 고르가살리Vakhtang Gorgasali 왕 보고, 나리칼라Narikala 요새, 바라타흐빌리Baratashvili 다리를 볼 수 있는 중간 부분이다.

해양 동물을 연상시키는 디자인의 다리 는 곡선형으로 강철과 유리 상판으로 야간에는 수천 개의 백색 LED로 반짝거린다. 이 지붕에는 4,200K 색 온도의 6,040개의 고출력 LED를 사용하여 다양한 다리를 보여주고 있다. 파워 글래스powerglass라는 선형 저 전력 LED가 내장되어 있다고 한다. 조명은 일몰 90분 전에 아래에서 구라 강을 비추고 강둑에 건물을 비춘다.

이탈리아 건축가 미첼레 데 루치Michele De Lucchi에 의해 설계되었는데 , 그는 조지아 대통령 행정부 건물과 트빌리시 내무부 건물을 설계했다 . 조명 디자인은 프랑스 조명 디자이너 필리페 마르티나우드Philippe Martinaud에 의해 만들어졌다. 다리는 이탈리아에서 지어져 200대의 트럭으로 트빌리시로 운송되었다고 전해진다.

4가지 조명(일몰 전 90분 ~ 일출 후 90분)

1. 때때로 다리는 강의 한쪽에서 다른 쪽으로 파도에 불이 들어온다.
2. 한쪽 끝에서 빛의 띠로 시작하여 빛이 중간에서 만나기 전까지 어느 한 방향에서 계속되고 시작하기 전에 검은 색으로 바뀐다.
3. 지붕 라인의 외부 설비를 비추기 시작한 다음 완전히 어두워지기 전에 전체 캐노피를 잠시 비춘다.
4. 전체 다리 길이에 걸쳐 다른 조명이 밝고 희미해지므로 지붕이 별처럼 반짝 거린다.

유황 온천(Sulfur Baths)

등잔 밑이 어둡다고 바로 요새의 아래에는 둥근 지붕의 동네가 눈에 들어온다. 이곳은 트빌리시가 시작된 온천 동네이다. 돔 모양은 지하 온천 목욕탕의 환기구 지붕이다. 트빌리시의 이름이 "따뜻하다"에서 비롯되었는데 이 온천이 그 기원이라고 한다.

러시아 시인 푸쉬킨이 1829년 내 생애 최고의 유황온천으로 뽑았다고 한다. 온천으로 들어서자 계란의 썩은 냄새가 코를 자극한다. 유황온천이라는 사실을 빼면 우리나라의 목욕탕과 다른 것이 없다. 오히려 찜질방에 자리를 내준 오래된 목욕탕의 느낌이 정겹다. 이 온천은 땅에서 솟아 나오는 그대로 따뜻한 유황 온천물이라고 한다.

강 건너에는 볼록한 돔 모양 지붕의 유황 온천들이 성업 중이다. 계곡에서 발원한 천연 온천으로 유황과 미네랄 성분이 풍부한데, 조지아 돈으로 5라리Gel 면 온천을 즐길 수 있다. 러시아 시인 푸시킨도 온천을 즐기고 갔다. 이를 증명하듯 한 온천의 간판에는 '세상에 이곳보다 좋은 온천은 없다'는 글귀와 푸시킨의 서명이 새겨져 있다. 온천 옆으로 흐르는 계곡을 따라 걷다 보면 폭포가 쏟아지는 협곡을 볼 수 있다. 협곡 위 아슬아슬하게 걸려 있는 오래된 집들도 볼거리다.

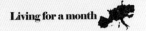

관광객이 꼭 찾아가는 트빌리시 볼거리

카페 거리(Shavteli Street)

카페거리로 많은 관광객들이 찾기 때문에 조지아에서 유명한 레스토랑들이 즐비해 있다. 특히 여름에는 더위에 지친 외국 관광객이 몰려들어 문전성시를 이룬다. 메테히 다리를 시작하는 지점의 골목으로 카페들이 골목길을 따라 이어진 지점이 카페 거리이다.

위치를 잘 모르겠다면 네모난 시계를 보고 시작지점을 확인할 수 있다. 혹자는 '여행자거리'라고 부르지만 여행자거리는 아니고 카페골목이라고 부르는 것이 더 맞을 것 같다. 카페 골목이 끝나는 지점에 타마다 동상이 나오므로 시작과 끝은 정확하게 알 수 있다.

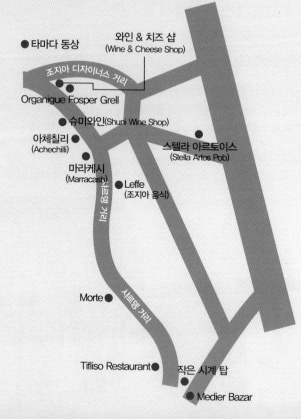

● 타마다 동상

와인 & 치즈 샵
(Wine & Cheese Shop)

조지아 디자이너스 거리

Organigue Fosper Grell

● 슈미와인(Shuni Wine Shop)

아체칠리 ●
(Achechilli)

스텔라 아르토이스
(Stella Artos Pob)

마라케시 ●
(Marracash)

● Leffe
(조지아 음식)

샤르뎅 거리

Morte ●

샤르뎅 거리

Tifliso Restaurant ●

작은 시계 탑

● Medier Bazar

벼룩시장

현지인들이 집에서 가지고 나온 오래된 골동품을 파는 시장으로 조지아 시장에서나 만날 수 있는 것들이 눈에 보이기도 한다. 주말마다 벼룩시장이 운영되는 나라가 많지만 조지아 에서는 매일 벼룩시장이 열린다. 그러나 역시 평일에는 손님은 별로 없다.

주말에는 더 많은 물건들이 보이고 다양한 사람들이 있으므로 주말에 찾는 것이 나을 것이 다. 주로 낡은 러시아식 시계, 러시아 군용품과 군장, 유리 공예품 등이 주로 판매되고 있 다. 특이하게 그림이 전시되어 있는 곳에서 잘 그려진 그림에 깜짝 놀란다.

위치_ Kvishketi Str 1a Tbilisi St.

> **벼룩시장은 정겨운 시장인가?**
> 조지아의 트빌리시 시민들이 자신이 쓰던 물건이나 필요가 없는 물건 중에서 내다파는 것을 정겹게 느 껴진다고 하지만 실제로 그들에게 물어보면 가난한 삶에 조금이라도 필요한 돈을 벌기 위해서 집에서 가져온 것이다. 그래서 오히려 그들의 힘든 삶에 대해 알 수 있다. 가난한 삶에 힘들지만 웃으면서 손 님들을 맞는다.

About 와인

와인^{Wine}은 포도알 속으로 들어가서 발효가 되면서 자연발생적으로 만들어진다. 그래서 신의 선물이라고 부르는 것이다. 와인은 인류의 문명으로 만들어진 것이 아닌 것이기 때문에 오래 되었다. 포도라는 식물이 생겨났을 때부터 와인이 만들어졌다고 할 수 있을 것이다. 포도는 대체로 1억 5천만~2억 년 전부터 있었다고 추정된다.

선사시대의 유적과 유물들 중에서 포도 압착기나 그릇에 액체를 담았던 흔적에 포도씨가 같이 발견되고 있다. 포도의 껍질에는 다량의 효모가 묻어있으므로 주스를 만든다는 것은 바로 효모가 발효를 시작해서 와인이 된다.

학자들은 메소포타미아 지역에서 신석기 시대인 BC 8,500~BC 4,000년경에 인간에 의해서 와인이 만들어진 것으로 추정하고 있다. 조지아의 와인 항아리인 크베브리^{Kvevri}가 사용된 시기를 약 8,000년 전으로 추정하고 있어서 조지아가 가장 오래된 와인 원산지로 이야기하지만 실제로 다양한 나라들이 자신이 와인의 발상지라고 주장하고 있다.

크베브리(Qvevri)

크베브리(Qvevri) 와인 제조법은 유네스코 인류 무형 유산에 등재되었다고 한다. 수천 년에 걸친 조지아 와인의 제조법은 크베브리(Qvevri)를 알아야 한다. 조지아의 전통토기 항아리인데 조지자는 포도를 포도 압착기에 짜서 포도즙과 포도껍질, 줄기, 씨를 차차(Chacha)라고 부르는데 이것을 땅에 묻어놓은 크베브리(Qvevri) 안에 담아 밀봉한 후 5~6개월 동안 발효시킨다. 우리의 옛 문화인 김장독을 묻어놓은 것과

비슷하다. 항아리는 큰 것과 작은 것이 있다. 큰 것은 사람이 들어가면 도저히 보이지 않을 정도이다. 조지아 속담 중에 "물에 빠져 죽는 사람보다 와인에 빠져 죽는 사람이 더 많다"이 있을 정도이니 이해가 쉬울 것이다.

조지아가 와인의 발상지가 된 이유

조지아는 성경에 노아의 방주가 내려앉았다는 터키의 아라라트 산에서 멀지 않은 곳으로 흑해 연안에 있다. 조지아 남부 지방의 고대 주거지에서 세계에서 가장 오래된 포도 재배와 신석기 시대의 와인 생산 유적들이 발견되고 있어서 유네스코는 조지아에서 크베브리(Qvevri)를 사용하여 와인을 만든 양조법을 세계 문화유산으로 지정하였다.

조지아 와인의 역사

조지아에서의 와인 생산의 시작은 남부 코카서스 사람들이 겨울 동안 덮어져 있던 작은 구덩이 속의 야생 포도의 주스가 와인으로 변하는 것을 발견한 때이다. BC 4,000 년경, 지금의 조지아 인들이 포도를 재배하고 땅속에 항아리(크베브리)를 묻고 와인을 보관하는 것을 경험으로 알게 되었다. 4세기에는 조지아에 온 성녀 니노^{Saint Nino}가 포도나무로 된 십자가를 지녔다가, 이후에 기독교 국가로 공인되면서 와인은 중요한 역할을 하게 된다.

조지아는 매년 약 2억 평의 포도원에서 연간 약억 3천만 병의 와인을 생산하고 있는 나라이다. 하지만 조지아에서 재배되고 있는 포도 품종은 우리에게는 잘 알려지지 않은 품종이라서 조지아 와인 병의 상표에는 원산 지역, 마을 등을 표기하고 있다. 조지아로 여행을 왔다면 와인에 관심을 가지고 조지아 와인을 한 번씩은 맛보고 가야할 것이다.

Tbilisi Around

트빌리시 근교

트빌리시 근교는 트빌리시에서 약 30㎞
정도 떨어진 곳으로 가장 유명한 장소는
므츠헤타Mtskheta이다. 북쪽으로 이어진 3
번 도로는 카즈베기까지 이어져 있는데
가장 가까이 있는 곳으로 스베티츠호벨
리 교회와 강 건너편에 있는 츠바리 교회
가 유명하다.

므츠헤타 왼쪽으로 도로를 따라 가면 스
탈린의 고향인 고리Gori가 나온다. 스탈린
박물관을 볼 수 있는 곳으로 고소공포증
이 있는 스탈린이 이용한 기차의 내부도
볼 수 있다.

므츠헤타
Mtskheta

트빌리시로 수도를 옮기기 전까지 조지아의 수도였던 므츠헤타^{Mtskheta}의 교회는 코카서스 지방의 중세 종교 건축물의 전형적인 모습을 보여주고 있다. 고대 왕국이 달성한 높은 예술적, 문화적 수준을 보여주고 있다. 므츠헤타^{Mtskheta}의 교회는 조지아의 중앙인 아그라비^{Aragvi}와 쿠라^{Kura} 강의 합류 지점에 위치하고 있으며 트빌리시에서 약 20㎞ 떨어져 있다.

므츠헤타^{Mtskheta}는 한때 기독교가 337년에 조지아에서 공인된 카르틀리 왕국의 고대 수도였다. 현재, 조지아 정교회 사도 교회의 거주지로 사용되고 있다. 고대 무역인 실크로드 교차로에서의 전략적 위치와 로마, 페르시아, 비잔틴 제국과의 긴밀한 관계는 도시의 발전에 기여했으며, 지역의 문화적인 전통과 다른 문화적 영향을 받았다.
6세기 이후, 수도가 트빌리시로 옮겨졌지만, 므츠헤타^{Mtskheta}는 국가의 중요한 문화적, 정신적 중심지로 주도적인 역할을 수행하고 있다. 즈바리^{Jvari}와 스베티츠호벨리^{Svetitskhoveli}의 성 삼위일체 수도원^{Holy Cross Monastery}은 중세 조지 왕조 건축물의 걸작으로 평가받는다.

즈바리 수도원
Jvari Monastery

초기 정교회 건축의 걸작 인 즈바리 수도원Jvari Monastery은 기원전 585~604년으로 거슬러 올라간다. 므츠헤타Mtskheta 마을 근처의 언덕에 위치한 이곳은 1994년에 유네스코 세계 문화유산으로 등재 되었다.

순례자들이 수도원을 방문하고 기도하면서 눈물을 흘리며 근처의 호수 바라보았기 때문에 '눈물 호수'라고 부르기도 했다고 한다. 수도원은 여전히 종교 의식 때 역할을 하고 있다.

스베티츠호벨리 대성당
Svetitskhoveli Cathedral

므츠헤타의 또 다른 중요한 기독교 성당은 1010~1029년에 지어진 스 베티츠호벨리 성당Svetitskhoveli Cathedral이다. 이곳은 실크로드의 주요 지점으로 예수 그리스도의 매장지, 조지아 왕의 무덤으로 조지아에서 가장 자주 방문하는 관광 명소이다.

즈바리 수도원

PORTUGAL

포르투갈

Porto | 포 르 토

포르투갈 사계절

여름에 덥지 않고 따뜻하다고 이야기하는 편이 좋은 표현이다. 6~9월까지 관광객이 몰리는 성수기이고 9~11월까지 가을이다. 겨울에 북부 지방은 비가 많이 와서 추운 편이고 산악지대에는 눈까지 많이 내린다. 다른 지방의 겨울은 그다지 춥지 않지만 비가 자주오기 때문에 관광객이 줄어든다.

사계절의 변화가 뚜렷하다. 여름에는 일반적으로 덥지만 대서양에서 부는 바람의 영향으로 건조하기 때문에 체감 온도는 그리 높지 않은 편이다. 그러나 쏟아지는 햇빛이 강하므로 선글라스와 모자, 자외선, 차단 크림을 준비하는 것이 좋다. 겨울에도 영상 10도 이하로 떨어지지 않을 만큼 온난한 날씨이지만 비가 자주 오며 춥게 느껴진다. 봄과 가을이 여행에는 최적인 날씨이지만 사계절 모두 여행에 좋은 나라이다.

봄
여름
가을
겨울

유럽의 여러 나라 중에서 아직은 잘 알려지지 않은 낯선 나라가 포르투갈이다. 독특한 느낌으로 다가오는 포르투갈은 1400년대에 탐험가 마젤란이, 1500년대에 바스쿠 다 가마 등이 활약하던 시기에는 강대국이었다.

지금은 화려했던 옛날을 뒤로하고 힘없는 나라가 되어 버렸다. 하지만 1998년 유럽연합에 가입한 뒤 다시 도약을 꿈꾸고 있지만 2008년 미국의 금융위기로 다시 의지가 꺾이며 지금까지 위기를 겪고 있다.

지형

이베리아 반도에 자리한 포르투갈은 유럽에서 가장 서쪽에 위치한 나라로 남북으로 길게 이어진 국토를 스페인이 동쪽과 북쪽에서 둘러싸여 있고 서쪽과 남쪽은 대서양에 접해 있다.

한눈에 보는 포르투갈

- ▶**국명** | 포르투갈 공화국
- ▶**인구** | 약 1,068만 명
- ▶**면적** | 약 9만 km(한반도의 약 1/2)
- ▶**수도** | 리스본
- ▶**종교** | 가톨릭
- ▶**화폐** | 유로
- ▶**언어** | 포르투갈어
- ▶**인종** | 이베리아족, 켈트족 등

▶**공휴일**

1/1	1/1 설날
2/20	사육제 화요일
4/5	성금요일
4/25	혁명기념일
5/1	노동절
6/6	예수 성체일
6/10	포르투갈의 날
6/13	성 안토니오 축제일(리스본 축제일)
8/15	성모 승천일
10/5	공화국 선포 기념일
11/1	만성절(성인의 날)
12/8	성모 수태일
12/25	성탄절

About 포르투갈

낯선 느낌

유럽의 여러 국가 중에서 우리에게 아직은 잘 알려지지 않은 낯선 국가가 포르투갈이다. 그런데 독특한 느낌으로 포르투갈의 매력에 빠지는 여행자가 많아지고 있다. 포르투갈은 15세기 세계 최강의 해양대국으로 브라질을 식민지화하여 남아메리카에서 얻은 자원을 바탕으로 유럽에 군림한 강대국이었다. 현재는 유럽의 낙후된 후진국으로 속하지만 그 덕분에 저렴한 물가가 여행자에게 부담을 덜어낼 수 있는 나라이다.

대항해 시대의 영광에서 아직 깨지 못한 꿈

햇볕 잘 드는 유럽 한 귀퉁이에 움츠리고 앉아 과거의 화려했던 영광을 회상하고 있는 포르투갈은 번쩍거리는 제복과 서슬 퍼렇던 지휘봉의 위엄을 그리워하는 퇴역 장군의 향수 어린 눈빛을 연상케 하는 나라이다. 파란만장한 역사를 가진 이 나라는 너무 높이 올랐었기에 하강의 골도 깊은 것일까? 하지만 언제까지나 추락할 수만은 없기에 포르투갈은 기지개를 켜려고 준비하고 있다.

유럽 한 구석에 있는 포르투갈에서 기대할 수 있는 것은 아름다운 해변과 맛좋은 와인만이 아니다. 심플한 해산물 요리와 흥겨운 대화, 이슬람 양식, 초현실주의까지 모두 혼합된 건축양식, 종종 인상주의의 배경이 되고 있는 변화무쌍한 풍경들이 여행자를 기다리고 있다. 물질적 풍요를 쫓아 이 나라를 등져야만 했던 포르투갈 교포들도 노년이 되면 정신적 풍요를 그리워하며 다시 고향으로 돌아오곤 한다.

대서양을 마주 보고 선 드넓은 평원

포르투갈은 이베리아 반도 서쪽에서 대서양을 바라보고 있다. 수도 리스본 서쪽에 있는 테르시이라 섬, 보이는 바다가 대서양이다. 1년 내내 태양이 빛나는 따뜻한 나라이다. 포르투갈은 북부와 내륙 일부를 제외하면 여름과 겨울 두 계절뿐이다.

연평균 기온은 섭씨 13~18도로 기온 차이가 거의 없다. 포르투갈은 스페인과 국경을 맞대고 있는 동쪽 산지를 제외하면 대체로 땅이 평평하다. 전체 면적은 한반도의 절반 정도이고 남북으로 길게 뻗어 있다. 수도 리스본은 항구 도시로, 옛날 대항해 시대부터 역사적인 번영을 누려온 곳이다.

포도주와 코르크

포르투갈의 남쪽은 따뜻한 지중해성 기후를 띠고 있어서 포도나무와 올리브나무 등이 잘 자란다. 그래서 포르투갈에서 수확한 포도로 만든 '포트와인'이라는 포도주가 유명하다. 이 포도주는 예부터 배로 날라서 영국에 많이 수출했기 때문에 항구라는 뜻의 '포트(Port)'를 이름에 붙였다. 포르투갈에서는 또한 코르크참나무가 많이 자란다. 이 코르크참나무에서 얻는 코르크는 병마개나 실내 장식에 많이 쓰이는데, 포르투갈에서 생산되는 양이 세계에서 가장 많다.

민속음악 파두와 축구

이탈리아에 칸소네, 프랑스에 상송이 있다면 포르투갈에는 파두가 있다. 기타와 만돌린 반주에 맞춰 슬픈 어조로 부르는 노래이다. 파두는 포르투갈 어로 '운명'이라는 뜻이다. 포르투갈 인들은 자신들의 감정을 잘 표현해 주는 파두를 매우 좋아한다. 또한 포르투갈 인들은 축구를 좋아한다. 어느 동네를 가든지 푸른 잔디 축구장에서 공을 차는 아이들을 쉽게 만날 수 있다.

마누엘 양식

대항해 시대에 걸맞게 바다를 떠오르게 하는 해초, 조개, 밧줄 등의 무늬와 동양의 분위기
가 나는 조각으로 장식하는 방식이다. 벨렘 탑은 인도 항로 발견을 기념하기 위해 1515년에
세운 것이다. 타호 강 근처에 있는 이 탑은 높이가 35m나 되는데, 포르투갈의 독특한 건축
양식인 마누엘 양식으로 지었다. 아름다운 테라스가 있는 3층에는 16~17세기의 가구를 전
시했고 안뜰에는 '벨렘의 성모상'이 서 있다.

포르투갈이 대 항해를 시작한 이유

대항해 시대는 새로운 항로를 개척하려고 포르투갈, 스페인을 비롯한 유럽 국가들이 전 세계를 누비던 시대이다. 중세 말부터 아시아의 생산품이 유럽인들에게 인기가 많았는데, 특히 후추, 계피, 생강 같은 향신료는 매우 비쌌다. 향신료 무역은 상인들에게 막대한 이익을 안겨 주었다.

그런데 15세기에는 오스만 제국이 아시아로 가는 길목에 있어서, 유럽은 아시아와 직접 무역을 할 수가 없었다. 그래서 유럽인들은 새로운 항로를 찾아 나섰다. 대항해 시대 이후 유럽의 강대국들은 아프리카, 아메리카, 아시아의 여러 나라를 식민지로 만들었다. 유럽 나라들에게는 땅따먹기를 하듯 식민지가 넓어져서 신나는 시대였겠지만, 식민지가 된 나라들은 고통이 따르고 파괴가 잇달았던 시기였다.

신항로 개척을 맨 먼저 시작한 나라는 포르투갈이었다. 포르투갈은 항해 왕자 엔히크의 탐험 이후 1487년에 바르톨로메우 디아스가 아프리카 남쪽 끝의 희망봉에 닿았다. 10여 년 뒤인 1498년에는 바스쿠 다 가마가 희망봉을 돌아 인도로 가는 인도 항로를 열었다.

포르투갈에 꼭 가야하는 이유

1. 포르투갈만의 타일

포르투갈 여행에서 자주 만나게 되는 타일은 건물 외벽뿐만 아니라 안의 계단, 도어프레임 까지 아름답고 컬러풀한 포르투갈만의 독특한 타일이 매력 포인트이다. 포르투갈 어디든 지 다니다보면 다양한 곳에서 많은 타일 디자인의 패턴을 볼 수 있다. 동일한 패턴이 반복 되어 거대한 하나의 또 다른 문양을 이루는 것이 인상적이다.

2. 생생한 밤 문화

포르투갈은 생생하고 멋진 밤 문화가 형성되어 있다. 포르투에 가면 나이트클럽에 들어가지 않아도 거리에서 파티를 즐기는 장면을 자주 볼 수 있다. 1회용 플라스틱 컵에 술을 담아 들고 거리 이곳저곳을 돌며 웃고 떠들며 흥을 즐기는 것이 매력이다. 여름에는 내부에서 사람들이 내뿜는 열기로 더워서 안에 있지 못하고 밖으로 뛰어나갈 수밖에 없다.

3. 예술적인 거리

포르투갈은 유럽에서 독특한 유명한 예술적인 거리를 가진 것으로 유명하다. 자세히 거리를 보면 빈티지 느낌의 오래된 건물에서 느낄 수 있는 예술의 멋이 여행자의 발길을 멈추게 만든다. 특히 포르투에서 리베이라 광장의 구불거리는 다채로운 거리를 탐험하며 현지 예술 작품을 감상할 수 있는 갤러리와 수공예품으로 가득한 상점, 맛있는 현지 음식을 맛볼 수 있는 카페가 모여 있어 낭만에 흠뻑 취하게 된다.

4. 매력적인 트램

유럽여행에서는 도시에서 트램들을 볼 수 있지만 포르투갈의 트램은 다르다. 포르투갈에서 트램은 편리하고 고전적인 멋을 느끼는데 좋은 수단이다. 특히 리스본은 언덕 위에 지어진 도시여서 트랩이 차를 대신하는 교통수단으로 이용되고 있어서 현지의 트램을 타고 언덕 위 마을을 달릴 때면 리스본의 느낌이 가슴에 다가온다.

5. 언덕 풍경 & 거리 바닥

포르투갈은 언덕과 함께 형성된 도시들이 많다. 그래서 걸어 다닐 때 숨이 찰 때도 있다. 가끔 힘들다고 화를 내는 장면도 볼 수 있지만 언덕에서 보는 풍경을 사진에 담기에 환상적이다. 수도인 리스본을 다니다보면 다채로운 건물의 외벽만큼 거리바닥의 장식도 아름답다. 호시우 광장의 바닥들은 복잡한 디자인과 패턴의 장식적인 바닥이 인상적이다.

6. 역사적 명소

포르투갈은 해양 개척의 역사를 좋아하는 사람들에게 모험심을 자극한다. 켈트족, 무슬림, 로마 등의 영향으로 포르투갈 어디든 흩어져있는 다양한 매력의 역사적 명소를 볼 수 있다. 중세의 건물, 성, 교회, 기념비, 박물관, 기차역 등 당신이 포르투갈 여행을 하는 동안 걷게 되는 모든 곳에서 독특한 역사를 느낄 수 있다.

한눈에 보는 포르투갈 역사

기원전 700년 ~ 12세기 | 다양한 이민족의 지배
기원전 700년, 이베리아 반도에 정착하기 시작했던 켈트족은 후에 페니키아, 그리스, 로마, 서고트로부터 수없이 많은 침략을 받았다. 8세기에 무어족이 지르롤터 해협을 건너와 식민 지배를 시작하면서 그들의 문화, 건축, 농경법이 이곳에 소개되었고, 12세기에는 무어족에 대한 저항 운동이 성공하여 이들을 몰아내게 되었다.

15세기 ~ 16세기 말 | 대항해 시대
헨리 항해법의 기초아래 정복과 개척의 시대에 돌입하면서 유명한 모험가인 바스쿠 다 가마, 페르디난드 마젤란 등이 무역루트를 개척하고 인도, 아시아, 브라질, 아프리카에 이르는 식민 제국 건설의 기초를 닦았다.

16세기 말 ~ 18세기 | 쇠퇴하는 국운
국제 사회의 새로운 강대국으로 부상한 스페인에게 점령당하면서 쇠퇴를 시작한다. 얼마 되지 않아 주권을 되찾지만, 쇠퇴를 향해 가는 국운과 시대의 흐름을 뒤집지는 못했다.

18세기 ~ 1910년 | 최악의 시대
나폴레옹이 포르투갈 함락의 기회를 엿보지만 영국과 연합하면서 국가를 지켜냈다. 19세기에는 경제가 파탄이 나고 내란이 일어나고, 정치는 수렁에 빠지지만, 1910년 군주제 철폐와 민주 공화국 설립을 기점으로 상황은 호전되기 시작했다.

1926 ~ 현재 | 계속된 분열
민주 공화국도 잠깐 1926년, 군부 쿠데타가 일어나고 독재가 이어졌다. 독재 기간 동안 아프리카 전쟁은 포르투갈의 경제를 더욱 어렵게 만들었다. 1970~1980년대에 정치적으로 극심한 좌우의 대립, 경제적 파업 등 혼란의 역사로 점철되었으며 1974~1975년 동안 아프리카 식민지 국가들이 포르투갈로부터 독립을 선언하여 50만 명이 넘는 난민들이 다시 고향으로 돌아오는 사태가 일어났다. 최근에 EU에 가입하여 정치와 경제가 회복하는 듯 했지만 2008년, 미국의 금융위기 이후에 다시 경제가 어려워졌다.

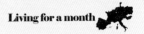
포르투에서 한 달 살기

도우르 강 쪽으로 더 가까이 가서 히베이라 지역을 거닐다 보면 마치 시간을 거슬러 올라
간 느낌을 받는다. 중세 시대 풍경의 이곳은 다채로운 색상의 오래된 건물이 많고 거리는
사람들로 넘쳐난다. 강변을 따라 늘어선 레스토랑 중 마음에 드는 곳을 골라 소와 돼지 위
의 안쪽 부분인 양을 이용한 요리인 트리파사 모다^{tripas à moda}와 맥주 소스를 흠뻑 끼얹은
고기 샌드위치인 프란세지나^{francesinha} 등 포르투^{Porto}의 대표적 음식을 먹으면서 해지는 도
우르 강의 아름다운 모습을 보면 힐링이 된다.

포르투갈은 현재 대한민국에서 인기가 상승하고 있는 여행지이다. 경제가 성장하지도 않
고 여행의 편리성도 떨어지지만 따뜻한 분위기를 가진 도시로 한 달 살기 도시로도 알려
져 있다. 여유를 가지고 생각하는 한 달 살기의 여행방식은 많은 여행자가 경험하고 있는
새로운 여행방식인데 그 중심에 포르투^{Porto}가 있다.

장점

1. 여유로운 풍경

포르투^{Porto}의 언덕에 있는 카페에서 여유
로운 커피를 마실 수 있는 도시는 많지
않다. 그래서 여행자들은 포르투에서 아
침 일찍 커피와 에그타르트로 시작한다.
커피 한잔의 여유를 즐길 수 있는 즐기는
순간을 오랫동안 느낄 수 있다.

2. 색다른 관광 인프라

도우르 강어귀에 자리한 포르투는 언덕이 많아서 골목길의 풍경이 아름다운 도시이다. 골목을 다니다 나오는 아담한 광장과 성당 등의 볼거리가 많지만 지그재그로 이어진 계단을 따라 올라가면 언덕에서 포르투의 아름다운 풍경을 볼 수 있다. 해가 질 때 동 루이스 2세 다리를 히베이라 광장에서 보는 즐거움과 한 밤 중에 동 루이스 2세 다리에서 보는 도우르 강과 히베이라 광장의 모습은 한편의 그림 같다.

3. 저렴한 물가

1년 내내 도우르 강과 동 루이스 2세 다리에서 보이는 모습은 선물 같다는 생각을 하게 된다. 일출, 일몰, 한 밤중의 강변을 감상하면서 몸과 마음이 한결 가벼워지는 것을 알 수 있다. 게다가 포르투갈의 저렴한 물가로 한 끼 식사를 즐기거나 과일 등의 장보기도 부담스럽지 않다. 포르투 사람들의 친절한 모습과 인심에 대화를 나누면서 친밀해지는 장면에 하루하루가 편안해진다.

4. 색다른 유럽 문화

포르투갈은 아프리카의 식민지들의 독립과 정치의 불안정으로 오랜 시간 동안 경제성장이 떨어지고 항상 같은 풍경을 가진 유럽 내에서 가장 저성장 국가이다. 대 해양 시대의 영광을 간직한 기간은 그리 길지 않다. 스페인과 프랑스의 통치도 받으면서 유럽에서는 낙후되고 잊혀진 국가였다. 지금은 오히려 그런 색다른 유럽 문화로 여행자에게 각광을 받으면서 장기 여행자에게 인기는 높아지고 있다.

5. 다양한 음식

포르투갈 어디든 한국 음식을 먹을 수 있는 식당들이 많지 않다. 다른 유럽 국가에는 그래도 한국 레스토랑이 있다. 그런 만큼 포르투갈의 음식이 입맛과 다르다면 한 달 살기는 힘들어질 수 있다. 그런데 의외로 포르투갈의 에그타르트^{Porto}와 함께 마시는 커피는

여행자를 매일 찾아가게 만든다. 또한 의외로 포르투에는 전 세계의 음식을 접할 수 있는 레스토랑이 즐비하다. 포르투에는 전 세계의 음식을 즐기는 여행자가 많다.

1. 좀도둑

포르투갈 한 달 살기의 장점 중에 하나
가 저렴한 물가이다. 하지만 그만큼 포
르투갈에서 살기는 힘든 사람들이 많
다는 뜻이기도 하다. 수도인 리스본에
는 좀도둑이 많아서 소매치기를 조심
해야 한다. 상대적으로 리스본보다 안
전한 포르투이지만 조심해야 하는 것
은 사실이다. 사람을 해하는 도시는 아
니라서 신변의 안전은 나쁘지 않지만
좀도둑은 항상 조심하는 것이 좋다.

2. 접근성

유럽의 가장 서쪽에 위치하여 대서양을 접한 포르투갈은 유럽여행에서 쉽게 찾을 수 있는
나라는 아니다. 그 말은 접근성이 떨어진다는 것이다. 유럽여행에서 다른 나라들과 함께
여행코스를 계획하여 찾기에 쉽지 않다. 반대로 한 달 살기로 선택하면 오랜 시간을 머무
를 수 있는 포르투는 한 달 살기에는 좋은 입지 조건을 가졌다고 판단할 수도 있다. 다행히
아시아나 항공이 직항노선이 생겨 접근성이 개선되고 있다.

Porto

포르투

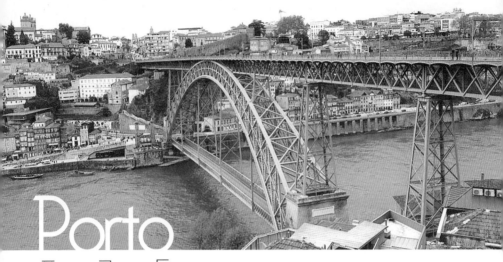

Porto

포 르 투

포르투갈에서 2번째로 큰 도시인 포르투Porto는 오랜 역사의 수상 경력에 빛나는 와인, 웅장한 건축물로 유명한 도시이다. 유네스코 세계문화유산으로 지정된 포르투Porto는 유럽에서 가장 오래되고 가장 잘 보존된 도시 중 하나이다. 도우로 강의 가파른 강변에 자리한 포르투Porto는 고풍스러운 멋과 고급 와인에 대한 정열이 복합된 도시이다.

산업 & 항구도시

포르투는 대서양 연안에 자리한 항구도시로 리스본에 버금가는 큰 도시로 방적, 피혁, 양모 공업 등이 발달되어 있다. 또한 포르투는 세계적으로 알려진 포도주인 '포트와인'을 생산하는 곳으로도 유명하다. 포트와인은 포르투 근교의 두우루 강 유역에서 재배되는 포도로 만들어지는데, 그 맛이 뛰어나 영국, 프랑스 등으로 수출되고 있다.

한눈에 포르투(Porto) 파악하기

포르투Porto의 19세기 신고전주의풍 주식거래소 건물을 보면 도시의 화려했던 과거를 엿볼 수 있다. 바로 옆에는 고딕풍의 프란시스쿠 교회가 있는데, 어두운 색상의 외관과 달리 내부는 거의 전부가 도금되어 있다.

산을 따라 걸어 올라가거나 케이블카를 타면 아술레호스라 불리는 포르투갈의 독특한 모자이크로 회랑 벽이 장식된 포르투Porto 성당과 근처의 상 벤투 기차역에 도착한다. 전 세계에서 가장 아름다운 서점으로 여겨지는 리브랄리아 렐루 & 이르마오Livraria Lello & Irmão도 놓치지 말아야 한다.

도우로 쪽으로 더 가까이 가서 히베이라 지역을 거닐다 보면 마치 시간을 거슬러 올라간 느낌을 받는다. 중세 시대 풍경의 이곳은 다채로운 색상의 오래된 건물이 많고 거리는 사람들로 넘쳐난다. 강변을 따라 늘어선 레스토랑 중 마음에 드는 곳을 골라 소와 돼지 위의 안쪽 부분인 양을 이용한 요리인 트리파사 모다tripas à moda와 맥주 소스를 흠뻑 끼얹은 고기 샌드위치인 프란세지나francesinha 등 포르투Porto의 대표적 음식을 먹으면서 해지는 도우르 강의 아름다운 모습을 보면 힐링이 된다.

도시이름에서 따온 포트와인을 맛보지 않고는 포르투를 여행했다고 할 수 없을 것이다. 포트와인 박물관에서 와인 산업의 역사를 살펴볼 수 있다. 높이 솟은 루이 1세 철교를 건너면 이 지역의 수많은 포트 와인 창고에 갈 수 있다. 약간의 요금을 내면 여러 와인 창고를 둘러보고 지역 최고의 와인을 시음해볼 수도 있다. 몇 시간의 여유가 있다면 와인 수송 보트인 하벨로를 타고 강을 따라 내려가면서 산등성이에 펼쳐진 포도원을 둘러보자.

포르투Porto에서는 자동차를 직접 운전하지 않는 것이 좋다. 대신 전철과 트램 전차, 버스를 이용하면 편리하다. 포르투Porto의 오래된 동네에는 걸어서만 들어갈 수 있는 좁은 골목이 많다는 것을 알면 직접 천천히 걸어 다니면서 주변 건축물과 지역 문화를 자세히 살펴볼 수 있어 좋다.

포르투 성당
Lgreja de Forto

포르투 성당Lgreja de Forto을 방문하여 도색 타일로 장식된 벽과 은으로 된 화려한 제단, 반짝이는 보고를 감상할 수 있다. 상층에 올라 도시의 전경을 감상하고, 포르투Forto의 역사에서 성당이 갖는 의미에 대해서도 알 수 있다. 고딕 양식과 로마네스크 양식이 어우러진 웅장한 성당은 다채로운 종교 회화와 조각으로 유명하다. 성당을 둘러보며 로마네스크 양식 파사드를 보면 오래된 성당 광장은 성당이 완공된 13세기의 모습을 그대로 간직하고 있다. 높은 탑과 총안 흉벽은 적의 침입을 감시하는 요새처럼 보이기도 하지만, 가까이 다가가면 성당의 아름다운 모습이 더 눈에 들어온다. 중앙 입구 위의 아름다운 장미 모양 스테인드글라스를 보고, 작은 첨탑마다 큐폴라의 디자인이 조금씩 다른 것을 볼 수 있다. 바로크 양식의 특징인 큐폴라는 18세기에 더해졌다.

시간_ 8시45분~12시30분 / 14시30분~19시
요금_ 무료(회랑 6€)
전화_ 222-059-028

내부의 모습

다채로운 종교 작품을 볼 수 있는데, 성찬 예배당을 장악하고 있는 은으로 된 반짝이는 제단 장식이 눈길을 끈다. 자그마한 사오 빈센테 예배당에서는 14세기에 만들어진 조각 작품을 볼 수 있다. 성당의 보고에서도 각양각색의 조각 작품과 종교 회화, 오래된 필사본과 장신구도 흥미롭다.
고딕 양식으로 된 회랑 안뜰에는 요한 1세 시대에 지어진 이곳은 작가 발렌팀 데 알메이다의 도색 타일 작품으로 유명하다. 이탈리아 건축가 니콜라 나소니가 설계한 화강암 계단도 유명하다. 계단을 올라 상층에 오르면 포르투와 도우로 강의 전경을 감상할 수 있다.

상 프란시스쿠 교회
Lgreja de San Francisco

상 프란시스쿠 교회Lgreja de San Francisco를 방문하여 황금을 입힌 천사들과 꽃을 이용한 모티프, 정교하게 조각된 목재 장식을 보고, 교회 박물관에서는 오래된 유물을 물론 사제들의 유골이 모셔진 지하 묘지를 볼 수 있다. 포르투갈에서 가장 아름다운 교회를 방문하여 금으로 장식된 내벽과 오래된 종교 유물, 흥미로운 지하 묘지도 인기이다.

최초의 교회는 1244년 프란시스코 회에서 아시시의 성 프란시스코를 기려 지은 자그마한 교회였지만, 지금의 구조물은 1400년대 초반에 지어진 것이다. 웅장한 고딕 건축 양식의 상 프란시스쿠 교회 Lgreja de San Francisco는 다량의 귀금속으로 치장된 것으로 유명한데, 내벽의 금박은 무려 400kg에 이른다고 한다.

주소_ Rua Infante Dom Henrique
시간_ 9~18시
요금_ 8)
전화_ 222-062-100

교회 풍경
교회 주변을 거닐며 뾰족한 고딕 양식 첨탑과 중앙 입구 위를 장식하는 장미창을 볼 수 있다. 남쪽 입구에는 흔히 볼 수 없는 무레하르식 목재 패널을 관찰할 수 있다. 패널은 포르투갈의 이슬람 통치 시대의 영향을 반영하고 있다.

내부
천장과 기둥과 내벽을 장식하고 있는 반짝이는 황금에 입을 다물지 못하게 된다. 황금으로 뒤덮인 아기 천사와 사제, 동물 조각상과 성 프란시스코의 백석 동상도 둘러보자. 내부를 모두 둘러본 다음에는 아르보레 데 제세 예배당을 방문하여 기독교의 유명 사건들을 표현하고 있는 정교한 목재 작품을 볼 수 있다.

지하
아래층의 작은 박물관에는 원래 교회가 남긴 오래된 유품을 볼 수 있다. 오래 전 교구 주민들의 소유였을 의복과 장신구를 볼 수 있다. 지하 묘지에는 심판의 날을 기다리는 사제의 유골들이 모셔져 있다.

동 루이스 1세 다리
Ponte D Luis

동 루이스 1세 다리Ponte D Luis는 도보로 갈 수 있는 거리에 있어 쉽게 오래된 다리 위에서 도시의 아름다운 전경을 볼 수 있다. 노바 데 가이아 와인 셀라를 향해 동 루이스 1세 다리Ponte D Luis를 걸어 보자. 배에 올라 물 위에서 짙은 색 정교한 철골 구조물은 에펠탑을 연상시킨다. 다리 한가운데에 멈추어 서서 오래된 도시의 멋진 스카이라인을 보면 다리 아래로는 배들이 한가롭게 떠다닌다.

포르투Porto의 6개의 다리 중 하나인 동 루이스 1세 다리Ponte D Luis는 도우로 강을 가로질러 포르투와 빌라 노바 데 가이아 Vila Nova de Gaia를 잇고 있다.

다리는 독일 건축가 '테오필 세이리그 Teopil Seylig'에 의해 설계되었다. 1876년 완공 당시에는 세계에서 가장 긴 철골 아치였다고 한다. 물론 지금은 영예의 자리를 내어주었지만, 395m 길이에 달하는 거대한 다리는 오늘날까지 웅장한 외관을 뽐내고 있다.

다리 건너 빌라 노바 데 가이아에 도착하면 포르투의 이름을 따 명명된 포트 와인의 명성을 실감할 수 있다. 와인 셀라를 돌아보며 유명한 와인을 시음해 보자.

다리 풍경의 모습

다리에서 조금 떨어진 도우로 강변에 서서 다리의 전경을 한눈에 담으면 바람이 불지 않는 날에는 다리의 모습이 강물에 반사되어 완벽한 타원형을 이루는 장면을 볼 수 있다. 설계자 세이리그의 스승인 프랑스 건축가 구스타프 에펠의 흔적도 엿볼 수 있다.

다리를 거닐며 도시의 풍경을 보면 포르투 성당과 토레 두 클레리고스와 같은 도시의 랜드마크도 보인다. 강변 풀밭에 앉아 각양각색의 고기잡이배가 다리의 아치 사이를 통과하는 모습을 볼 수 있다.

리버 투어

도시의 여러 다리를 모두 둘러볼 수 있다. 리버 투어는 과거 포르투의 와인을 실어나르던 배로 운영되는데, 가이드가 들려주는 다리의 역사와 강변 건물에 관한 이야기를 들을 수 있다.

히베이라 광장
Praça da Riberira

도우로 강변에 자리 잡고 있는 히베이라 광장Praça da Riberira은 포르투Porto에서 가장 오래된 활기 넘치는 장소이다. 히베이라 광장Praça da Riberira의 구불거리는 다채로운 거리를 탐험하며 현지 예술 작품을 감상할 수 있는 갤러리와 수공예품으로 가득한 기념품 상점, 맛있는 현지 음식을 맛볼 수 있는 카페가 모여 있는 곳이다.

히베이라 광장Praça da Riberira은 '강변 광장'이라는 뜻으로 포르투의 중세 상업 중심지였다. 빵과 고기, 해산물 산업을 중심으로 번성하였지만, 1491년의 화재로 많은 부분이 파괴되어 가옥과 상점이 정비되어야 했다. 전통적인 매력을 담뿍 가지고 있는 현대적인 바와 상점들이 조화롭게 어울려 있다.

광장의 모습

포르투(Porto)에서 가장 오래된 거리인 히베이라 광장(Praça da Riberira)은 도시 여행을 시작하기에 좋다. 폰테 타우리나 거리를 걸으며 벽을 장식하고 있는 색색의 타일을 볼 수 있다. 포르투 최고의 화가와 조각가들의 작품이 전시된 갤러리와 상인들이 판매하는 의복과 가방 등의 수공예품도 둘러보고, 카페에 앉아 시원한 음료와 함께 여행의 피로를 풀 수 있다.
광장 북쪽에는 3층 건물 높이로 솟구치는 반짝이는 물줄기와 작가 호세 로드리게즈의 조각 작품을 아름다운 분수대가 자리하고 있다. 저녁에는 세련된 바에서 칵테일을 홀짝이며 라이브 음악을 감상하는 것도 좋다. 레스토랑에는 구운 해산물 요리 등의 현지 음식과 각국의 이색적인 요리를 맛볼 수 있다. 짙은 붉은 빛의 포트와인은 포르투(Porto)의 이름을 기려 명명되었다.

6월 사오 요아오 축제

지역 밴드의 음악에 맞춰 춤을 추고, 노점상에서 군것질을 즐기며 불꽃놀이를 감상하면서 시간을 보낼 수 있다. 플라스틱 망치로 상대방의 머리를 때리는 독특한 전통 놀이도 있다.

레푸블리카 광장
Praça da Republica

레푸블리카 광장Praça da Republica은 빌다 도 콘데의 시민들이 사랑하는 장소이다. 도시의 관광지와 가까이에 위치한 광장은 시민들의 일상생활을 엿볼 수 있다. 과거에는 시장이었지만 트렌디한 바와 레스토랑이 즐비한 광장이 되었다. 정성껏 손질된 정원을 둘러싸고 있는 산책길을 걷고 정원에 설치되어 잇는 벤치에 앉아 유유히 흐르는 에이브 강을 감상하거나 광장 주위 사람들의 물결을 볼 수 있다.

광장 중앙에는 18세기에 만들어진 화강암 분수대가 서 있다. 분수대 바로 옆에 있는 도밍고스 데 아제베도 안투네스의 청동 흉상이 이채롭다. 안투네스는 이 지역에 근대식 농경 기법을 퍼트린 사람이다. 당당한 풍채로 서 있는 카사 도스 바스콘셀로스Auditorio Municipal이 눈길을 끈다.

18세기에 지어진 2층 건물은 공공 공연장과 전시관으로 사용하고 있다. 콘서트와 전시, 댄스 공연과 연극 등 다양한 문화 행사가 개최된다.

관광객이 바쁘게 여행 일정을 소화하다 광장을 굽어보고 있는 카페에 앉아 잠시 휴식을 취해보자. 저녁에는 밤늦게까지 영업하는 바에서 가벼운 와인이나 맥주를 즐기는 것도 좋다. 광장 주변의 레스토랑에는 포르투갈 전통 요리를 맛볼 수 있다. 신선한 오징어 요리나 도미, 조개, 고등어 요리를 추천한다.

광장에서 가파른 거리를 따라 걷다 보면 산타 클라라 수녀원이 나온다. 14세기에 세워진 수녀원은 에이브 강과 타운 중심지를 굽어보며 언덕 위에 자리하고 있다. 빌다 도 콘데는 포르투 북쪽으로 27㎞(17마일) 거리에 있으며, 버스나 차량을 이용하여 찾아갈 수 있다. 레푸블리카 광장은 타운 중심지와 아주라라를 잇고 있는 다리 인근 강변에 위치한다.

화~토요일 무료 가이드 투어

HUNGARY

헝가리

Budapest | 부다페스트

소프론
Sopron

뷔크
Bük

솜버트헤이
Szombathely

졸로에게르세그
Zalaegerszeg

나지카니자
Nagykanizsa

죄르
Györ

터터
Tata

터터바녀
Tatabánya

부다페스트
Budapest

시오포크
Siófok

커포슈바르
Kaposvár

키슈쿤헐러시
Kiskunhalas

페치
Pécs

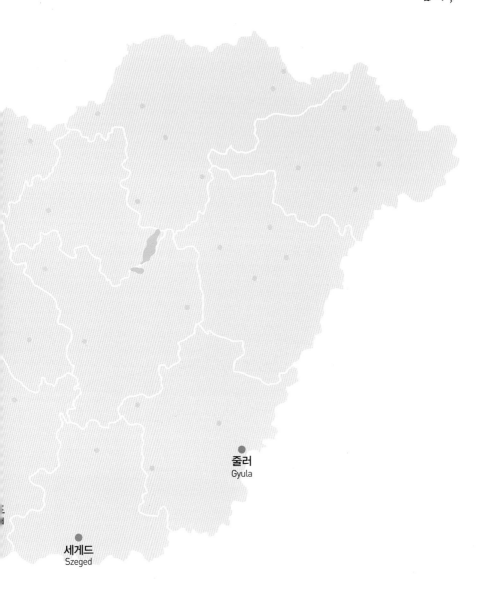

줄러
Gyula

세게드
Szeged

Budav ri palota
왕궁 언덕 주변

방어에 유리한 가파른 절벽에 서 있는 부다 왕궁^{Budavári palota}은 13세기 몽고 제국의 침입이 후에 건설하였다. 벨러 4세^{IV Béla}가 건설한 성채를 왕국으로 개조하였고, 마차슈 1세^{Mátyás 1}가 르네상스 양식으로 궁전을 장식하였다. 그러나 오스만 제국이 점령하면서 이곳을 활약을 보관하는 창고로 사용하다가 폭발 사고가 나서 엄청난 피해를 입기도 하였다.

'왕궁의 언덕'이라고 부르는 곳의 중앙에는 마차슈 성당^{Mátyás templom}이 있다. 이 성당은 벨러 4세^{IV Béla}가 건설했지만 마차슈 1세^{Mátyás 1}가 자신의 문장인 까마귀로 장식한 탑을 높이 세웠기 때문에 마차슈 성당^{Mátyás templom}이라고 부르게 되었다.

부다 성 언덕 궤도열차
Budavári Trail

탁 트인 전망을 갖춘 리프트를 타고 다뉴브 강에서 아름다운 부다 성까지 이동할 수 있다. 부다 성 언덕으로 올라가는 궤도열차는 다뉴브 강에서 부다 성까지의 짧은 거리를 이동하면서 아름다운 풍경을 보기에 가장 좋은 방법이다. 다뉴브 강 서쪽 연안에 위치한 부다 성 언덕 궤도열차는 지상에서 51m 높이로 올라가면서 강

과 도시의 탁 트인 전망을 볼 수 있는 것이 압권이다. 정상에서 매혹적인 언덕과 부다 성 주변의 관광지를 둘러보는 관광객으로 항상 북적인다. 처음에 부다 성 지구에서 일하는 통근자들을 위해 고안되면서 1870년에 완공되었다. 제2차 세계대전에서 파괴되었다가 1986년에 관광용으로 운행이 재개되었다.

궤도열차는 24명의 승객이 탈 수 있는 객차가 두 대 있다. 정상까지 약1분30초면 도착하는 짧은 시간이지만 아름다운 부다페스트의 전망을 볼 수 있다. 도시의 전망을 가장 잘 즐기려면 객차의 3개 객실 중 아래쪽에서 보아야 한다. 난이도가 있는 가파른 길을 걸어서 언덕 꼭대기까지 올라갔다가 내려올 때 케이블카를 이용할 수도 있다. 한여름에는 너무 더워 걸어서 올라가기에는 힘들기에 항상 케이블카를 타려는 관광객으로 북적인다.

궤도열차 역은 세체니 다리^{Szechenyi Lanchid}의 서쪽 끝에 있다. 강 건너편에 있는 보로스마티 스퀘어까지 지하철을 이용하거나 부다 성에서 조금만 걸어가면 있는 크리스티나 스퀘어까지 전차를 타고 가면 된다.

포토 포인트

궤도열차 위를 가로지르는 보행자용 다리 중 아래다리를 건너서 위쪽 다리에 올라가 있으면서 객차가 발 아래로 지나갈 때 부다페스트의 아름다운 풍경과 함께 사진을 찍기에 좋다.

부다 성의 장엄한 건축 양식을 감상하고 황금빛으로 물드는 밤에 부다 성을 구경하는 것이 가장 아름답다. 부다 성 옆에는 네오 고딕양식과 네오 로마네스크양식의 탑이 있고 테라스에서 부다페스트를 조망할 수 있는 어부의 요새가 있다. 기념품을 구입하거나 주변 카페에서 커피를 즐기며 부다페스트 전망을 보는 시간은 평생의 기억에 남을 것이다.

'어부의 요새'라는 이름의 이유

어부의 요새, 성채는 고깔 모양의 7개의 탑으로 이루어졌다. 이것은 처음 나라를 세웠던 마자르족의 일곱 부족을 상징한다. 이 성채의 이름에 관해서, 예부터 어시장이 있어서 이런 이름이 붙었다는 설과 어부들이 성벽에서 적군을 막았기 때문에 이렇게 부른다는 설이 있다. 여기에 올라가면 아름답게 펼쳐진 다뉴브 강과 페스트 시가지를 한눈에 바라볼 수 있다.

지하 예배당&미술관

요새 건축 중에 발견된 중세 시대의 지하 예배당인 성 미카엘 교회 안으로 들어가고 중세 헝가리 왕국에서 가장 크고 중요한 건축물 중 하나인, 14세기 고딕양식의 마티아스 교회를 찾아 헝가리의 종교적이고 역사적인 예술적 측면을 보여주는 기독교 미술관이 있다. 미술관에는 중세 돌 조각과 신성한 유물을 소장하고 있다.

포토 포인트

어부의 요새(Halászbástya)는 특별한 전망대이다. 작은 탑이 있는 하얀 요새는 부다 성 언덕 꼭대기에 있으며 다뉴브 강과 부다페스트의 동부를 내려다 볼 수 있다. 일몰 때 도시의 불빛을 마음에 담아보는 좋은 기회를 가질 수 있다. 계단을 내려와서 이 초현실적인 장소 주변의 산책로를 따라가 보면 산속 풍경과 완벽하게 어우러지도록 지어진 테라스의 양 옆으로 나무들이 타고 오르는 모습을 볼 수 있다.

어부의 요새 발코니에서 바라본 부다페스트와 다뉴브 강의 멋진 전망

성 이슈트반 기마상
Szent István-szobor
Statue of St. Stephon

어부의 요새 남쪽에 위치한 성 이슈트반 기마상은 건국 시조인 성 이슈트반 1세를 부다의 상징인 어부의 요새에 세운 것이다. 흥미로운 것은 '이중 십자가'를 손에 들고 있는 것이다. 기독교를 도입했고 헝가리 대주교를 결정하는 권한을 부여 받아 2개의 십자가를 들고 있다고 한다.

마차슈 성당
Mátyás templom / Matthias Church

수백 년 동안 헝가리 왕들의 대관식이 거행되던 마차슈 성당^{Mátyás templom}은 뛰어난 매력을 발산하며 많은 이들이 기도를

드리는 장소로 부다페스트 스카이라인에서 단연 눈에 들어온다.

다채로운 색상의 마차슈 성당^{Mátyás templom}은 다뉴브 강 서쪽의 부다^{Buda}에 있는 부다 성 언덕에 자리하고 있다. 지금의 로마 가톨릭 성당은 1,200년대 후반에 지어졌지만 1,500년대 터키의 점령을 받으면서 이슬람 모스크로 바뀌었다.

1,800년대 후반 건축가 프리제스 슐레크가 바로크 스타일로 복원했다. 이때 일부 고딕 요소는 유지하고 다채로운 색상의 다이아몬드 지붕 타일과 석상을 추가했다. 성당 내부는 금박 프레스코와 스테인드글라스 창문으로 꾸며져 있다.

이슬람의 분위기가 물씬 풍기는데, 오스만 제국이 점령하고 있을 때 이슬람 사원으로 사용하였기 때문이다. 원색 타일의

성 이슈트반 1세^{Szent István I}(975~1038)

헝가리를 국가로 통합시키는 토대를 마련한 건국 시조이다. 헝가리에 기독교를 받아들여 서구문화권으로 편입시키는 중요한 역할을 하였다. 부족국가형태였던 헝가리는 붕괴되고 왕국으로서 헝가리 국가가 탄생하면서 유럽의 한 국가로 자리잡게 된다. 부다페스트 최대 규모의 성당인 성 이슈트반 대성당은 그를 기리기 위해 1851~1906년에 세운 성당이다.

화, 흡연, 애완 동물은 허용되지 않으며 성당 안에서 먹거나 마시는 것도 금지되어 있다. 성당 안으로 들어가면 인상적인 오르간 음악을 들을 수 있다, 일요일 라틴 미사에 참여하여 성가대가 오르간 연주에 맞춰 뛰어난 실력으로 노래하는 모습도 감상할 수 있다. 성당 오케스트라는 연중 내내 공연을 한다.

지붕과 내부 장식이 인상적인 이 건물을 지금은 역사박물관과 국립 미술관으로 사용하고 있다. 근처의 기독교 미술관에는 중세시대 석상, 신성한 유물, 헝가리 대관식에 쓰였던 보석과 왕관의 복제품 등을 볼 수 있다.

성당입장을 위해서는 몇 가지 행동 규칙을 준수해야 한다. 어깨를 노출하면 안 되고 남성은 모자를 쓸 수 없다. 휴대전

홈페이지_ www.matyas-templom.hu
위치_ 마차슈 성당에는 캐슬 버스를 타고 Várbusz를 타고 종점인 Disz tér에서 하차
시간_ 09~17시/연중무휴
　　　(토요일 13시까지, 일요일 13~17시)
입장료_ 1,300Ft (미사를 위해 성당에 입장은 무료)
　　　영어 오디오 가이드 대여가능

Budapest
Tip

프리제스 슐레크의 다른 건축물

프리제스 슐레크가 설계한 프로젝트의 다른 건축물은 마차슈 성당(Mátyás templom)을 둘러싸고 있는 어부의 요새(Halászbástya)이다. 반짝이는 흰색 테라스에는 896년 부다페스트 지역에 정착한 7개 종족을 대표하는 7개 탑이 있다.

길과 계단을 따라 테라스로 가면 다뉴브강, 페스트와 치타델라의 아름다운 풍경을 감상할 수 있다. 헝가리의 첫 번째 왕이자 독실한 천주교도였던 스테판 1세의 1906년 청동상도 있다.

구 시청사

삼위일체 광장
Szentháromaság tér
Holy Trinity Square

마차슈 성당 앞에 있는 광장으로 18세기에 만든 성 삼위일체상이 있는 광장이다. 중세 유럽을 공포로 몰아넣은 페스트의 종언을 기념하기 위해 만들어진 것이다. 광장의 하얀 건물은 구 시청사이다.

부다 왕궁
Budavári palota / Royal Palace

부다페스트 풍경에서 눈에 띄는 웅장한 부다 왕궁^{Budavári palota}에는 흥미로운 여러 갤러리와 박물관이 있다. 부다 왕궁 ^{Budavári palota}은 부다페스트의 세계문화유산으로서 문화와 역사적으로 중요한 장소이다. 최초의 성은 몽고족의 침입으로부터 방어하기 위해 1,200년대에 언덕에 세워졌다.

이후 수백 년에 걸쳐 요새 내에 거주용으로 여러 개의 성이 추가로 지어졌다. 이후 제2차 세계대전과 헝가리 반란 사건으로 파괴되었다. 20세기 후반에 재건 작업이 이루어져 지금의 300m 높이 성이 생겨났다. 왕궁의 부속 건물에는 헝가리 국립 미술관과 부다페스트 역사박물관이 있다.

페스트에서 강을 건너 부다 쪽의 클라크 아담 스퀘어로 넘어가 왕궁^{Budavári palota}에 직접 올라가 보는 것도 좋다. 세체니 다리 ^{Szechenyi Lanchid}를 걸어서 건넌 다음 성 언덕 시작점에서 케이블카를 타고 세인트 조지 광장으로 올라가면 왕궁으로 들어갈 수 있다. 운동 삼아 처음부터 걸어서 올라가는 관광객도 있다.

시간_ 09~19시(겨울 16시까지)
요금_ 무료(내부 관람은 건물별 별도 입장료 있음)

어부의 요새
Halászbástya / Fisherman's Bastion

프리제스 슐레크에 의해 19세기 말에 지어진 어부의 요새는 제2차 세계대전 당시 심각하게 손상된 후 원래 건축가인 프리제스 슐레크의 아들이 재건축을 지휘했다. 부다 성 언덕 꼭대기에 있는 네오 고딕양식의 발코니에서 부다페스트와 다뉴브 강의 멋진 전망을 감상하는 가장 좋은 장소이다.

요새는 네오 고딕양식과 네오 로마네스크양식이 혼합된 넓은 테라스로 구성되어 있다. 테라스를 거닐면서 9세기의 마자르족을 상징하는 7개의 탑을 볼 수 있다. 헝가리 왕, 성 이슈트반 1세의 기념비와 국왕의 삶이 여러 단계로 묘사된 부조 위에 놓여 있는 왕이 타고 있다.

발코니와 건물의 다른 많은 부분은 항상 개방되어 있지만 어부의 요새Halászbástya 나머지 부분은 해가 있는 동안에만 개장된다. 비 오는 날에는 아케이드 아래에서 비를 피할 수 있다.

어부의 요새Halászbástya는 부다페스트 중심부의 다뉴브 강 서쪽에서 북쪽으로 1㎞ 정도를 걸어가면 나온다.

부다페스트의 아름다운 다리 Best 3

부다페스트에는 다뉴브 강을 흐르는 많은 다리가 있지만 우리가 알아야 할 다리는 3개로 부다페스트여행에서 반드시 알아야 여행이 편해진다. 가장 오래된 다리는 사슬다리라고도 하는 세체니 다리Szechenyi Lanchid이며, 헝가리 인들이 사랑한 여왕인 엘리자베스의 이름을 딴 엘리자베스 다리, 겔레르트 언덕을 올라가기 위해 건너는 자유의 다리가 있다. 자유의 다리 위에서 관광객들이 해지는 풍경을 보며 여행의 피로를 푼다.

겔레르트 언덕으로 올라가 치타델라 요새에서 왼쪽으로 바라보면 엘리자베스 다리와 세체니 다리가 보이며 오른쪽으로 자유의 다리가 보인다.

세체니 다리(Szechenyi Lanchid / Chain Bridge)

다뉴브 강의 흥미로운 전망을 감상할 수 있는 다리의 흥미로운 역사가 있다. 세체니 다리 Szechenyi Lanchid는 다뉴브 강을 가로질러 부다페스트의 양쪽을 연결하는 가장 오래된 다리이다. 다리의 건설은 1840년부터 9년이 걸렸으며, 세체니 다리 Szechenyi Lanchid의 주요 제안자 중 한 명인 이스트반 세체니 Szechenyi István의 이름에서 따온 것이다. 영국의 토목 기사인 윌리엄 티어니 클라크 T. W. Clarks는 런던 템즈강 Thems River에 있는 말로 브리지 Malo Bridge의 더 큰 버전으로 이 다리를 설계했다. 1849년에 개통된 세체니 다리 Szechenyi Lanchid는 공학 기술의 승리로 여겨지며 도시의 성장에 큰 역할을 했다.

제2차 세계대전이 끝날 때 퇴각하는 독일군이 다리를 폭파하여 사용을 못하다가 1949년에 재건되었다. 부다페스트의 상징이 된 철제 현수교에 고전주의 디자인을 입혀 부다페스트의 상징 같은 다리이다.

세체니 다리Szechenyi Lanchid는 도시 중심부에서 부다Buda와 페스트Pest를 연결하고 있으며 다뉴브 강 엘리자베스 다리Erzébet hid의 북쪽에 있다. 부다 힐의 터널을 지나면 다리가 보이는데, 관광객들은 기둥 꼭대기에서 다리 전체로 이어지는 체인을 살펴보고 입구를 지키고 있는 사자 조각상을 마주하고 두 개의 커다란 아치형 탑을 결합하는 다리의 모습을 사진에 담는다. 많은 연인들은 애정의 표현으로 이 다리의 옆에 자물쇠를 매달기도 한다. 다리 양쪽에 새겨진 문구에는 19세기 건축 감독관인 애덤 클라크의 이름이 포함되어 있다.

밤하늘을 배경으로 탑이 조명을 받아 환하게 빛나는 밤에 세체니 다리는 가장 아름답다. 다리 중앙에 서면 부다 언덕과 인근의 관광지가 있는 부다페스트의 야경을 감상할 수 있다. 다뉴브 강 동쪽에 있는 보로스마티 스퀘어 지하철역까지 내리면 된다. 다리 근처의 정류장 중 한 곳까지 버스나 보트를 이용할 수도 있다.

자유의 다리(Szabads g hid / Freedom Bridge)

페스트Pest와 부다Buda가 도시의 중심부에서 만나는 지점에 있는 부다페스트의 철제 다리이다. 자유의 다리Szabadság hid는 부다페스트 중심부에서 가장 짧은 다리이지만 도시에서 가장 중요한 다리 중 하나이다. 19세기 말 밀레니엄 세계 전시회의 일환으로 지어졌던 자유의 다리Szabadság hid의 측면을 장식하고 있는 아르누보 디자인은 신화적 조각상과 헝가리의 문장으로 매혹적이다.

다리의 기둥을 장식하고 있는, 헝가리 민간신앙 속 일종의 매인 투룰^{Turul}의 커다란 청동상을 올려다볼 수 있다. 다리의 길이는 333m이고 폭은 20m이며, 밤에는 전체가 조명이 밝혀져 전등으로 빛나는 부다페스트 스카이라인에서 가장 선명한 모습을 드러낸다. 1894년에 건설된 자유의 다리^{Szabadság híd}는 19세기 말에 유행이었던 체인다리 스타일로 지어졌으며 프란츠 요제프 황제가 개통식에서 마지막 은 리벳을 철교에 박는 망치로 끼워 처음에는 '프란츠 요제프다리'라고 불렀다. 제2차 세계대전 동안 부다페스트가 큰 피해를 입은 후 첫 번째로 재건되면서 자유의 다리^{Szabadság híd}로 이름을 바꾸었다.

다리 중앙에 서서 다뉴브 강 건너편의 도시를 사진에 담아내는 야경사진이 압권이다. 풍경 속에는 성채와 소련 붉은 군대의 제2차 세계대전 승리를 기념하는 자유의 동상이 있는 겔레르트 언덕^{Gellért Hill}도 볼 수 있다. 자유의 다리^{Szabadság híd}를 건너가는 데는 10~20분 정도밖에 걸리지 않는다.

다리의 양쪽 끝에 있는 전차 탑승권 판매소로 사용되었던 작은 건물을 살펴보고 다리 건설에 대한 자세한 내용이 담긴 안내판이 있다. 북쪽 건물에는 부다페스트 다리에 대한 박물관이 있다.(월, 목요일만 관람가능, 무료)

자유의 다리는 도시 중심부에서 부다^{Buda}와 페스트^{Pest} 지역을 연결하고 다뉴브 강 엘리자베스 다리^{Erzébet híd}의 남쪽에 있다. 다리의 북동쪽에 있는 지하철 Fövám tér역에서 내리거나 전차나 버스를 타고 다리까지 갈 수도 있다. 자유의 다리의 남서쪽 끝 부분에 있는 Szent Gellért tér항구까지 유람선을 타고 갈 수 있다

엘리자베스 다리(Erz bet hid / Elizabeth Bridge)

세체니 다리Szechenyi Lanchid 바로 남쪽에 있는 엘리자베스 다리는 전쟁과 암살의 흥미로운 역사를 지닌 290m 길이의 흰색 구조물로 제작되었다. 흰색 케이블과 기둥이 특징인 인상적인 엘리자베스 다리Erzébet hid의 세련되고 현대적인 디자인을 지니고 있다. 인기 있었던 합스부르크 왕가의 여왕의 이름을 딴 엘리자베스 다리Erzébet hid는 부다페스트 지역에 있는 다뉴브 강의 가장 좁은 부분을 가로지르고 있다. 다리는 20세기 초에 지어졌지만 제2차 세계대전동안 파괴된 후 1964년에 유사한 디자인으로 재건축되었다. 시티파크에 있는 교통박물관에서 원래 다리의 일부를 볼 수 있다.

넓은 다리의 측면에 있는 보행자 전용 도로를 따라 산책하며 강과 강을 중심으로 조성된 도시의 전망을 볼 수 있다. 밤하늘을 배경으로 복잡한 조명 시스템이 다리를 비추는 밤에 다리의 모습이 가장 아름답다.

부다Buda 지역인 서쪽에는 1898년에 암살당한 독일 출신의 합스부르크 제국의 여왕인 엘리자베스Erzébet의 커다란 동상이 있다. 동상을 둘러싸고 있는 도브렌테이Döbrentei 광장의 매력적인 정원에서 휴식을 취할 수도 있다. 동쪽으로 중앙에 석조 교회의 유적이 있는 3월 15일

광장이 있다. 유리 건물 안에 있는 교회의 지하실에서 묘지의 흔적을 볼 수 있다. 중세 상업의 중심지인 광장에 바로크 양식의 건물들이 있다. 18세기에 만들어진 바로크-로코코 양식의 화이트 프라이어스 교회도 인근에 있다.

다뉴브 강 양쪽에 있는 여러 정류장 중 한 쪽으로 이동하는 버스를 타고 이동하는 것이 가장 좋은 방법이다.

Gellert Hill 주변
겔레르트 언덕

부다페스트의 전경을 볼 수 있는 장소는 어부의 요새와 겔레르트 언덕이다. 이 중에 하나를 고르라면 선택하기가 힘들지만 겔레르트 언덕이 더 나은 것 같다. 어부의 요새는 국회의사당과 세체니 다리가 중심인 풍경이고 겔레르트 언덕은 부다페스트 전체적인 야경을 볼 수 있는 차이점이 있다. 부다페스트의 작은 언덕이지만 정상에서 보는 부다페스트의 풍경은 압권이다. 부다페스트 시내의 끝까지 볼 수 있는 언덕은 힘들게 오르면서 땀이 날 때쯤 불어오는 바람은 너무 시원하다.

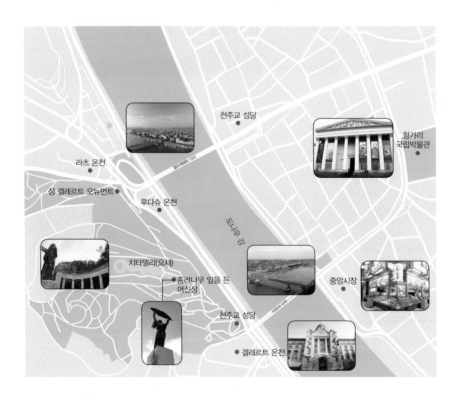

천주교 성당

헝가리
국립박물관

라츠 온천

성 겔레르트 오뉴먼트

루다슈 온천

도나우 강

치타델라(요새)

종려나무 잎을 든
여신상

중앙시장

천주교 성당

겔레르트 온천

겔레르트 언덕
Géllert Hill

235m 높이에 이르는 겔레르트 언덕^{Géllert} ^{Hill}은 부다페스트에서 가장 높은 곳 중의 하나이다. 언덕을 따라 난 길과 언덕 위에도 여러 상점이 있어 다양한 기념품을 구입할 수 있다. 합스부르크 왕가 시절부터 소련 시절까지 성채의 역사에 대한 정보도 확인할 수 있다.

러시아 지하 벙커를 박물관으로 개조한 곳에서 제2차 세계대전의 기념품을 볼 수 있고 전쟁포로 수용소를 보여주는 곳도 있다. 언덕 밑에 있는 겔레르트 온천 Gellert fürdö은 다뉴브 강 서쪽 연안, 도심과 자유의 다리^{Freedom Bridge} 바로 남쪽에 위치해 있다. 주변에는 겔레르트 언덕^{Géllert} ^{Hill} 동굴, 자유의 동상, 치타델라Citadel 등이 있다.

주소_ Buda District 1

치타델라
Citadella / Citadel

150여 년 간 부다페스트를 내려다보고 있는 언덕 꼭대기에서 최고의 풍경을 볼 수 있다. 부다페스트 구경의 시작이나 마무리는 부다페스트 중심에서 서쪽에 위치한 치타델라^{Citadella}에서 하는 것이 좋다. 이 높은 성벽에는 언덕이 많은 서쪽의 부다^{Buda}와 평지가 많은 동쪽의 페스트^{Pest} 사이를 굽이굽이 흐르는 다뉴브 강이 바라다 보인다. 다뉴브 강 위의 8개 다리를 보면서 부다페스트에서 어디에 있는지 위치를 가늠해 볼 수 있다. 해가 지고 도시의 불빛이 하나둘씩 켜질 때면 낭만적인 풍경을 자아낸다.

요새는 겔레르트 언덕 Géllert Hill의 고원에 자리하고 있다. 기독교를 전파한 선교사의  이름에서 따왔다. 이 구조물은 합스부르크 왕가가 다스리던 1854년 방어시설로 지었다. 약100년 후인 1956년 헝가리 혁명 때에는 러시아가 지배하기도 했다.

성채 바깥으로 나와 천천히 걸으면 거대한 성채가 시민들에게 얼마나 든든한 보호 장치 역할을 했었는지 느낄 수 있다. 여름에는 잔디에 앉아 피크닉을 즐기는 연인이나 가족들을 볼 수 있다. 지금은 평화로운 장소이지만 수년 전에 대포가 쏟아졌던 곳이다.

언덕 위의 전망은 무료지만, 치타델라 박물관 Citadel Museum에 입  장하고 성채 꼭대기로 올라가기 위해서는 입장료가 있다. 원래의 요새 중 상당 부분은 현재 고급 레스토랑(예약 필수)이 있는 호텔로 변했다. 언덕에 올라가면 자유의 여신상이 보이고 그 뒤로 돌아가면 활쏘기 체험장, 카페, 요새가 보인다.

홈페이지_ www.citadella.hu
주소_ Citadella setany 1
전화_ +36-70-639-3757

성 겔레르트 동상
Szt. Géllert emlékmü . St. Géllert Monument

자유의 동상
Szabadsag Szobor

겔레르트 언덕 중간을 보면 성인 겔레르트의 상이 페스트 지역을 향해 십자가를 들고 있다. 성 겔레르트는 이탈리아의 기독교 전도사로 초대국왕이었던 이슈트반 1세가 초청해 오게 되었다. 하지만 1046년 이교도 폭동으로 목숨을 잃었다. 동상을 1904년 얀코비치 줄라가 세워 지금에 이르고 있다.

밤에 특히 더 아름다운 자유의 동상은 헝가리의 독립과 자유를 위해 목숨을 바친 사람들을 기리는 동상이다.
자유의 동상은 다뉴브 강 서쪽의 부다페스트 중심에 있는 겔레르트 언덕Géllert Hill에 자리하고 있다. 자유의 동상 양 옆에 두 개의 동상이 더 있다. 처음 합스부르크 왕가가 지배했다가 나중에 소련이 점령했던 거대한 요새, 치타델라Citadella에 가면 볼 수 있다.

영웅광장(Hősök tere)

페스트 쪽에 위치한 영웅 광장^{Hősök tere}은 다뉴브 강에서 출발하는 안드라시 거리의 끝에 자리하고 있다. 과거 영웅들을 위한 기념비가 세워져 있는 거대한 광장은 헝가리가 국가로서 천년을 맞이하며 만들어진 헝가리 인들의 자부심이 표현되어 있다. 영웅 광장^{Hősök tere}은 부다페스트에서 가장 많은 사람들이 방문하는 곳 중의 하나로서, 1896년 헝가리 탄생 천년을 축하하는 행사의 중심지였다. 헝가리 천년을 축하하기 위해 1894년 알버트 쉬케단츠^{Albert Schickedanz}가 설계했지만, 1929년까지 완공되지 못했다. 3년 후 이 광장은 '영웅광장^{Hősök tere}'이라는 이름이 붙게 된다.

광장에 우뚝 솟아 있는 밀레니엄 기념탑은 높이가 36m에 이르는 흰색 기둥이다. 꼭대기에는 천사 가브리엘이 있고, 그 보다 낮은 기둥 밑의 콜로네이드에는 전쟁과 평화, 노동과 복지 및 지식과 영광을 상징하는 동상이 있다. 895년 카르파티아 정복 당시 헝가리의 지도자였던 '아라파드'를 기리는 동상을 비롯하여 기념탑 받침대 주변에는 말을 타고 있는 일곱 명의 헝가리 부족장의 동상이 있다.

소련이 부다페스트를 점령했을 때 영웅광장은 자주 군대 행사나 특별한 공산주의 축하 행사를 개최하는 데 사용되었다. 1956년 소련에 대항하는 헝가리 인들의 봉기를 주도했던 '임레 나지'는 1989년 이 광장에 다시 묻히게 되었다. 무명용사들의 무덤도 있다.

밀레니엄 기념탑 꼭대기에 천사 가브리엘 / 기념탑 받침대 일곱 명의 헝가리 부족장의 동상

영웅광장Hősök tere에는 버스, 트램이 운행하고 있다. 영웅광장에서 다뉴브 강까지 약 3.2㎞ 거리로, 걸어서 30분 정도면 도착할 수 있다.

영웅 광장Hősök tere 가장 자리엔 열주(列柱)로 이뤄진 구조물이 반원형으로 만들어져 왼쪽에 7명, 오른쪽에 7명까지 총14명의 청동 입상이 서 있다. 열주가 시작되는 왼쪽 열주의 위에는 노동과 재산, 전쟁의 상징물이, 오른쪽 열주가 끝나는 윗부분엔 평화, 명예와 영광을 나타내는 인물상이 있다. 이 열주 기념물은 바로 뒤편에 있는 시민공원인 바로시리게트에 있는데 영웅 광장은 그 입구처럼 보이게 설계 되었다.

영웅 광장 둘러보기

영웅광장은 사람들로 붐비기 전에 아침에 오는 것이 좋다. 광장을 걸어서 돌아보는 데 약 1시간정도 소요되며, 근처에 있는 시민 공원과 갤러리, 박물관도 같이 둘러보는 데까지 약 3시간정도 소요된다. 광장의 한 쪽에는 미술관이 있고 다른 쪽에는 아트홀이 있다. 영웅 광장은 버이더후녀드 성, 동물원, 온천 등의 여러 관광 명소가 있는 시티 파크로 들어가는 입구이기도 하다.

왼쪽기둥

성 이슈트반 Szt. István
통일왕국을 수립한 초대 국왕

성 라슬로 Szt. László
기독교 포교에 힘쓴 9대 국왕

칼만Kálmán Könyves
문인을 등용한 10대 국왕

엔드레 2세II Endre
황금대칙서 법전을 편찬한 18대 국왕

벨라 4세IV Béla
1241년 몽골군 침입 후
재건에 힘쓴 국왕

카로이 로베르토Károly Robert
비헝가리인 첫 번째 25대 국왕

라요슈 대왕 Nagy Lajos
영토 확대에 집중한 26대 국왕

오른쪽 기둥

후나디 야노슈 Hunyadi Lajos
1456년 터키에 승리한 32대(섭정) 국왕

마차슈Mátyás
헝가리 르네상스 문화의 아버지라고
불리는 32대 국왕

보츠카이 이슈트반 Bocskai István
16세기 독립전쟁의 영웅

베틀렌 가보르 Bethlen Gábor
17세기 독립 전쟁의 영웅
(트란실바니아 귀족)

퇴쾨리 임레 Thököly Imre
초기 헝가리 독립 전쟁의 영웅
(북 헝가리 귀족)

라코치 페렌츠 2세II Rákóczi Ferenc
18세기 자유전쟁의 영웅
(트란실바니아 귀족)

코슈트 라요슈 Kossuth Lajos
19세기 독립 운동 지휘관

영웅 광장Hősök tere 가장 자리엔 열주(列柱)로 이뤄진 구조물이 반원형으로 만들어져 왼쪽
에 7명, 오른쪽에 7명까지 총14명의 청동 입상이 서 있다. 열주가 시작되는 왼쪽 열주의 위
에는 노동과 재산, 전쟁의 상징물이, 오른쪽 열주가 끝나는 윗부분엔 평화, 명예와 영광을
나타내는 인물상이 있다. 이 열주 기념물은 바로 뒤편에 있는 시민공원인 바로시리게트에
있는데 영웅 광장은 그 입구처럼 보이게 설계 되었다.

14명의 영웅 중 첫 번째 자리엔 국부로 추앙받는 성 이스트반(Szent István /970~1038)이 있
으며 그 옆엔 성 라슬로(Szent László 혹은 SaintLadislas, 1040~1095)왕이 자리 잡고 있다. 그
는 국토를 크로아티아까지 확장했고 크로아티아를 가톨릭국가로 만든 일등공신이다.
마르깃섬의 주인공 마르깃 공주의 아버지인 벨라 4세IV Béla는 다섯 번째에 자리를 잡았고
헝가리 르네상스의 주인공 마티아스왕의 청동상도 있다.오른쪽 원주로 들어서면 왕과 함
께 헝가리 독립을 추구한 투사들도 등장한다. 14번째에 자리한 코슈트 라요슈Kossuth Lajos는
오스트리아에 대한 반란을 주도했으나 러시아군에 의해 좌절된 민족주의 지도자이다.

아스트릭(Astrik) 주교에 의해 왕관을 수여받는 장면

4번째 부조 / 십자국에 참여하는 광경

10번째 부조 / 에게르 전투 장면

각 동상의 하단에는 헝가리 역사에서 중요한 명장면을 담은 청동 부조물이 한 점씩 걸려 있어 헝가리 역사를 한 눈에 볼 수 있다. 이스트반왕의 동상 아래 걸린 부조에서는 그가 1000년에 교황 실베스터 2세Sylvester II (999~1003)가 보낸 아스트릭Astrik 주교에 의해 왕관을 수여받는 장면을 그림으로써 마침내 헝가리가 유럽의 한 부분이 되었음을 보여준다.

또한 헝가리가 십자군에 참여하는 광경은 네 번째 부조에, 헝가리가 오스만트루크의 공격에 대승을 거둔 1552년 에게르Eger전투 장면은 열 번째 부조에 담겨있다.
열세 번째 부조에서는 헝가리의 왕관이 비엔나로부터 돌아와 주권이 선언되는 장면, 그리고 마침내 열네 번째 부조에서 1867년 오스트리아와 동등한 자격으로 제국의 한 축이 된 오스트리아–헝가리 제국의 프란츠 요셉 황제 대관식의 장면으로 대단원의 막을 내린다.
영웅 광장Hősök tere 가운데에는 36m 높이의 밀레니엄 기념탑Millenniumi Emlékm이 서있고 꼭대기엔 날개 달린 천사 가브리엘의 상이 서 있다. 가브리엘 상은 사람의 두 배 크기로 조각가 죄르지 절러György Zala의 작품이다. 가브리엘상이 안치된 것은 하느님이 보우해주기를 간절히 바라는 마쟈르 인들의 마음을 담았기 때문이다.

388

죄르지 절러György Zala는 이 작품으로 1900년에 열린 파리 세계엑스포에서 그랑프리를 수상했다. 가브리엘 천사는 오른손에 헝가리의 왕관을, 왼손엔 그리스도의 사도를 의미하는 십자가를 지니고 있는데, 이는 성 이스트반 국왕이 헝가리를 개종시켜 성모 마리아에게 바쳤다는 의미이다. 원주의 맨 아래 부분에는 헝가리 민

족을 트란실바니아로 인도했던 일곱 부족의 부족장들이 동상으로 서 있다. 그 앞엔 꺼지지 않는 불이 타고 있는 무명용사 기념제단이 있다. 바닥에 깔린 동판에는 '마쟈르 인들의 자유와 독립을 위해 그들 자신을 희생한 영웅들을 기억하며'라는 글귀가 새겨져 있다.

영웅 광장Hősök tere은 1896년 공사가 시작되어 1901년에 헌정되었지만 실제 공사는 1929년에야 끝났다. 명칭도 본래는 '밀레니엄 기념광장'이었으나 1932년 '영웅 광장Hősök tere'으로 변경되었다. 이곳도 제2차 세계대전 중 피해를 입었으나 복구되었다. 영웅 광장의 왼쪽에는 예술사 박물관, 오른쪽에는 미술사 박물관이 영웅 광장을 마주보며 지키고 있는 모습이다.

서양 미술관
Szépmüvészeti Museum
Museum of fine Arts

유명한 유럽 예술가들의 작품과 골동품을 미술관에서 감상할 수 있다. 특히 스페인 작품들이 많다. 오스트리아 – 헝가리 제국의 황제, 프란츠 요제프 1세는 1906년 헝가리 건국 1,000여 년을 축하하기 위해 부다페스트에 서양 미술관을 건립했다. 목적은 세계 최고 예술가들의 작품을 전시하는 문화의 중심지로 만들기 위한 것이었다. 그리스 신전을 모방한 입구의 눈에 띄는 코린토스 기둥과 내부의 아치형 구조물은 다양하면서도 인상적이다.

지하

안에는 거의 4,000점에 이르는 이집트 미술품을 비롯하여 굉장히 오래된 예술 작품을 만날 수 있다. 이들 중 일부는 헝가리 고고학자들이 발굴해 낸 것이다. 그리스, 에트루리아, 로마 및 그리스–이집트 기원의 작품 5,000점 또한 상설 전시되어 있다.

2층

3,000점의 그림이 차례로 전시되는 거장들의 작품은 놓치지 말아야 한다. 이곳에 전시된 이탈리아 작가는 조토, 라파엘로, 티치아노, 베로네세 등이 있다. 피터 브뤼겔의 작품 세례자 요한의 설교는 유명하다. 네덜란드의 황금시대와 플랑드르 미술은 반 다이크, 요르단스, 프란스 할스로 대표된다.

스페인 회화 컬렉션은 스페인 국외에서 최대 규모를 자랑하는 중요한 곳이다. 엘 그레코와 디에고 벨라스케스, 고야의 작

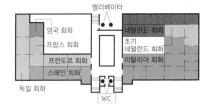

품이 전시되어 있다. 이 밖에 독일, 오스트리아, 프랑스, 영국 작가들의 작품도 있고 인상주의 및 후기 인상주의 작품들도 감상할 수 있다.

1층

상설 조각 전시에는 거의 600점의 작품이 전시되어 있다. 여기에는 레오나르도의 작은 승마 조각품과 베로키오의 비탄에 젖은 예수Man of Sorrows가 있다.
이 박물관에는 거의 10,000점의 그림과 100,000점의 프린트가 보존되어 있으며 교대로 선정되어 전시되고 있다.

홈페이지_ www.mfab.hu
위치_ 버스나 트램, 지하철 이용, 영웅 광장에서 하차
주소_ XIV Dozsa Gyorgy üt 41
시간_ 10~18시(월요일 휴무)
요금_ 1,800Ft(학생 50%할인 / 기획전 3,200Ft)
　　　거장 갤러리와 상설 전시에는 영어 오디오
　　　가이드 대여가능)

벨라스케스 테이블의 농부들

피터 브뤼겔의 작품 세례자 요한의 설교

시민공원
Városliget / City Park

규모가 122헥타르에 이르는 대형공원으로 부다페스트에서 가장 인기 높은 곳 중 하나인 시민공원에는 예술, 역사, 스포츠 뿐만 아니라 먹고 쉴 수 있는 모든 것이 갖추어져 있다. 시민공원은 조용하고 평화로운 녹지에서 주변의 문화와 레스토랑 및 엔터테인먼트를 즐길 수 있어 시민들과 관광객이 많이 찾는 곳이다. 이 미개발 지역은 1800년대 초반 세계 최초로 일반 대중을 위한 공원으로 조성된 곳이다.

공원은 박람회장으로 조성되었다가 철거할 계획으로 설계가 되어 공원 내에는 미술관과 온천까지 같이 있다. 공원의 입구는 1900년경 지어진 건축물이 있는 영웅광장에 이어진다. 홀 오브 아트에는 현지 및 전 세계 아티스트들의 현대 작품을 감

상할 수 있다. 오래된 작품을 좋아한다면 미술관에 가서 유럽의 옛 거장의 작품들을 만날 수 있다.

공원 안으로 더 들어가면 100년 전에 지어진 부다페스트의 유명한 온천수 목욕탕인 세체니 온천이 있다. 현대적인 스파 트리트먼트로는 월풀, 사우나, 수영장, 마사지 등이 있다. 온천에서 몇 분만 걸어가면 1,000여 종의 동물 5,000마리가 살고 있는 부다페스트의 동물원이 나온다. 매 시간마다 먹이주기, 3D 영화 및 시연, 미니 강좌 등이 열려 가족 여행객들이 많이 찾는다.

● 교통박물관

● 유원지

● 페퇴피 홀

● 세체니 온천

● 항공박물관

● 동물원

● 농업박물관

시민공원

● 영웅광장

● 현대박물관

바이다후냐드 성^{Vajdahunyadvár}에는 유럽에서 가장 큰 농업 박물관이 있다. 임시로 지은 이 건물에 지금은 헝가리 여러 시대의 농업을 보여주는 전시물이 들어서있다. 겨울에는 부다페스트의 커다란 야외 아이스링크가 만들어진다. 페토피 콘서트 홀은 이 공원에서 청소년들에게 인기가 많은 곳으로, 6,000명을 수용할 수 있는 무대에서 전 세계의 팝스타들이 공연을 펼치기도 했다.

바이다휴냐드 성
Vajdahunyadvár

유럽 최대의 농업 박물관이 들어서 있는 이 건물은 외관이 너무 아름다워 성으로 불리고 있다. 보통의 성이 갖춘 물 웅덩이인 해자 대신 이곳에는 아이스링크가 있다.

왕족들이 살던 다른 성과는 달리 바이다후냐드 성Vajdahunyadvár은 농부들에게 더 알맞은 곳이다. 이곳에는 농업 박물관이 있기 때문이다. 부다페스트의 다른 커다란 건물들이 보통 그렇듯, 이 건물 또한 1896년 헝가리의 천년 축하 전시를 위해 지어졌다. 호수 건너편에서 바라보면 왜 이 건물에 성이라는 별명이 붙었는지 이해할 수 있다.

성 안도 아름다워서 대리석 계단, 조각된 기둥, 크리스탈 샹들리에, 스테인드 글라스 창문 등으로 꾸며져 있다.
바이다후냐드 성Vajdahunyadvár은 시민공원의 세체니 섬에 위치하고 있다. 여름에는 노 젓는 배를 빌려 커다란 호수를 즐기고, 겨울에는 호수의 일부분이 거대한 아이스링크로 변신한다. 스케이트를 빌려 아름다운 성 앞에서 우아하게 스케이트를 탈 수 있다. (1,500Ft / 학생 50%할인)
바이다후냐드 성Vajdahunyadvár은 영웅 광장에서 내려 5~10분 정도 걸으면 나온다.

Budapest Tip

농업박물관(Magyer mezögazdasági Müzeum / Museum of Hungarian Agriculture)

안에는 유럽에서 가장 큰 농업 박물관이 있어 여러 흥미로운 전시물을 구경할 수 있다. 헝가리 농업의 초기부터 1945년까지의 역사가 고스란히 전시되어 있다. 신석기 시대부터 현대까지의 농업 활동과 도구에 관한 정보를 볼 수 있고 어린이들을 위한 체험활동도 마련되어 있다. 이 밖에도 헝가리의 가축, 사냥, 낚시, 임업 등의 발전상이 전시되어 있어 이러한 작업에 쓰이던 각종 도구와 일하는 사람들을 묘사한 예술 작품도 볼 수 있다.

다른 전시에서는 포도를 재배하고 와인을 만드는 것에 대해 배울 수 있다. 1800년대 후반까지 와인은 헝가리에서 거의 1/3에 달하는 인구에게 중요한 경제 역할을 하는 것이었다. 이 전시에는 1939년 최초로 생겨난 토지 보호부터 다양한 포도 품종을 보존하기 위해 수행되었던 작업까지 헝가리의 생태학적 노력을 살펴볼 수 있다. 킹덤 오브 플랜츠(Kingdom of Plants) 전시에서는 식물의 역사적 중요성과 오늘날 어떻게 사용되고 있는지에 대해 배울 수 있다.

농업 전시 외에도 이 박물관에서는 우표부터 증기 기관차와 걸으면서 농작물을 수확하는 기기 등의 축적 모형 차량까지 40가지의 다른 전시품이 전시되어 있다.

▶시간 : 10~17시(월요일 휴무)   ▶전화 : 363 5099   ▶요금 : 무료(사진촬영은 유료)

AUSTRIA

오스트리아

Salzburg | 잘츠부르크

●잘ㅊ

●키츠뷜

●젤암제

●인스브루크

●리엔츠　슈

호른

크엠스안데
어도나우

장크트필텐

비엔나

린즈

벨스

암스테텐

슈타이어

그문덴

바이트호펜안
데어입스

마리아젤

바트이슐

바드아우시

Lizen

카펜베르크

레오벤

Oberwart

Hartberg

그랏츠

Seiersberg

볼프스베르크

필라흐

클라겐푸르트

Salzburg

잘츠부르크

Salzburg
잘 츠 부 르 크

잘자흐Salzach 강 서안에 자리한 잘츠부르크에서는 잘츠부르크 성당Salzburg Cathedral과 모차르트 광장Mozart Platz을 비롯한 유서 깊은 명소들을 직접 볼 수 있다. 위풍당당한 레지던스 광장Residencz Platz을 굽어보며 서 있는 레지던스 성Residencs Castle은 1500년대에 잘츠부르크의 군주들이 기거하던 곳이다.

화려한 건물을 방문하여 렘브란트를 비롯한 유럽 거장들의 작품과 커다란 홀을 둘러보자. 중세의 거리 게트라이데 레인Getreidegasse Rain을 거닐며 모차르트 생가Mozart Geburtshaus를 방문하는 것도 좋은 경험이다. 올드 타운 옆으로는 묀히스베르크 산이 자리하고 있다. 케이블카를 타고 꼭대기에 올라 유럽에서도 손꼽히는 호헨 잘츠부르그 성Festung Hohensalzburg을 방문해 둘러보자.

About 잘츠부르크

1

인구 15만 명이 사는 오스트리아의 작은 도시 잘츠부르크는 여행자들에게는 참 매력적인 도시이다. 잘츠부르크 Salzburg는 '소금의 성Salz Berg'라는 뜻에서 유래되었다. 예전 소금이 귀하던 시절에는 소금이 많이 나는 것도 대단한 자랑거리였을 거라고 추측한다.

2

영화 팬들에게는 뮤지컬 영화 '사운드 오브 뮤직'을 떠올리게 한다. 중세의 골목길과 위풍당당한 성들이 아름다운 산으로 둘러싸여 있는 오스트리아의 이 도시는 모차르트와 영화 〈사운드 오브 뮤직〉의 고향이기도 하다.
잘츠부르크를 찾은 여행자들은 모차르트의 흔적을 찾아보거나 영화 사운드 오브 뮤직의 배경이 되었던 곳을 하나하나 찾아다니는 것만 해도 잘츠부르크 탐험이 흥미로운 것이다.

3

세계 클래식 음악 팬들에게는 음악의 신동 모 차르트를 기억하게 한다. 잘츠부르크는 모차 르트의 고향이라는 유명세와 함께 매년 여름 마다 유럽 최대의 음악제인 '잘츠부르크 음악 페스티벌'이 열려 수많은 고전음악 팬들이 찾 는 명실상부한 음악의 도시이다.

Wolfgang Amadeus Mozart
1756 – 1791

4

잘츠부르크의 올드 타운은 세계문화유산으로서, 건물의 신축이 엄격하게 제 한되어 있다. 아름다운 잘자흐 강 유역에 자리한 잘츠부르크는 중세의 건축물 과 음악 축제, 수준 높은 요리를 자랑한다. 크루즈를 타고 강 위에서 도시의 지형을 보고 야외 시장인 잘자흐 갤러리가 서는 주말에는 강변을 산책하며 시장 구경에 나서 보자.

잘츠부르크여행 전 알면 좋은 상식

사운드 오브 뮤직

클래식에 별다른 관심이 없는 여행자들은 영화 '사운드 오브 뮤직'의 잔잔한 감동을 떠올리며 주저 없이 배낭을 짊어지고 이곳 잘츠부르크로 떠나보자. 영화 '로마의 휴일'이 고대도시 로마를 낭만적인 곳으로 만들어 놓았듯이, 뮤지컬 영화 '사운드 오브 뮤직'은 잘츠부르크를 가장 전원적인 아름다움을 가진 도시로 기억하게 한다.

영화 '사운드 오브 뮤직'은 잘츠부르크 시내와 근교 잘츠감머구트를 배경으로 그림 같은 오스트리아 자연의 아름다움을 영상으로 보여 주며 아름다운 화음과 함께 영화 팬들의 감동을 자아낸다.

1959년 브로드웨이의 1,443회 장기 공연 기록을 세운 뮤지컬을 영화로 만든 것이다. 잘츠부르크를 배경으로 한 아름다운 영상미와 영화 음악 등으로 세계인의 사랑을 받은 뮤지컬 영화의 고전이다. 잘츠부르크에 가기 전에 꼭 볼만한 영화이다. 수련 수녀 마리아는 부인과 사별하고 7명의 아이들이 살고 있는 예비역 대령 폰 트랩의 집에 가정교사로 들어간다.
마리아는 군대식의 엄격한 교육을 받은 아이들에게 아름답고 즐거운 노래를 가르쳐주고 아름다운 자연을 느끼게 해줌으로써 아이들의 명랑함을 되찾아 준다. 남작 부인과 결혼하려던 트랩 대령은 마리아에 대한 사랑을 깨닫고 마리아와 결혼한다. 제2차 세계대전이 발생으로 오스트리아가 독일에 합병되자 폰 트랩 일가는 가족합창단을 만들어 오스트리아를 탈출한다. 1965년 아카데미 작품, 감독, 편곡, 편집, 녹음 등 5개 부문을 수상하였다.

모차르트의 발자취를 찾아서

모차르트는 잘츠부르크와 빈을 오가며 음악을 작곡하거나 오페라를 지휘하는 등 다양한 음악 활동을 벌였다. 지금도 그곳에 가면 모차르트가 남긴 흔적들과 모차르트를 사랑하는 사람들을 만날 수 있다.

잘츠부르크

모차르트가 태어난 잘츠부르크는 우리말로 '소금의 성'이란 뜻이다. 잘츠부르크의 산자락에는 소금기를 가득 품은 동굴과 바위들이 모여 있기 때문이다. 바위에서 나오는 소금을 긁어모아 장사를 해 온 잘츠부르크는 옛날부터 부자도시로 유명했다. 그러나 요즘은 모차르트의 고향으로 더 유명해서 해마다 많은 사람들이 찾아온다.

모차르트의 생가
모차르트가 태어난 집으로, 지금은 박물관으로 사용되고 있다. 이곳에는 모차르트가 사용했던 책상, 피아노 같은 물건들과 그가 쓴 악보와 편지도 전시되어 있다. 벽에는 모차르트가 했을지도 모를 낙서도 남아 있다.

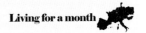

대성당

1756년, 아기 모차르트가 세례를 받았던 곳이다. 모차르트는 이 성당의 미사에도 참석하고 오르간도 피아노도 연주했다. 지금도 잘츠부르크 음악제에서 가장 의미 있는 작품은 바로 대성당 계단에서 공연된다.

모차르트 하우스

모차르트가 1773년부터 1780년까지 살았던 집이다. 청년 모차르트는 이 집에서 많은 협주곡과 교향곡을 작곡했다.

모차르트 초콜릿과 사탕

잘츠부르크에 있는 기념품 가게 어디에서나 모차르트의 얼굴이 그려져 있는 달콤한 초콜릿과 사탕을 쉽게 찾아볼 수 있다.

잘츠부르크 음악제

1920년에 시작된 이래, 매년 7월에서 8월 사이에 잘츠부르크에서 열리는 음악제이다. 이때에는 대성당이나 축제 극장, 모차르테움 대 공연장은 물론이고, 작은 성당이나 학교에서도 모차르트의 음악들을 연주하며 위대한 음악가 모차르트를 기린다.

About 모차르트

편지 속에 담겨 있는 모차르트의 생각과 삶

모차르트는 가족들과 떨어져 있을 때면 늘 편지를 주고받으며 연락을 했다. 모차르트와 가족들이 주고받은 편지들 속에는 모차르트가 어떤 생각을 갖고 있었는지, 어떤 성찰을 했는지 잘 드러나 있다.

저는 작곡가이며 궁정 악장이 될 사람입니다.

빈에 머물며 궁정에서 일할 기회를 찾던 모차르트에게 아버지는 피아노 교습이라도 해서 돈을 벌어야 한다는 편지를 보냈다. 하지만 모차르트는 자신의 재능을 그렇게 낭비하고 싶지 않았다.

모차르트는 자신을 연주자이기보다는 작곡가로 높이 평가했고, 자기 자신의 재능을 잘 파악하고 있었다. 하지만 모차르트는 자기의 음악을 인정하지 않는 사람들 때문에 늘 고통받아야 했다.

모차르트가 '아빠'라고 부른 또 한 사람

모차르트는 교향곡의 아버지라 불리는 위대한 음악가 하이든을 '아빠'라고 부르곤 했다.

하이든은 모차르트의 음악성을 가장 빨리 가장 정확히 알아본 사람으로, '내가 아는 음악가 중에 가장 위대한 천재 모차르트의 작곡은 그 누구도 맞설 수 없을 것'이라고 평가했다.

모차르트보다 스물네 살이나 많았던 하이든은 모차르트와 음악에 대한 생각들을 나누기 좋아했고, 이들의 우정은 모차르트가 죽을 때까지 계속되었다.

하이든

악기를 알아야 연주도 잘한다.

모차르트는 어렸을 때부터 악기에도 관심이 아주 많았다. 당시는 여러 악기의 발전이나 새로운 악기의 발명이 이루어지던 때라 더욱 그럴 수 있었다. 특히 피아노는 클라비코드엣 하프시코드, 피아노포르테, 피아노로 이어지며 발전하였는데 이는 모차르트의 작곡에도 큰 역할을 했다. 피아노는 평생 동안 모차르트 음악 활동의 중심이 된 악기로, 모차르트는 뛰어난 피아노 독주곡과 협주곡을 수없이 작곡했다. 그래서 모차르트는 자기가 작곡한 곡들의 완벽한 연주를 위해 피아노 공장에 직접 편지를 보내서 자신이 원하는 피아노를 만들어 달라고 부탁할 정도였다.

아빠 모차르트

모차르트 부부는 1783년 6월, 빈에서 첫아기 라이문트를 낳았다. 그런데 아기를 유모에게 맡겨 두고 아버지를 만나러 잘츠부르크에 다녀온 사이에 아기가 그만 병에 걸려 죽고 말았다. 첫아기를 잃은 뒤 모차르트 부부는 몇 명의 아기를 더 낳았지만, 카를과 프란츠 두 아들만 살아남았다. 아버지 모차르트는 아주 자상하게 아이들을 돌봤다. 아내 콘스탄체가 아이들을 데리고 요양을 갈 때면 모차르트는 아이들의 약을 손수 챙길 만큼 다정한 아빠였다고 한다.

도둑맞을 뻔한 진혼 미사곡

모차르트가 죽는 순간까지 매달렸던 진혼 미사곡은 발제크 백작이 모차르트에게 부탁한 곡이었다. 백작은 죽은 아내를 위해 진혼 미사곡을 직접 작곡하고 싶었지만, 재능이 없어서 곡을 만들지 못했다. 그래서 아무도 모르게 모차르트에게만 부탁하고 자신의 이름으로 그 곡을 발표했다. 그러나 나중에 사실이 알려지면서 작곡자가 바뀌었고, 모차르트가 완성하지 못한 부분을 모차르트의 제자였던 쥐스마이어가 마무리 지었음이 밝혀졌다.

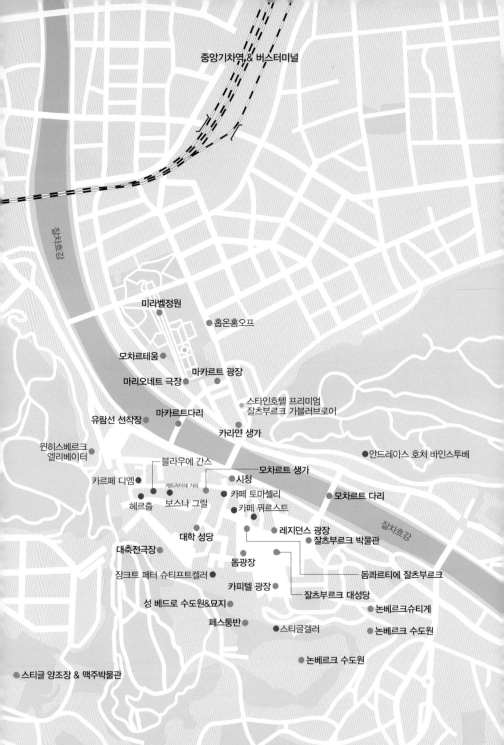

한눈에 잘츠부르크 파악하기

잘츠부르크를 보는 데는 하루면 충분하다. 대부분의 볼거리가 모두 구시가에 몰려 있어서 천천히 걸어서 보면 된다. 역에서 나오자마자 왼쪽으로 라이너^{Reinerstrasse}를 따라 1㎞ 정도 걸어가면 미라벨 정원이 나온다. 미라벨 정원에서 호엔 잘츠부르크 성이 보이는 쪽으로 조금 걸어가면 잘차흐 강이 보인다.

그 강을 건너면 바로 구시가로 연결된다. 이곳은 차가 다닐 수 없는 좁고 복잡한 거리로 모차르트 생각 → 레지던츠 → 대성당 → 성 페터 교회 → 축제극장 → 호엔 잘츠부르크 성 순서로 돌아보면 된다. 구시가의 볼거리는 모두 인근에 있기 때문에 돌아보는데 많은 시간이 걸리지 않는다.

핵심도보여행

잘츠부르크 중앙역에 도착하면 역 정면으로 보이는 골목에는 잘츠감머구트로 떠나는 버스 정류장과 렌트카 회사 등이 들어서 있다. 충분히 걸어 다니며 구경할 만큼 작은 도시이지만 다른 도시들과 마찬가지로 처음 방향을 잘못 잡으면 헤매게 된다. 잘츠부르크는 잘차흐 강이 시내를 가로지르며 구시가지와 신시가지로 나누고 있으며 여행자들의 볼거리는 대부분 역 뒤쪽에 몰려 있다.

조금 걷다 보면 왼쪽으로 굴다리가 보이는데, 그 굴다리를 통과해 역 뒤쪽으로 가면 방향을 제대로 잡은 것이다. 잘츠부르크를 여유있게 보고자 하는 여행자는 역 뒤 마을에 자리잡고 있는 곳에 숙소를 정하는 것으로 여행을 시작하면 된다.

사운드 오브 뮤직에서 가정교사로 온 주인공 마리아가 대령의 아이들과 함께 '도레미 송'을 함께 불렀던 미라벨 정원'으로 먼저 가보자. 비스듬히 직진해 나오면 어렵지 않게 미라벨 정원을 찾을 수 있다. 잘츠부르크 시민들에게는 휴식 공간역할을 톡톡히 해내는 아름다운 미라벨 정원 안에는 청년 시절 모차르트가 대주교에 소속되어 연주 활동을 했다는 바로크 양식의 미라벨 궁전이 보이고 저 멀리 '호엔 잘츠부르크 성'도 보인다.

브루논 발터가 지휘하고 콜롬비아 교향악단 연주로 1954년 녹음한 LP음반인 '미라벨 궁 정원에서 'In The Gardens of Mirabell'의 재킷 사진은 호엔 잘츠부르크 성을 뒤 배경으로 두고는 미라벨 공원 모습 그대로를 찍은 것이다.

햇볕 좋은 정원 벤치에 앉아 책 읽기에 몰두해 있는 여성, 눈을 동그랗게 뜨고 스케치를 하는 소녀, 야외 촬영을 하는 예비부부의 모습 등 아름다운 미라벨 정원과 어울리는 여유 있고 낭만적인 모습들이다.

정원을 뛰어다니며 노는 아이들을 구슬려 노래를 시키면 대령의 말괄량이 아이들처럼 '도레미 송'을 귀엽게 불러 줄 것만 같다. 미라벨 정원을 천천히 걸으면서 구경하고 나오면 멀지 않은 곳에 세계적인 음악원이며 모차르트 재단이 들어선 모차르테움Mozarteum이 보인다. 오페라 '마적'을 작곡했던 오두막집을 비엔나에서 그대로 옮겨다가 보존하고 있는 이곳에서는 모차르트의 많은 자필 악보들을 볼 수 있다. 그 옆에 세계적으로 유명한 인형극장인 마리오네트 극장도 보인다.

다시 강가 쪽으로 조금 가다 보면 모차르트의 집Mozarts Wohnhaus을 만난다. 잘츠부르크에는 모차르트가 살던 집이 몇 곳 있는데, 이곳은 이사를 자주 다녔던 모차르트가 17세 때부터 빈으로 떠나기 전까지 살았던 곳이다. 잘츠부르크의 궁정 음악가였던 모차르트는 25세 때 그의 음악을 제대로 인정해 주지 않았던 이곳 대주교와의 불화로 빈Wien으로 버려지듯 쫓겨 간다.

미라벨 정원
Mirabellgarten

기차역에서 걸어가면 가장 먼저 만나게 되는 볼거리가 미라벨 정원Mirabellgarten이다. 이곳은 '사운드 오브 뮤직'을 본 사람들은 그리 낯설지 않을 곳으로 마리아가 아이들과 함께 '도레미 송'을 부르던 곳이다. 아름다운 꽃과 분수, 조각상, 잔디로 장식된 정원 자체도 멋지지만 여기서 바라보는 잘츠부르크 성의 전망은 압권이다. 일단 잘츠부르크 성Festung Hohensalzburg을 배경으로 사진을 한 컷 찍은 다음에 돌아

보도록 하자.

정원 내에 있는 미라벨 정원은 17세기 초 디트리히 대주교가 연인인 살로메 알트Slome Alt를 위해 세운 것인데, 후에 마르쿠스 시티쿠스 대주교가 미라벨 정원Mirabellgarten으로 바꾸었다. 궁전 안의 대리석 홀은 모차르트가 대주교를 위해 연주했던 곳으로 지금은 실내악콘서트 홀로 쓰이고 있다.

1690년 요한 피셔 폰 에를라흐Johann Fischer von Erlach가 디자인하였지만 1730년, 요한 루카스 폰 힐데브란트Johann Lukas von Hildebrandt가 다시 디자인하여 지금에 이르렀다. 1818년에 지진으로 복구를 하기도 했다.

홈페이지_ www.viennaconcerts.com 주소_ Mirabellgarten 시간_ 8~16시 전화_ 662-80-720

대주교와 살로메의 사랑
대주교는 사랑을 할 수 없음에도 불구하고 살로메 알트(Slome Alt)와 사랑을 나누었다. 그는 결국 대주교에서 물러나고 아이 15명을 낳고 사랑을 지키며 오래 잘 살았다. 대주교의 영원한 사랑은 비극이 아니었다.

잘자흐 강
Salzach

잘차흐^{Salzach} 강은 오스트리아와 독일을 흐르는 225㎞길이의 강이다. 강과 접한 도시로 오스트리아의 잘츠부르크가 있다. 잘자흐^{Salzach} 강은 오스트리아 잘츠부르크를 가로지르는 청명한 강으로 알프스의 눈이 녹아내려 흐르고 있다. 강을 중심으로 잘츠부르크의 구시가지와 신시가지를 나뉘는 역할을 하고 있다.

강 이름은 독일어로 '소금'을 뜻하는 '잘츠^{Salz}'에서 유래된 것처럼 19세기에 잘츠부르크-티롤 철도가 개통되기 전까지 선박을 이용한 소금 수송이 있었다.

잘자흐^{Salzach} 강을 따라 잘츠부르크 옛 도시를 볼 수 있다. 숨이 멎을 듯한 도시의 아름다운 실루엣, 잘츠부르크 남부에 위치한 특색있는 풍경을 볼 수 있으며, 강둑을 따라 펼쳐지는 풍경이 아름답다. 하겐^{Hagen} 산맥과 테넨^{Tennen} 산맥을 바라보면서 인상적인 도시의 모습 또한 감상할 수 있다.

유람선 투어

잘자흐(Salzach) 강을 따라 가며 잘츠부르크 시내의 주요 명소를 관광하는 보트 투어는 편안히 앉아서 보트 밖으로 펼쳐지는 스카이라인과 아름다운 건축물을 볼 수 있다. 우베르푸르(uberfuhr)다리까지 왕복하는 코스(1일 3회)와 헬브룬 궁전코스(1일 1회)가 있다. 잘츠부르크카드가 있으면 무료다. 투어는 50여분 정도 소요되는 데 배를 탄다는 것 외에 특별한 것은 없다. 그리 폭이 넓지 않은 강을 따라 내려가면서 강변의 풍경들을 보게 된다. 오후의 따스한 햇살을 즐기는 사람들의 모습이 여유롭게 느껴진다.

- 요금 : 16€
- 전화 : 8257-6912
- 시간 : 3~4월 13(토요일), 15, 16시
  5월 11~13시, 15~17시(매월 운행시간은 1시간씩 늘어나서 8월에 20시까지 운행하고 9월부터 다시 1시간씩 줄어듦)
- 홈페이지 : www.salzburgschifffahrt.at

잘츠부르크 성당
Dom Zu Salzburg

잘자흐Salzach 강 서쪽, 올드 타운에 자리하고 있는, 8세기에 건립된 잘츠부르크의 유서 깊은 성당은 유럽에서도 손에 꼽히는 아름다운 성당이다. 유구한 역사를 자랑하는 잘츠부르크 성당에서 모차르트는 세례를 받고, 훗날 성당의 오르간 연주자로 봉사했다.

잘츠부르크 성당Dom Zu Salzburg에서 가장 눈에 띄는 것은 돔 모양 지붕이다. 구약 성서의 일화를 그리고 있는 내부의 프레스코화는 피렌체 출신의 화가 '도나토 마스카니'의 작품이다. 중앙 회중석을 장식하고 있는 회화 또한 마스카니의 작품이다. 대문 입구를 장식하고 있는 조각품은 성 루퍼트와 성 비질리우스, 예수의 12제자 중 베드로와 바울의 모습을 그리고 있다. 잘츠부르크 성당Dom Zu Salzburg의 7개의 종은 오스트리아에서 가장 아름다운 소리를 자랑한다. 이 중 무게가 14ton에 달하는 '부활의 종'은 오스트리아에서 2번째로 큰 종이다. 7개의 종 중 '마리아의 종'과 '비르길리우스의 종'만이 최초에 제작된 그대로 남아 있다.

음악 애호가라면 성당 입구 근처에 자리를 잡고 있는 로마네스크 양식의 청동 세

간략한 역사

잘츠부르크 성당(Dom Zu Salzburg)은 전형적인 17세기 바로크 건축 양식을 가지고 있다. 성당의 역사는 비르길리우스 주교가 774년에 로마의 정착지 주바붐에 세워진 성당을 축성(祝聖)하였지만, 건립 후 8차례의 화재를 겪었다. 1598년의 화재로 인해 성당의 상당 부분이 불에 탔다. 오늘날의 성당은 이탈리아의 건축가 '산티노 솔라리'에 의해 설계되었다.

례반을 유심히 관찰해 보자. 세례반은 볼프강 아마데우스 모차르트의 세례식에 사용되었다. 전설적인 천재 작곡가, 모차르트는 1779~1781년까지 잘츠부르크 성당의 오르간 연주자로 봉사하였으며, 이곳에서 〈대관식 미사〉를 초연했다. 1년에 한 번 열리는 잘츠부르크 축제 때에는 성당 광장에서 모차르트의 작품을 비롯한 다양한 실내악이 연주된다.

홈페이지_ www.salzburger-dom.at
주소_ Domplatz 1
시간_ 8~19시(일요일 13~19시)
전화_ 662-8047-7950

게트라이데 거리
Getreidegasse

잘츠부르크^{Salzburg}에서 가장 번화한 거리로 모차르트 생가 옆으로 뻗어 있다. 모차르트 생가와 구시청사도 이 거리에 있다. 좁은 골목에 선물가게, 레스토랑, 바 등 갖가지 상점들이 들어서 있어서 관광객의 발길이 끊이지 않는다.
상점 건물마다 걸려 있는 독특한 철제 간판이 눈길을 끌며 바닥에 그림을 그리는 사람들도 찾아볼 수 있다.

과거 & 현재

과거의 부촌

1500년대 후반에서 1600년대 초반까지, 이 거리는 독일의 바이에른 주로 이어지는 간선도로 역할을 했다. 부유한 상인들이 오가던 이곳은 잘츠부르크의 부촌이었다. 오늘날, 거리에 넘쳐나는 세련된 패션 상점들과 보석 부티크는 과거의 영광을 재현하고 있다.

현재의 쇼핑

모차르트 생가, 박물관, 아기자기한 중세 가옥들로 유명하다. 게트라이데 레인을 거닐며 중세의 거리와 아름다운 안뜰을 배경으로 서 있는 고급 부티크 가게를 감상하고 예술가들과 거리의 악사들을 만날 수 있다. 그냥 상점을 보면서 쇼핑을 하다가, 마음에 드는 물건을 보고 쇼핑에 나서도 좋다.

가이드 투어

(투어 참가 홈페이지나 전화로 예약)
1시간짜리 가이드 투어에 참여하면 세계적인 작곡가, 모차르트의 유년 시절에 대해 알 수 있어서 더욱 알차게 둘러볼 수 있다.

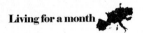

한눈에 게트라이데 파악하기

게트라이데 거리Getreidegasse를 따라 늘어선 좁고 높은 가옥들은 잘츠부르크가 자랑하는 중세 건축의 전형적인 모습을 보이고 있다. 역사와 건축에 관심이 있는 사람들은 연철로 된 표지판과 대문처럼 생긴 창문들에서 눈을 떼지 못한다. 패션에 관심이 있다면 세련된 상점들을 둘러보며 시간이 가는 줄 모른다. 음악 애호가라면 영화 〈사운드 오브 뮤직〉 기념품과 모차르트 기념품 쇼핑을 하게 된다. 게트라이데 거리 9번지에는 모차르트 생가와 박물관이 있다.

평지로 된 게트라이데 거리Getreidegasse는 걸어서 다니기에 좋다. 여름에는 분위기 있는 조용한 안뜰에서 잠시 휴식을 취할 수 있다. 안뜰은 벽화와 아치 구조물, 화단 등 개성 있는 특성을 보이기 때문에 천천히 둘러보라고 추천한다. 샤츠 하우스에서 유니버시티 광장까지 걸으며 회화 작품 '아기 예수와 성모 마리아'와 독일의 정치인 아우구스트 베벨을 기리는 명판을 찾으면서 걸어보자. 미라클 밀랍 박물관에는 잘츠부르크의 18세기 말 모습을 찾아보자.

거리 동쪽 끝에서 엘리베이터를 타고 묀히스베르크 산에 올라 묀히스베르크 현대미술관을 방문할 수 있다. 해가 지고 어둠이 찾아오면 상점과 가옥들이 불빛을 밝히는 저녁 무렵이 가장 아름답다.

호헨 잘츠부르크 성
Festung Hohensalburg

케이블카를 타고 산꼭대기에 올라 잘츠부르크 최고의 명소로 자리매김한 유럽 최대 규모의 중세 성을 찾아보자. 올드 타운 어디에서나 잘 보이는 묀히스베르크 언덕 위에 도시를 내려다보며 우뚝 서 있는 아름다운 성이다.

시내에서 케이블카를 타고 조금만 가면 '잘츠부르크의 고지대 성'이라는 뜻의 이름을 가진 호헨 잘츠부르크성이 나온다. 11세기에 건축이 시작되어 1681년에 완성되었다.

1077년 대주교 게브하르트에 의해 건립된 호헨 잘츠부르크성은 길고 긴 세월 동안 주거용 건물, 요새, 교도소, 병영으로 사용됐다. 훌륭하게 보존된 여러 화려한 방과 도시의 아름다운 전경을 자랑한다.

렉툼 감시탑에 오르면 잘츠부르크의 아름다운 전경이 눈앞에 펼쳐진다. 성에는 잘츠부르크 마리오네트 극장의 인형들이 전시된 마리오네트 박물관을 비롯해 3곳의 박물관이 자리하고 있다. 성벽으로 둘러싸인 호헨 잘츠부르크성을 방문하면 박물관과 미술 전시를 관람할 수 있다. 성에서는 공연이 개최되면 가족이나 연인과 함께 즐거운 시간을 보내기에 좋다.

홈페이지_ www.salzburg-burgen.at
주소_ Mönchsberg 34
시간_ 9시30분~17시(5~9월 19시까지)
요금_ 14€ (요새+패스퉁반 왕복)
     11€ (요새+패스퉁반 하강)
전화_ 662-8047-7950

내부 풍경

중세 시대의 성 중에서도 유럽 최대 규모로 꼽히는 호헨 잘츠부르그성의 내부를 둘러보며 과거 왕족들이 식사를 하고 잠을 자던 곳을 직접 확인할 수 있다. 황금 홀의 벽면을 장식하는 고딕 양식의 목재 조각품이 인상 깊다. 천장 대들보에는 순무와 사자로 구성된 대주교 레온하르트 폰 코이샤흐의 문장이 그려져 있다. 요새 곳곳의 50여 곳에서 가문의 문장을 찾을 수 있다. 황금의 방에 들러 왕들이 사용하던 화려한 가구도 볼만하다.

전망

중세의 모습을 그대로 간직하고 있는 중부 유럽 최대의 성 내부에는 성에서 사용하던 주방기구와 대포, 고문 기구 등이 전시되어 있는 성채 박물관과 라이너 박물관이 있다. 성 뒤편의 전망대에서는 시내의 모습이 한눈에 들어온다. 도시를 가로지르는 잘자흐 강과 검은 회색빛이 감도는 도시의 전망은 아주 매력적이다. 특히

뒤쪽의 파란 잔디가 깔린 잔디 한가운데 홀로 버티고 있는 집은 엽서의 한 장면을 보는 듯이 아름답다.

올라가는 방법

언덕 위에 있지만 올라가는 데는 그리 힘들지 않다. 카피덴 광장 근처의 성까지 올라가는 10분에 한 번씩 출발하는 케이블카를 타면 몇 분 안에 성에 도착할 수 있다. 튼튼한 다리를 가지고 있다면 무시해 버리고 올라가도 된다. 요새의 안뜰까지 페스퉁 레인을 따라 걸어가는 방법이다. 계단이 잘 놓여 있어서 천천히 걸어 올라가면 약 15분 정도 소요된다.

홈페이지_ www.salzburg-burgen.at
주소_ Mőnchsberg 34
시간_ 9시30분~17시(5~9월 19시까지)
요금_ 14€ (요새+패스퉁반 왕복)
　　　 11€ (요새+패스퉁반 하강)
전화_ 662 8424 3011

레지던스
esidenz

13세기에 지어진 궁전은 현재, 미술관과 공연장으로 사용되고 있는 문화 허브이다. 레지던스^{Residenz}는 잘츠부르크 올드 타운 중심지인 잘츠부르크 성당 맞은편에 위치하고 있다.

잘츠부르크 레지던스^{Residenz}에서는 다양한 문화적 욕구를 충족시킬 수 있다. 렘브란트의 걸작 〈기도하는 어머니〉를 감상하고, 잘츠부르크 궁전 콘서트를 관람할 수 있는 레지던스^{Residenz}는 오랜 세월 동안 잘츠부르크 대주교들의 주거지로 사용됐다.

1232년, 대주교 콘라트 1세는 주교들이 살게 될 궁전 건립에 착수하였다. 그는 건물

을 레지던스^{Residenz}라고 이름 지었다. 16세기에 대주교이자 왕자이던 볼프 디트리히 폰 라이테나우에 의해 바로크 양식의 건물로 재건축되어 지금에 이르렀다.

주소_ Residenzplatz
위치_ 250번 버스 타고 Mozartsteg, Ruolfskai, Rathaus 정류장 하차

내부 모습

2층
널찍한 카라비니에리잘은 연극과 연회를 위해 사용되던 곳이다. 이곳을 시작으로 레지던스의 수많은 웅장한 홀들을 모두 둘러볼 수 있다. 이 중에서 알렉산더 대왕을 그린 프레스코화가 높다란 천장을 뒤덮고 있는 '아우디엔잘'이 가장 인상 깊다.

3층
레지던스 갤러리Residenz Gallery가 있는 3층은 렘브란트의 〈기도하는 어머니〉를 비롯하여 16~19세기까지의 유럽 거장들의 작품이 전시되어 있다. 레지던스 홀과 갤러리 오디오 투어 입장권에 갤러리 입장료가 포함되어 있다.

음악 공연장
라츠지머는 1762년 6세의 모차르트가 최초로 공연을 한 곳이다. 리테르잘에서는 모차르트를 비롯한 여러 음악가들이 대주교들을 위해 연주를 했다. 지금, 잘츠부르크 궁전 콘서트가 열리는 곳이다.

오디오 가이드
궁전의 180방을 모두 둘러볼 수 있다. 가이드 이용료는 입장료에 포함되어 있다. 8개 언어로 제공되는 오디오 가이드를 따라 투어를 마치는 데는 약 45분 정도 걸린다. 중세 시대에 대주교를 알현하기 위해 방문한 왕자들과 정치가들의 발자취를 따라가면 화려한 홀들을 둘러보게 된다.

레지던스 광장
Residenz Platz

두 채의 대주교 궁전이 자리한 올드 타운의 레지던스 광장^{Residenz Platz}에는 각종 공연과 축제, 스포츠 행사가 개최된다. 넓은 레지던스 광장^{Residenz Platz}에는 바로크 양식과 르네상스 양식의 전형인 궁전, 2채가 자리해 있다. 광장은 다양한 문화 행사들의 개최지이기도 하다. 잘츠부르크 시민들의 사교 중심지인 이곳은 16세기 후반에 세워졌다.

광장의 중심에는 화려한 레지던스 분수대가 서 있다. 잘츠부르크에서 가장 규모가 큰 이 분수대는 영화 〈사운드 오브 뮤직〉의 배경으로도 사용됐다. 정교한 돌고래와 말, 아틀라스 조각은 이탈리아의 조각가 토마소 디 가로네의 작품이다. 광장을 거닐면 아름다운 분수대와 인근의 건물들을 카메라에 담고, 분수대 근처에서 휴식을 취하는 장면을 볼 수 있다.

레지던스 광장^{Residenz Platz} 양측에는 잘츠부르크의 유서 깊은 랜드 마크가 서 있고, 서쪽에는 13세기에 지어진 레지던스 궁전이 있다. 광장 북쪽에는 가옥들이 줄지어 서 있고 매력적인 카페와 빵집에 앉아 늦은 아침의 여유를 즐길 수 있다. 남쪽은 돔 광장과 잘츠부르크 성당으로 이어진다.

모차르트 광장에 인접한 동쪽에는 뉴 레지던스가 있다. 이곳은 파노라마 박물관을 비롯한 여러 박물관의 보금자리이다. 파노라마 박물관을 방문하여 작품의 총 둘레가 26m에 달하는 요한 미카엘 사틀러의 작품인 1829년 잘츠부르크의 모습을 파노라마로 감상할 수 있다.

크리스마스 마켓 & 성 루퍼트 축제

레지던스 광장(Residenz Platz)의 분수대 주변에서 열리는 크리스마스 마켓은 알프스의 공예품과 크리스마스 기념품을 판매하고 있다. 멀드 와인과 현지 음식을 맛보며 축제 분위기에 빠져 보자. 9월에는 잘츠부르크의 수호성인인 성 루퍼트 축제가 열린다.

주소_ Residenzplatz
위치_ 250번 버스 타고 Mozartsteg, Ruolfskai, Rathaus 정류장 하차

모차르트 광장
Mozart Platz

잘츠부르크 박물관과 볼프강 아마데우스 모차르트의 조각상은 자갈 깔린 광장의 자랑거리이다. 잘자흐 강 서쪽에 자리한 올드 타운의 모차르트 광장Mozart Platz은 1756년 잘츠부르크에서 태어난 오스트리아 출신의 세계적인 작곡가 볼프강 아마데우스 모차르트를 기리기 위해 세워졌다. 고개를 들어 17세기에 지어진 유서 깊은 종탑은 현재까지 하루에 3번 시간을 알려준다. 묀히스베르크 산을 배경 삼아 종탑을 카메라에 담아보자. 야외 테라스를 갖춘 광장의 여러 카페에 앉아 휴식을 취하는 것도 좋다. 거리의 악사들이 연주하는 모습을 구경하며 빵과 커피를 즐기는 모습을 쉽게 볼 수 있다.

보행자 전용으로 운영되어 걸어서 다니기에 좋은 모차르트 광장에서 이어지는 자갈길은 잘츠부르크의 중세적 면을 보여주는데, 파이퍼 거리가 대표적이다. 예술가들과 음악인들에게 인기 높은 주거 구역이기도 했다. 1839년에는 오스트리아의 화가 '세바스티안 스티프'가 4번지로 이사를 오기도 했다.

//

주소_ Mozart Platz
위치_ 250번 버스 타고 Rathaus 정류장 하차

광장의 모습

광장의 중앙에는 독일의 조각가 루드비히 슈반탈러에 의해 제작된 모차르트의 동상이 서 있다. 동상은 오페라 〈피가로의 결혼〉, 〈마술피리〉를 비롯한 수많은 고전을 남긴 모차르트가 작고한 지 50년이 지난 1842년에 공개되었다. 잘츠부르크 최고의 명소인 모차르트 광장을 시작으로 올드 타운을 둘러보는 관광객이 많다.

광장에는 모차르트의 생애와 관련된 여러 기념물을 볼 수 있다. 모차르트의 부인 콘스탄체 폰 니센을 기리는 명판을 광장 8번지를 찾아보자. 그녀는 동상이 공개되기 얼마 전 세상을 떠났다. 4번지에는 잘츠부르크 대학 산하 음악원이 자리하고 있다. 음악원은 모차르트의 가까운 친구 안트레터 가문의 이름을 따 '안트레터 하우스'라고 부른다.

비교하자 모차르트 생가 VS 모차르트 하우스

모차르트 생가(Mozart Geburtshaus)

1756년 1월 27일 음악의 신동 모차르트가 태어나서 17세 때까지 살았던 집이다. 모차르트가 어린 시절 사용하던 바이올린, 피아노, 악보, 침대와 그의 아버지 레오폴트 모차르트와 주고받던 편지 등이 전시되어 있다.

전형적인 오스트리아 중, 상류층 저택으로 음악에 문외한이었다고 한다. 구시가지의 중심지로 각종 상점이 밀집되어 있는 게트라이데 거리 Getreidegrasse 한복판에 있다. 노란색 건물에 'Mozart Geburtshaus'라고 쓰여 있어서 쉽게 찾을 수 있다.

홈페이지_ www.mozarteum.at **주소_** Getreidegasse 9 **시간_** 9~17시(7~8월에는 19시까지)
요금_ 13€(학생 9€) **위치_** 250번 버스 타고 Rathaus 정류장 하차

모차르트 하우스(Mort's Wohnhaus)

모차르트가 1773~1780년에 살았던 집이다. 제 2차 세계대전 때인 1944년에 폭격을 받아 파괴된 것을 1838년에 다시 복원하여 현재 박물관으로 사용 중이다.

미라벨 정원 끝 부분에 조금 걸어가면 나오는 마카르트 광장에 있는 분홍색 건물이다. 모차르트 생가와 다른 곳이다.

홈페이지_ www.mozart.at/museen/mozart-wohnhaus
주소_ Makartplatz 8
시간_ 8시 30분~19시(9~다음해 6월까지 9~18시 30분)
요금_ 11€(15~18세 6€, 6~14세 4€)
전화_ 662-874-227~40

축제극장
Festspidhauserh

세계적으로 유명한 잘츠부르크 음악제의 메인 콘서트 홀로 모차르트 생가 뒤쪽에 있다. 2,400명을 수용할 수 있는 대극장 과 대주교의 마구간을 개조해서 만든 소극장이다. 그리고 채석장을 개조한 야외극장Felsenreitschule의 3곳으로 나뉘어 있으며 각종 공연이 펼쳐진다.

음악제가 열리는 7∼8월을 제외하고는 극장 내부와 무대, 분장실 등을 돌아보는 가이드 투어가 있다.

묀히스베르크 현대미술관
Museum der Moderne Monchsberg

벽 위에 자리 잡고 서 있는 박물관은 내부에서든 외부에서는 숨 막히는 아름다운 전경을 보여준다. 묀히스베르크 산 위에 자리잡고 있는 묀히스베르크 현대미술관Museum der Moderne Monchsberg을 방문하여 모더니즘 건축물과 순수 예술 작품을 감상해보자.

1998년, 신규 미술관 설계를 위한 공모전이 진행되었다. 11명으로 구성된 심사위원은 145명의 지원자 가운데 독일의 건축가 프리드리히 호프 츠빙크 팀을 선정했다. 2004년 개관한 미술관은 20~21세기 예술 작품을 전시하고 있다. 별관인 루페르티넘 현대미술관은 잘츠부르크의 올드타운 중심지에 있다.

4층으로 된 미술관에는 오스트리아를 비롯한 전 세계 화가들의 작품이 전시되어 있다. 크리스티언 헛징어, 이미 크뇌벨, 토머스 라인홀드, 게르발드 로켄슈라우브, 레오 조그마이어의 추상 작품이 인상적이다.

미술관 건물 또한 하나의 예술 작품이다. 건물의 외관은 잘츠부르크 인근의 운터스베르크 산에서 채석한 대리석으로 이루어져 있다. 커다란 창문을 통해 도시의 풍경을 감상할 수 있다. 미술관에는 세련된 레스토랑이 있어 연인과 함께 우아하게 식사를 즐길 수도 있다. 도시의 아름다운 전경을 감상하며 가벼운 간식과 칵테일을 즐기는 것도 좋다.

홈페이지_ museumdermodernemonchsberg.at
주소_ Monchsberg 32
시간_ 10~18시(월요일 휴관)
요금_ 8€(6~15세의 학생 4€, 가이드 투어 목요일 저녁 무료)
전화_ 662-842-220

잘츠부르크 박물관
Salzburg Museum

종탑이 있는 궁전에 자리한 박물관에는 잘츠부르크의 다양한 역사적, 문화적 유산이 고스란히 남아 있다. 1834년에 잘츠부르크 박물관Salzburg Museum의 시작은 초라했지만 위대한 잘츠부르크의 예술적, 문화적 유산을 이룩했다.

풍부한 역사적 유산을 가진 잘츠부르크 박물관은 2009년 올해의 유럽 박물관으로 선정되기도 했다. 고고학과 중세 역사, 건축을 시대별로 조명하는 화려한 전시회를 관람하고 예술, 과학, 정치적 업적에 대해 알 수 있다.

박물관의 원형은 제2차 세계대전 당시 심하게 파괴되어 수십 년간 임시 거처로 있다가 잘츠부르크 한복판에 있는 모짜르트 광장의 노이에 레지덴츠에 터전을 잡았다. 웅장한 궁전에는 잘츠부르크의 대주교들이 거주했다. 17세기 제작된 35개의 종이 있는 카리용인 글로켄슈필은 도시의 명물이다.

///

홈페이지_ www.salzburgmuseum.at
주소_ Mozartplatz 1
시간_ 9~17시(월요일 휴관, 11월 1일, 공휴일 휴관)
요금_ 10€(6~15세의 학생 6€ / 가이드 투어 목요일 저녁 무료)
전화_ 662-6208-08700

전시관 모습

박물관에 들어서면 잘츠부르크의 화려한 유산을 보여주는 3층 전시관이 있다. 1층 전시관에는 잘츠부르크의 역사 속 인물들을 조명하는 전시물과 멀티미디어 프레젠테이션이 있고, 2층 전시관에서는 잘츠부르크의 현대 예술사를 조명하고 있다. 낭만주의 시대의 예술품과 현지 예술가 그린 멋진 풍경화가 전시되어 있다. 2층 전시관에서 켈트족의 물병과 고딕 양식의 날개 달린 제단 등 중세 고고학 유물들을 볼 수 있다.

박물관과 파노라마 박물관을 이어주는 지하 통로인 파노라마 통로에는 J. M. 새틀러가 19세기 도시 풍경을 그린 26m 높이의 설치물이 있다. 정원 안쪽의 지하실에는 1년에 3차례의 전시회를 개최하는 다목적 특별 전시 공간인 미술관인 쿤스트할레가 있다.

헬부른 궁전
Hellbrunn Palace

1615년에 만들어진 잘츠부르크 대주교의 여름궁전이다. 바로크 양식의 정원은 '물의 정원'으로 잘 알려져 있다. 주변 경치가 아름답고 인근에 동물원도 있으니 같이 둘러볼 수 있다. 시내에서 남쪽으로 10 km 정도 떨어진 지점에 있다.

홈페이지_ www.hellbrunn.at
주소_ Fuerstenweg 37
요금_ 13€(가이드 투어)
전화_ 662-820-3720

투어 순서

대주교의 식탁(Fürstentisch)부터 궁전을 둘러보는 데, 대리석 식탁은 귀빈들이 대주교와 함께 둘러앉았던 곳이다. 평범해 보이지만 대주교가 신호를 보내면 숨은 분수 기능이 작동하도록 되어 손님들은 물세례를 받도록 고안되었다. 가이드가 투어참가자 중 한 명에게 식탁에 앉으라고 한 후에 재현을 한다.

넵툰의 동굴(Neptungrotte) 안에 있는 분수는 초록색의 눈에 큰 귀를 가진 도깨비 분수로 콧구멍에서 물줄기가 나오고 혀를 길게 내밀면서 눈동자를 굴리도록 디자인되었다. 주로 분수가 모양도 다르고 조각에서 뿜어져 나오는 것이 다르기 때문에 관광객의 흥미를 당긴다.

카푸지너베르크 산
Kapuzinerberg

높이 636m의 카푸지너베르크 산 정상은 잘츠부르크 시에서 가장 높은 곳이다. 산에 오르면 잘자흐 강과 올드 타운의 전경이 한눈에 들어온다. 날씨가 좋은 때에는 독일의 바이에른 주까지 볼 수 있다. 아름다운 전경과 하이킹 트랙, 유서 깊은 기념물을 자랑하는 카푸지너베르크 산에 올라 여름날의 소풍을 즐겨보자.

선사 시대부터 사람이 살기 시작한 카푸지너베르크 산은 유구한 역사를 자랑한다. 산의 랜드마크인 카푸지너베르크 수도원은 과거 '트롬피터슐레슬'이라는 이름의 성이 서 있던 부지에 자리하고 있다. 린처 거리나 임베르크스티그를 통과해 수도원과 중세 정착지에 이를 수 있다. 린처 거리를 이용하면 그리스도의 수난을 상징하는 십자가의 길 6곳을 지나게 된다. 모차르트가 오페라 〈마술피리〉를 작곡한 곳이라고 알려진 지점에서 모차르트 기념물이 있다. 펠릭스 게이트에 이르면 잘츠부르크의 멋진 전경이 눈앞에 펼쳐진다.

스타인 거리에서 출발하는 좁은 계단길인 임베르크스티그는 잘츠부르크의 유서 깊은 무역로이다. 수도원 건너편에는 오스트리아의 작가 슈테판 츠바이크의 저택인 파싱어 슐레슬이 나무에 둘러싸여 있다. 이곳에서 멀지 않은 곳에 도시를 조망하기에 좋은 전망대가 2곳 있다. 걸어서 20분 거리에 바이에른 전망대가, 10분 거리에 오베레 슈타타우시트가 있다.

산정상의 펠릭스 게이트에서 성벽을 따라 걸으면 프란치스킬뢰슬이 나온다. 1629년 조성되어 흉벽으로 사용되던 이곳은 1849년에 선술집으로 개조되었다. 선술집은 수요일부터 일요일까지 오후에 문을 연다.(여름 축제 21시까지 / 휴무 1월)

스타츠부르크 다리나 모차르트 다리를 건너면 올드 타운이 나온다. 산 정상까지 걸어서 갈거라면 하루 종일 일정을 비우는 것이 좋다.

ITALY

이탈리아

Toscana | 토스카나

Verona | 베로나

Toscana

토스카나

Toscana
토 스 카 나

이탈리아의 가장 상징적인 지방인 토스카나는 훌륭한 르네상스 미술과 목가적인 전원 풍경을 만날 수 있는 곳이다. 유서 깊은 마을, 아름다운 예술, 비옥한 올리브 과수원과 포도원 등으로 구성된 토스카나는 우리가 상상하는 이탈리아의 모습을 볼 수 있다. 르네상스 시대에 혁신의 중심지였으며 토스카나 출신의 화가, 건축가, 조각가들은 새로운 유럽 문화를 정립시켜놓았다.

신선한 재료를 이용한 요리와 함께 와이너리도 구경하고 세계 최고의 명성을 자랑하는 와인을 같이 맛보면 환상에 젖을 수 있다. 중세 시대의 마을의 광장에 앉아 지나가는 사람들을 구경하고 예술 작품처럼 아름다운 건축물과 함께 늦은 밤까지 추억을 남길 수 있는 하루를 지내보자. 행복한 하루에 감사할 것이다.

전 세계 관광객들은 수백 년 동안 피렌체로 모여들었고 앞으로도 모여들 것이다. 활기찬 분위기에 압도적인 건축물은 700여 년 전 르네상스시대의 매력을 상당 부분 그대로 간직하고 있다. 해질 무렵, 아르노 강을 따라 거닐면서 베끼오 다리로 오면 우피치 미술관에서 우리는 전 세계에서 가장 중요한 르네상스 예술을 만나게 되는 행운을 가질 수 있다.

전 세계에서 피사의 사탑만큼 독특한 건물은 거의 없을 것이다. 12세기에 지어진 피사의 사탑이 관광객의 관심을 받지만, 피사이 사탑 옆에 성당 단지의 다른 건물도 충분히 구경할 가치가 있다. 근처의 두오모, 바피스테리, 납골당 캄포산토 등은 피사의 고딕 양식으로 설계되었다.

산 지미냐노는 토스카나의 많은 언덕 마을 중에서 가장 유명한 곳이다. 특히 12~13세기에 귀족들이 경쟁적으로 지은 중세 시대의 고층 건물이 10개 이상이다. 대성당, 키에사 디 산 타고스티노 등의 유서 깊은 건물에서 아름다운 프레스코화도 감상하고, 와인 시음장에서 유명한 백포도를 맛보는 것을 추천한다.

토스카나에 오면 야채와 콩, 빵을 넣어 만든 스프 리보리따와 간단하지만 정말 맛있는 피렌체 전통 티본 스테이크인 비스떼까 알라 피오렌티나를 추천한다. 4~5월의 봄이나 9~10월의 가을은 토스카나를 방문하기에 가장 좋은 때이다.

누텔라 이야기

안녕하세요. 전 세계인의 아침식탁 단골메뉴인 누텔라 초콜릿 잼이 이탈리아의 브랜드인 것을 알고 계시나요? '누텔라'는 1년에 팔리는 총량을 합치면 만리장성을 8번을 돌고도 남을 정도로 어마어마한 사랑을 받고 있는 식품입니다. 특히 친근한 브랜드 이미지의 초콜릿 잼이지만 사실 이탈리아의 무거운 역사적 시기에 탄생의 기원을 두고 있는데요. 무려 초콜릿잼 주제에 '나폴레옹'과 '무솔리니'라는 세계사 교과서의 어마어마한 인물들에게서 연관되어 탄생하게 되었습니다.

먼저 1804년 당시 나폴레옹은 영국과 전쟁 중에 있었고, 이에 따라 영국은 영국뿐만이 아닌 당시 영국 우호국 모두에게 프랑스로의 카카오 등 다양한 물품의 수출을 전면적으로 금지시키게 합니다. 현재 북부 이탈리아 지방인 피에몬테 지방은 그 당시 프랑스에 속해 있었기에 함께 프랑스와 마찬가지로 카카오 수급이 어렵게 됩니다.
이에 피에몬테 지방의 도시 토리노의 초콜릿 장인은 '아 이대로 카카오 수급이 안 되서 초콜릿을 못 만들어 팔면 망하겠구나.'싶어서 열심히 메뉴 개발을 하기 시작했습니다. 그래서 개발한 것이 누텔라의 조상님이라 할 수 있는 '잔두야'입니다. 초콜릿 안에 카카오의 비율을 확 줄이고 토리노에서 수급이 가능한 헤이즐넛으로 대체해서 만든 새로운 형태의 디저트였고, 이 지방에서 큰 히트를 쳐서 유명해지게 됩니다.

그 이후로도 제 2차 세계대전 시기에 무솔리니는 에티오피아에서 UN에서 금지한 화학가스 무기를 사용하게 되고, UN은 이러한 이탈리아에 전면적인 수출과 수입의 일체 무역 행

위를 금지령을 내리게 됩니다. 그래서 이탈리아는 당시 전쟁에서 한편이었던 독일, 일본, 미국과의 교역만 가능하게 되었습니다.

먼저 이 당시의 상황을 간단히 설명 드릴께요. 제재에도 불구하고 무솔리니는 이탈리아만의 자주적인 음식 독립을 주장하며 되도록 이탈리아에서 직접 재배하고 수급하도록 사람들을 독려하고, 수입되는 음식재료들에는 엄청난 세금을 부과하였습니다. 그래서 러시아와 남부 아메리카에서의 수입 대신 밀의 자주적인 공급을 위해서 급기야 밀라노 두오모 광장에도 로마 콜로세움 주변의 부지가 있는 모든 곳에 밀을 재배하는 장관이 펼쳐지기도 하였습니다. 다음 비디오를 보시면 밀라노의 패션거리에도 때 아닌 밀밭이 펼쳐져 있는 것을 볼 수 있습니다.
이 무솔리니시기에 이탈리아 제빵사 페레로로쉬 초콜릿으로 유명한 페레로가 나폴레옹 시기의 잔두야를 더욱더 카카오 비율을 줄이고 헤이즐넛 비율을 향상시켜서 발라먹을 수 있는 잼의 형태로 개발해서 현재의 누텔라가 개발되었습니다.

이 당시의 시기에 가죽 공급이 현저히 적어져서 명품 브랜드인 구찌는 지속적인 판매라인 구축을 위해서 가죽가방이 아닌 '캔버스백'을 내놓게 되어 현재까지 흥행을 일으키게 되었고, 또한 커피원두 또한 수급이 불가능 했기에 우리나라에서 정부가 쌀값의 심한 가격 상향을 조절하듯이 이탈리아 정부는 커피를 우리나라의 쌀처럼 필수식품으로 분리될 정도로 커피를 사랑하는 이탈리아인들은 자주적으로 커피맛을 만들기 위해 보리를 이용해서 보리커피를 개발하기도 하였습니다. 게다가 석유의 수입도 힘들게 되니 무려 석탄을 넣어서 움직이는 차를 개발하기도 하였죠. 그러므로 달콤한 초콜릿 잼 누텔라는 이런 역사적으로 어려운 제재의 상황들 끝에 전 세계인의 식탁에 올라오게 되었습니다.

Verona
베   로   나

베로나의 생기 넘치는 문화와 그림처럼 아름다운 거리를 구경하다보면 낭만적인 도시와 사랑에 빠지게 될 것이다. 거대한 원형 극장에서 오페라를 감상하고, 시장 광장에서 맛있는 이탈리아 음식도 맛보면서 셰익스피어가 로미오와 줄리엣의 배경으로 베로나를 선택한 이유를 생각해 볼 수 있다.

베로나는 풍부한 문화와 아름다운 건축물, 맛있는 현지 음식으로 유명한 이탈리아의 떠오르는 관광 도시이다. 셰익스피어가 로미오와 줄리엣의 배경으로 삼은 곳으로 유명하여 시

내 거리만 걸어도 낭만이 느껴지는 것 같다. 베로나에 들어서면 바로 브라 광장이 나온다. 베로나로 들어가는 관문인 광장에는 레스토랑, 바Bar와 관광지가 주위에 늘어서 있다. 광장, 동쪽에는 이탈리아에서 가장 큰 원형 극장인 아레나 디 베로나가 있다. 환상적인 오페라 공연을 보면서 옛 시절에 만든 탁월한 음향 시설에 감탄하게 된다.

베로나 거리는 자갈이 깔린 거리이기 때문에 걸어서 여행하기에 좋은 도시이다. 이탈리아의 오래된 중세도시와 달리 언덕이 별로 없고 평평한 오솔길이 많아서 누구나 편하게 도시를 둘러볼 수 있다. 카스텔베키오 박물관은 유서 깊은 성에 다양한 예술 작품이 소장되어 있고, 베로나 성당에서는 아름다운 건축 양식에 감탄하지만 베로나의 주교가 진행하는 아침 미사에도 참석하면 머리가 경건해지는 현상에 감탄하게 된다.

매일 재래시장이 열리는 중앙 광장, 에르베 광장에서 활기찬 분위기를 아침에 느껴보자. 시장에서 신선한 현지 농산물을 골라, 돌아와 직접 음식을 만들어 맛있는 식사를 한끼 해결해도 좋다. 베로나는 쌀로 만드는 북부 이탈리아 요리로 유명하다. 현지 '버섯과 트러플'을 이용한 리조토가 관광객의 사랑을 받고 있다.

줄리엣 하우스에 가면 셰익스피어가 로미오와 줄리엣의 배경으로 사용한 곳을 볼 수 있다. 줄리엣의 발코니에서 로미오와 줄리엣의 한 장면을 재연하면서 사진으로 남기는 관광객은 좋은 추억이 만들고 있다.

브라광장
Bra Square

베로나에서 관광객이 가장 많이 찾는 브라 광장에는 고급 레스토랑과 바는 물론 클래식한 건축물들도 많이 보인다. 브라 광장은 베로나에서 가장 큰 광장으로 베로나 사람들의 일상생활을 구경하기에 좋은 장소이다. 도시의 문 안에 위치한 광장은 베로나에 도착한 사람들을 가장 먼저 반겨주는 곳이다. 브라 광장에는 레스토랑과 바가 밀집되어 있어 항상 사람들로 북적인다.

광장은 상당히 커서 이탈리아에서 제일 큰 광장이라고 말할 정도이다. 베로나를 처음 방문하시는 관광객은 관광의 시작점으로 브라광장만큼 좋은 곳은 없다. 광장에는 거대한 아레나 디 베로나가 우뚝

서 있다. 한때 로마의 검투사들이 싸움을 벌였던 원형 극장은 폴 메카트니, 라디오헤드, 원디렉션 등 유명 뮤지션들이 공연하면서 베로나에서 가장 인기 높은 명소가 되었다.

광장을 지나 그란 과르디아 궁전에 가면 인상적인 17세기 건축물이 나온다. 광장의 남쪽에 위치한 궁전에는 한때 도시의 보초들이 거주했다고 한다. 브라 광장의 중심을 관통하는 핑크색의 대리석대로에는 비토리오 에마누엘레 2세의 기마상이 있다. 베로나의 자매 도시인 뮌헨이 선물한 알프스 분수도 보인다.

점심과 저녁에는 시민들이 만나는 만남의 장소가 되어, 테이블에 자리를 잡고 앉아 맛있는 현지 와인과 요리를 즐기는 장면을 곳곳에서 볼 수 있다. 이탈리안 살라미를 넣은 리조토는 베로나의 특산 요리이니 꼭 주문해 보자.

아레나 디 베로나
Arena di Verona

한때 로마의 검투사들이 서로 죽을 때까지 싸웠던 유서 깊은 경기장에서 오페라, 록 콘서트, 연극 등을 볼 수 있는 장소이다. 베로나 스카이라인을 구분짓는 아레나 디 베로나는 세계 최대 규모의 로마 원형 극장이다. 기원 후 30년에 지어진 경기장은 베로나에서 가장 오래된 건물로 규모가 엄청나다. 매년 500,000명 이상의 베로나를 찾는 관광객이 놀라운 건축물에 압도당하면서 관광을 시작하게 된다. 온종일 원형 극장은 다채로운 빛깔을 띠는 것을 보면 한 번 더 놀라게 된다.

아레나 디 베로나는 흥망의 역사를 간직한 곳이다. 12세기에 베로나에 지진이 발생하여 경기장 건물의 4층 대부분이 소실되었다. 1913년 현지 오페라 가수인 '지오반니 제나텔로'가 경기장에서 야외 콘서트를 열면서 이곳은 다시 과거의 영광과 인기를 되찾게 되었다.

해가 지면 관중석에 촛불이 켜지면서 콘서트가 시작된다. 지금도 절묘한 음향 시설을 가진 원형 경기장에서 열리는 오페라 공연을 감상하기 위해 전 세계 사람들이 아레나 디 베로나를 찾고 있다. 무대에서 가장 먼 좌석에서도 모든 울림을 들으실 수 있다는 사실에 놀라게 된다.

> **베로나 카드**
> 베로나의 관광지에 입장할 수 있는 베로나 카드를 사용하면 다른 시간대에 아레나에 다시 와서 다양한 분위기를 느낄 수 있다.

콘서트 티켓

매년 열리는 콘서트 티켓은 조기에 매진되므로 미리 티켓을 예매해야 볼 수 있다. 공연 시작 직전에 일부 티켓을 내놓기도 하므로 발품을 팔아 티켓을 구입할 수도 있다. 푹신한 좌석에 앉으려면 1층 좌석이 좋고, 현지인들과 어울려 돌계단 좌석에 앉아 콘서트를 구경해도 좋다.

에르베 광장
Erve Pazz

언제나 활기가 넘치는 베로나의 중심에 위치한 에르베 광장에는 매일 시장이 열리며 베로나 최고의 레스토랑들이 몰려 있다. 광장 중심에는 매일 시장이 열리며 길가의 레스토랑, 바, 카페에는 야외 테이블과 의자가 놓여 있다. 시장 상인들이 손님을 부르는 시끌벅적한 분위기에서 이탈리아 전통 에스프레소를 마시며 광장을 둘러싼 건물들과 다양한 관광객을 볼 수 있다. 잠시라도 들러서 커피를 마시거나 저녁에 현지 요리와 함께 여행의 여유를 느낄 수 있다.

로마 시대 이후로 에르베 광장은 베로나 시민들에게 만남의 장소로 사용되어 왔다. 베로나의 많은 거리는 바로 광장과 이어지고 있다. 베로나의 대표적 엔터테인먼트 지역 중 하나인 이 에르베 광장에는 현지인들이 찾는 맛집들이 많다. 트러플 리조토와 바삭한 브루스케타는 인기 메뉴이다.

광장에 있는 시장에는 매일 저렴한 가격이라고 외치는 행상들이 신선한 농산물을 판매하고 있다. 구입을 하지 않아도 시장을 천천히 둘러보며 기념품 쇼핑도 즐기는 것도 좋은 방법이다. 광장에서 가장 눈에 띄는 건물은 바로크 양식의 팔라초 마페이이다. 근처에는 토레 델 가르델로 역사가 14세기로 거슬러 올라간다.

도시의 위용을 상징하는 날개달린 사자상과 광장의 한복판에는 에르베 광장의 중앙부 장식과 같은 마돈나 베로나 분수가 있다.

줄리엣 하우스
Juliet House

로미오와 줄리엣의 주인공이 살았다는 줄리엣 하우스에서 사랑하는 연인에게 낭만적으로 사랑을 고백하는 현장을 가

끔 볼 수 있는 낭만적인 장소이다. 베로나의 유서 깊은 저택에서 로미오와 줄리엣의 애틋한 사랑 이야기를 보고 싶다면 재연해도 좋다. 옆의 관광객은 박수를 치면서 용기를 북돋아 줄 것이다. 로미오와 줄리엣의 주인공 중 한 명인 줄리엣이 살았던 집이라고 알려진 저택은 다양한 사진과 유물이 전시된 줄리엣 박물관으로 변

화해 사용되고 있다. 줄리엣 하우스는 연인들이 찾는 인기 장소로 사랑하는 사람 에게 낭만적인 사랑을 고백하기에 좋다.

줄리엣 하우스의 풍경

1. 줄리엣 하우스의 문에는 사랑의 증표로 자물쇠를 걸어놓은 것도 볼 수 있다. 자물쇠에 이름을 적으면 사랑하는 이와의 관계가 오래도록 지속된다고 믿게 된다.
2. 줄리엣 하우스로 이어지는 터널의 벽에는 사랑의 표현이 담긴 수백 개의 쪽지가 꽂혀 있다. 양옆의 짧은 터널 벽에 다양한 사랑의 메모들이 붙어있고, 터널을 지나 더 앞으로 이동하면 가운데 줄리엣의 동상이 서 있다.
3. 줄리엣의 동상 중 가슴을 손으로 만지면 행운이 온다고 한다. 이 작은 마당에는 로미오가 서서 줄리엣을 불렀다는 곳이 표시되어 있다. 발코니에 올라가 로미오와 줄리엣의 장면을 재연하는 커플을 많이 볼 것이다.

박물관

줄리엣의 집안인 카풀레티 가문에 대한 다양한 사진과 유물이 전시되어 있다. 기념품 가게에서는 로미오와 줄리엣을 테마로 하는 다양한 기념품을 구입하실 수 있고요. 줄리엣 하우스에서 멀지 않은 곳에 줄리엣의 무덤이 있다. 베로나의 여러 명소를 입장할 수 있는 베로나 카드를 구입하면 할인을 받을 수 있다.

베로나 성당
Verona Cathedral(Duomo)

베로나의 대표적인 성당인 베로나 성당은 12세기에 지어진 이후, 다양한 건축 양식을 가진 역사적인 성당이다. 베로나에서 가장 신성한 장소로 여겨지는 베로나 성당에는 매년 수천 명의 방문객이 찾아와 기도를 드리고 아름다운 건축물을 감상한다.

당 안에는 작은 예배당이 있고 둥근 아치형의 천장에는 감탄이 절로 나오는 프레스코화가 그려져 있다. 멋진 조각 장식도 많아서 그림을 감상하기에도 좋지만 베로나의 주교가 집도하는 오전 미사에 참여하고 예배당에서 조용히 사색을 즐기면 만족스러운 경험이 될 것이다.

1117년 지진으로 파괴된 중세 시대 교회 위에 지어진 12세기 건물이지만 성당의 외관과 내부는 여러 차례 새로 보강되었다. 베로나 성당 주변을 거닐면 공사 과정에서 사용된 여러 건축 양식을 볼 수 있다. 교회 입구에는 수호신 동상이 여러 개 있어요. 높은 아치형 천장을 올려다보면 섬세한 르네상스 양식의 벽과 지붕을 감상할 수 있다. 성당의 정면은 고딕 양식의 창문이 꾸며주고 있고, 3개의 통로 사이로는 붉은색의 베로나 대리석으로 만든 기둥들이 보인다.

신도석을 따라 나 있는 3개의 통로 중 첫 번째 통로를 따라가면 성당 왼편의 작은 예배당인 카펠라 니케졸라가 나온다. 안으로 들어가면 티치아노의 성모 승천을 표현한 거대한 르네상스식 프레스코화를 만난다. 성당을 관통하여 계속 가면 성인 아가타의 석관이 있는 예배당을 포함하여 여러 다른 예배당을 볼 수 있다. 산 지오반니의 세례장도 구경하고 한 덩어리의 대리석을 깎아 만들었다는 세례반도 살펴보자. 세례장 옆에는 로마식 모자이크로 꾸며진 아담한 성녀 헬레나 예배당이 있다.

베로나 성당에는 주중 내내 미사가 열리므로 미사 시간에 방문하면 다른 사람들에게 방해가 되지 않도록 조심해야 한다.

주소_ www.chieseverona.it
위치_ Piazza Duomo in the Citta Antica
시간_ 10~17시
전화_ 045-592-813

카스텔베키오 박물관
Museo di Castelvecchio

이전에 성을 개조해 사용하고 있는 박물관은 고고학 유물과 무기까지 전시된 베로나에서 가장 방대한 규모의 예술 작품을 소장한 곳이다. 카스텔베키오 박물관은 베로나에서 가장 유명한 갤러리로 알려져 있다. 박물관 건물은 중세 시대에 베로나의 통치자들이 머물렀던 웅장한 성이었다. 아름다운 건축물을 먼저 감상하고, 안으로 들어가서 유명한 예술 작품들을 감상해 보자.

건물은 격변의 역사 속에서 많은 어려움을 겪었는데, 처음에는 베네치아인, 그 다음에는 나폴레옹, 마지막으로 제2차 세계대전 폭격으로 크게 훼손된 적이 있다. 현재 이 성의 디자인은 1957년에 시작된 복구 작업으로 탄생했다. 이탈리아의 저명한 건축가 카를로 스카르파가 중책을 맡아 성을 이탈리아의 걸작 예술품을 전시하는 박물관으로 변모시켰다.

복구된 카스텔베키오 박물관은 오늘날 건축적으로 백미라고 여겨진다. 거대한 유리판과 금속 장식이 원래의 중세 시대 석조 재료를 대체하고 있다. 이곳을 방문하는 많은 사람들에게 이 건축물의 디자인은 큰 인기이다. 안에는 이탈리아의 유명한 르네상스와 중세 시대 예술 작품이 전시되어 있다.

방대한 규모의 공간에 전시된 작품에는 피사넬로, 스테파노 다 베로나, 젠틸레 벨리니, 지롤라모 다이 리브리 등의 작품들도 볼 수 있다. 카를로 스카르파가 디자인한 계단을 올라가면 로마네스크 양식의 조각품을 전시한 곳이 나온다. 하이라이트는 성인 세르지우스와 바쿠스의 성묘라는 제목의 12세기 얕은 돋을새김과 거대한 기마상이다.

14세기 유물들에는 꽃병, 칼, 중세 시대 동상 등이 전시되어 있는데, 상당수는 성을 지은 귀족 델라 스칼라 가문이 소유했던 것이다. 건물 밖의 정원에서 느긋하게 산책하면서 베로나 시내를 배경으로 카를로 스카르파Sparca의 건축물을 멋진 사진으로 담을 수 있다.

주소 www.chieseverona.it
위치 Corso Castelvecchio 2, 37121
시간 13시 30분~19시 30분 **전화** 045-806-2611

SPAIN

스페인

Granada | 그라나다

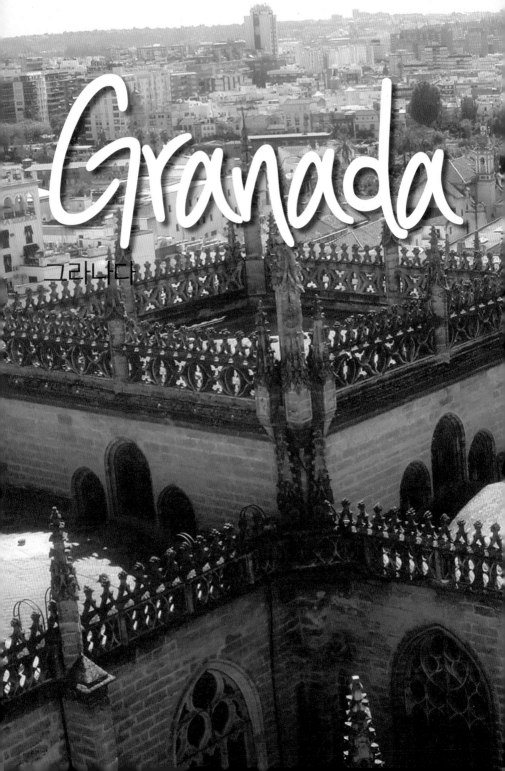

Granada

그라나다

그라나다는 알람브라 지구, 알바이신 지구, 사크로몬테 지구, 그란비아 데 콜론에서 볼거리가 있으며, 가운데에 이사벨 라 카톨리카 광장, 북쪽에는 누에바 광장과 3개의 언덕이, 남쪽에는 현대적인 신시가가 있다.

보통 1박2일로 알바이신과 신시가에 있는 대성당, 카르투하 수도원 등은 1일 코스로 돌아보고 다음날 오전에 알람브라 궁전을 보는 경우가 일반적이다. 구시가에서는 이슬람 문화의 정취를 느낄 수 있다.

그라나다 IN

스페인 남부 안달루시아 지방의 도시 그라나다는 마드리드에서 기차로 5시간, 버스로는 7시간 정도 소요된다. 800년 이상 이슬람의 지배를 받은 이베리아 반도의 마지막 이슬람 왕국이 그라나다이다. 1492년, 이베리아 반도에서 이슬람 문명을 몰아내는 국토회복운동으로 이슬람 왕국은 사라졌다. 구시가 곳곳에 이슬람 문화의 흔적들이 남아 있어 이국적인 풍경을 보려 관광객이 끊임없이 그라나다를 방문한다.

이슬람 건축의 알람브라 궁전과 이슬람 사원이 있던 자리에 세워진 대성당은 그라나다에서 반드시 봐야 하는 곳이다.

비행기

마드리드나 바르셀로나에서 부엘링 등의 저가항공을 이용하면 그라나다까지 약 1시간 정도 걸린다. 그라나다 공항Federico Garcia Lorca Granada-Jaen Airport/GRX은 그라나다 도심에서 서북쪽으로 약 15㎞ 떨어져 있다.

▶공항 홈페이지 : www.granadaairport.com

공항에서 그라나다 시내 IN

그라나다는 비행기, 열차, 버스 등을 이용해 스페인의 각 도시를 오갈 수 있다.

공항버스

공항에서 시내로 가는 가장 편리한 수단은 공항버스다. 오토카 조세 골잘레스Autocares Jose Gonzalez에서 운행하는데 그라나다 버스터미널Estacion de Autobuses de Granada, 그란비아Gran Vía, 대성당Cathedral 등을 지나간다. 티켓은 미리 구입할 필요 없이 운전기사에게 구입하면 된다.

▶운행시간
월요일~토요일 05:20~20:00,
일요일 06:25~20:00
▶소요시간 : 45분
▶요금 : €6

택시

공항에서 그라나다 시내까지 30유로 정도의 요금이 나오는데, 일행이 4명이라면 탈 만하다. 택시 승강장은 비행기가 도착하는 층에 있다.

철도

마드리드, 세비아, 코르도바, 말라가 등의 도시를 연결하는 열차는 많다. 그라나다 → 마드리드 구간과 그라나다 → 바르셀로나 구간은 주간열차와 야간열차가 운행되어 스페인 철도패스를 이용할 수 있지만 좌석을 반드시 예약해야 한다. 특히 여름 성수기의 세비야 → 그라나다 구간은 이용자가 많기 때문에 좌석 예약은 필수다.

그라나다역에서 시내까지 걸어서 30분

정도 소요되는데, 시내버스를 이용하는 것이 좋다. 그라나다역 앞의 큰 길 콘스티투시온 거리Av. de la Constitucion에서 3, 4, 6, 9, 11번 시내버스를 타고 10분 정도 지나면 이사벨 라 카톨리카 광장Plaza de sable la Catolica에 도착한다. 걸어서 15분 정도면 이사벨 라 카톨리카 광장에서 알람브라 궁전까지 갈 수 있다.

버스
스페인은 국토가 넓어 고속도로와 장거리 버스 노선이 발달해 있다. 그라나다는 그중에서도 안달루시아 지방을 오가는 노선이 발달해 있다. 그라나다와 마드리드, 바르셀로나, 코르도바, 세비야 등의 구간을 연결하는 버스는 ALSA에서 운행하고 있다.
그라나다 버스터미널Estacion de Autobuses de Granada에서 그라나다 시내 관광의 기점이 되는 그란비아Gran Via와 이사벨 라 카톨리카 광장Plaza de Isabelle la Catolica까지는 버스 3, 33번을 타고 약 15분 정도 소요된다.

▶ALSA 홈페이지 : www.alsa.es

그라나다의 구시가는 도보로도 충분히 돌아볼 수 있다. 기차역에서 시내, 시내에서 떨어진 사크로몬테로 이동할 때에는 버스를 이용하는 것이 좋다.

시내교통

티켓의 종류 및 요금
버스 티켓은 1회권과 충전식 교통카드인 보노부스Bonobus가 있는데 운전기사에게 직접 구입하거나 자동발매기를 이용하면 된다. 보노부스는 5유로, 10유로, 20유로

로 충전할 수 있으며 구입 시 충전 금액에 보증금 2유로를 합해서 내야 한다. 여행이 끝나면 운전기사에게 반납하고 보증금을 돌려받는다. 잔액은 돌려받을 수 없다. 보노부스는 여러 명이 사용해도 무관하며 2013년 기준으로 5유로를 충전하면 8회, 10유로를 충전하면 13회 탑승이 가능하다.

승차권 종류	원어명	요금
1회권	Billete Ordinario	€1.7
보노부스	Bonobus	€5, €10, €20 (보증금 €2 별도)

미니버스
알람브라 궁전, 알바이신, 사크로몬테 등의 언덕을 순회하는 빨간색 미니버스로 누에바 광장Plaza Nueva에서 출발한다. 요금은 일반 버스 요금과 동일하다.

▶운행 노선
30번 – 알람브라 궁전
31번 – 알바이신 지구
35번 – 사크로몬테

알바C
(산 니콜라스 전망

그라나다 파이브 센시즈

생 제르멩●

그란 비아 데 콜론 대로

다로 강

파스텔레리아
안달루시 누하일라

플레이 그라나다

보데가스
카스타녜다●

누에바 광장

오스탈 AMC 그라나다●

왕실 예배당

바르 로스 디아만테스

그라나다 대성당

아랍 시장

이사벨 라 카틀리카 광장

추레리아 알람브라 카페●

바르 포에●

그라나다 시청 여행안내소

푸에르타 레알

타베르나 라 타나●

파스텔레리아 카사 이슬라 앙헬로●

엘 코르테 잉글레스

바르 아빌라●

- 플라멩코 댄서 동상
- 밀회를 목격한 나무
- 헤네랄리페
- 나스르 궁전
- 의 탑
- 알람브라
- 카를로스 5세 궁전
- 그라나다 파라도르
- 워싱턴 어빙 동상
- 알람브라 궁전 매표소

그라나다 베스트 코스

낮에는 아름다운 알람브라 궁전에서의 산책을, 저녁에는 아랍풍 카페에 들러 다양한 아랍 차와 그들의 문화를 느껴보자. 알람브라 궁전은 하루 입장객을 제한하기 때문에 미리 예약하는 것이 좋다. 알람브라 궁전을 거닐며 영화로웠을 그라나다의 옛 모습을 머릿속에 그려보자. 특별한 루트를 짜지 않더라도 쉽게 둘러볼 수 있으니 주요 볼거리들을 체크해가며 천천히 돌아보자. 모든 관광이 끝났다면 칼데레리아 누에바 거리의 아랍풍 카페에서 차를 마시거나 플라멩코 공연을 보는 것도 좋다.

누에바 광장   대성당   알람브라 궁전

누에바 광장
Nueva Square

그라나다 여행의 시작을 알리는 곳이 바로 이곳, 누에바 광장이다. 그라나다역에서 걸어서 30분 정도 소요된다. 광장 주변에는 관광 안내소부터 레스토랑들이 늘어서 있다. 산타 아나 성당 방향으로 길을 따라가면 알바이신 지구가 시작된다. 버스 정류장에서 30, 32번 버스를 타면 알람브라 궁전과 알바이신 지구로 이동할 수 있다.

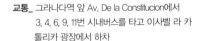

교통_ 그라나다역 앞 Av. De la Constitucion에서 3, 4, 6, 9, 11번 시내버스를 타고 이사벨 라 카톨리카 광장에서 하차

그라나다 대성당

그라나다 대성당
Catedral de Granada

16세기에 이슬람의 모스크를 헐어내고 새로 지은 대성당은 르네상스양식의 걸작으로 인정받고 있다. 성당의 외관은 고딕양식을, 내부는 르네상스양식을 띤 독특한 건물이다. 특히 황금으로 장식된 왕실예배당이 유명하다.

왕실 예배당
Royal Chapel of Granada

스페인의 황금시대에 이사벨 여왕Queen Isabella과 그의 남편 페르난도King Ferdinand가 1505~1517년에 걸쳐 고딕양식으로 완성하였다. 내부는 화려한 조각들로 장식되어 있다.
기존의 다른 카톨릭 성당과는 문양이 조금씩 다른데 이슬람양식이 영향을 미쳤다고 한다. 여왕과 남편, 딸들의 묘가 안치되어 있다.

홈페이지_ www.catedraldegranada.com
위치_ 누에바 광장에서 도보 5분
주소_ Calle Gran Via de Colon, 5
시간_ 10:45~13:15, 16:00~19:45
　　　　(겨울철시에스타 이후~18:45)
　　　　일요일 · 공휴일 휴무

홈페이지_ www.capillarealgranada.com
시간_ 가을, 겨울
　　　월요일~토요일 10:15~13:30, 15:30~18:30
　　　일요일 11:00~13:30, 14:30~17:30
　　　공휴일 11:00~13:30, 15:30~16:30
　　　봄, 여름
　　　월요일~토요일 10:15~13:30, 14:00~19:30
　　　일요일 11:00~13:30, 14:30~18:30
　　　공휴일 11:00~13:30, 16:00~19:30
　　　1/1, 12/25, 성 금요일 휴무
요금_ €4

알카이세리아 거리
Alcaicería Distancia

누에바 광장에서 알바이신을 오르는 입구에 형성된 아랍 거리로 아랍 기념품을 파는 상점과 카페, 레스토랑 등이 여행자들을 유혹하고 있다.

위치_ 누에바 광장에서 도보 3분

칼데레리아 누에바 거리
(아랍 거리)
Calderería Nueva Distancia

누에바 광장에서 알바이신을 오르는 입
구에 형성된 아랍 거리로 아랍 기념품을
파는 상점과 카페, 레스토랑 등이 여행자
들을 유혹하고 있다.

위치_ 누에바 광장에서 도보 3분

알람브라 궁전
Alhambra

그라나다를 방문하는 이유는 대부분 알람브라 궁전을 보기 위해서라고 해도 과언이 아니다. 이곳의 이슬람 건축물은 현존하는 이슬람 건축물 중 최고로 유명하다. 스페인은 8세기부터 약 800년 동안 이슬람의 지배를 받았는데 알람브라는 스페인의 마지막 이슬람 왕국인 나스르 왕조Nasrid dynasty 의 궁전이었다.
아랍어로 '붉은 성'이라는 뜻이다. 13세기 나스르 왕조 시대에 세워졌으며, 14세기 후반에 완성되었지만 몇 차례의 전쟁을 겪으면서 파괴되고 방치되었다가 지금에 이르렀다. 현재 유네스코 세계문화유산으로 지정되어 관리 및 복구되고 있다.
인터넷으로 미리 예매를 해야 기다리지 않고 입장이 가고능하다. 무작정 기다리다가는 못 볼 가능성이 높다. 누에바 광장에서 15~20분 정도 걸어서 이동하거나 알람브라 미니버스 30, 32번을 타고 헤네랄리페역에서 내리면 된다. 알람브라 궁전은 크게 헤네랄리페Generalife, 카를로스 5세 궁전Palacio de Carlos V, 나스르 궁전, 알카사바 성채Alcazaba 순으로 둘러볼 수 있다. 박물관, 미술관, 정원, 성당 등도 있어 관람하는 데 많은 시간이 걸리기 때문에 간단한 먹거리나 음료 등을 미리 준비해 가는 것이 좋다.

홈페이지_ www.alhambra-patronato.es,
www.alhambra.org
티켓예매_ www.alhambra-tickets.es
시간_ 11월~3월 15일 : 월요일~일요일 8:00~18:00,
야간개장 : 금요일~토요일 8:00~21:30
3월 16일~10월 : 월요일~일요일 8:30~20:00,
야간개장 : 화요일~토요일 22:00~23:30
1/1, 12/25 휴무
요금_ 통합티켓 €17

국토회복운동의 슬픈 역사 VS 스페인의 알함브라 궁전

모로코의 쉐프샤우엔의 파란 도시를 보면서 무어인들이 아프리카 대륙의 쉐프샤우엔에 정착할 수 밖에 없었던 역사를 함께 생각하며 파란도시의 전경을 즐겨보는 건 어떨까? 스페인에 있는 그라나다의 대표적인 이슬람 문화유산으로 1984년에 세계문화 유산으로 등록되었다. 알함브라 궁전의 추억이라는 아름다운 선율의 기타 곡을 들어 본 적이 있는가? 이 노래에 나오는 알함브라 궁전은 에스파냐 남부의 그라나다에 있는 이슬람 유적이다. 어떻게 크리스트교가 지배하는 유럽에 이슬람 예술의 걸작으로 알려진 궁전이 있을 수 있을까?

7세기 초에 아라비아 반도에서 일어난 이슬람은 빠르게 세력을 넓혔다. 아프리카 북부를 모두 점령하고 711년에는 마침내 지중해를 건너 이베리아 반도에 있던 서고트 왕국을 정복하고 유럽 땅으로 들어갔다. 이슬람 세력은 오랫동안 이베리아 반도 거의 전부를 지배하였다. 이때 이베리아 반도에 정착해 살던 아라비아 인들을 무어인이라고 한다.

국토 회복 운동

크리스트 교도들이 이슬람 세력을 몰아내고 영토를 되찾기 위해 국토 회복 운동을 줄기차게 벌이면서 이슬람 세력은 점차 영토를 잃었다. 결국 13세기에 이슬람 세력은 이베리아 반도의 남쪽 끝에 있는 그라나다까지 쫓겨났다. 이때의 이슬람 왕조가 나스르 왕조이다. 옛날의 넓은 영토를 생각하면 굉장히 자존심이 상하는 일이었다.

나스르 왕조의 왕들은 비록 영토는 빼앗겼지

스페인 알함브라 궁전

만 이슬람 문화가 유럽보다 아름답고 뛰어나다는 것을 마음껏 과시하기 위해 커다란 궁전을 지었다. 그리하여 이슬람 문화의 걸작이라고 일컫는 알함브라 궁전이 탄생하였다. '알함브라'는 '붉은 색'이라는 뜻이다. 처음 요새를 지을 때 벽돌과 흙이 붉었기 때문이라고도 하고, 밤중에 성에 밝혀 놓은 횃불로 성이 불타는 것처럼 보여서 그런 이름이 붙었다.

알함브라 궁전은?

알함브라 궁전은 왕국과 카롤루스 1세의 궁전을 중심으로 양 날개에 성채와 여름 궁전인 헤네랄리페 정원을 거느리고 있다. 궁전은 조각상이나 그림이 없는 대신 안밖은 아라베스

크라는 정교하고 추상적인 무늬와 '쿠란'의 구절, 시 등으로 장식했다. 이슬람교는 우상 숭배를 엄격히 금지해서, 사람이나 동물 등의 조각과 그림을 쓸 수 없었다.

카롤루스 1세의 궁전은 16세기에 카롤루스 1세가 알함브라 중전의 아름다움을 누르기 위해 세운 웅장한 궁전인데, 지어 놓고도 사용하지 않았다. 나스르 왕조의 여름 별장인 헤네랄리페 정원은 분수의 물소리와 정원이 어울려 천국과 같은 느낌을 주는데, 유명한 기타 곡 '알함브라 궁전의 추억'도 이곳에서 탄생하였다.

알함브라 궁전의 슬픈 역사

1492년은 콜럼버스가 아메리카 대륙에 도착한 해이지만, 크리스트 교도가 이베리아 반도에서 이슬람 세력을 완전히 몰아낸 해이기도 하다. 이때 크리스트 교도에게 도시를 넘겨주고 도망가던 나스르 왕조의 마지막 왕 보아브딜은 멀리 떨어진 산의 망루에서 궁전을 바라보며 눈물을 흘렸다고 한다.

한눈에 보는 알함브라 궁전

13~15세기_ 이슬람 왕조인 나스르 왕조의 왕들이 알함브라 궁전을 세움
1492년_ 크리스트 교도가 그라나다를 점령
1516~1556년_ 카롤루스 1세가 궁의 일부를 르네상스 양식으로 고쳐 지음
1812년_ 나폴레옹 군대의 침략 때 탑 몇 개가 파괴됨
1821년_ 지진으로 궁전 여러 곳이 부서짐
1840년_ 알현실을 늘려 지음
19세기_ 낭만주의 예술가들의 채고가 음악에 등장하면서 유명해짐

알함브라 궁전 전경

스페인이 자랑하는 세계 문화유산인 알함브라 궁전은 높다란 언덕에 있는 성채이자 궁전이다. 튼튼한 성채로만 보이는 바깥쪽 모습과 달리 내부는 매우 화려하고 아름답다.

슬프도록 아름다운 왕궁의 추억, 알함브라 궁전Alhambra Palace

누에바 광장Plaza Nueva에서 택시를 타고 알함브라 궁전으로 가는 길. 수백 년 전 전쟁에 패해 쫓겨나던 이슬람 왕조의 마지막 왕이 남겼다는 말이 문득 떠올랐다. "그라나다를 빼앗긴 것은 아깝지 않으나 알함브라를 떠나는 것이 너무 슬프다"고 했던가. 언덕위에 지어진 탓에 오르막길이 계속해서 이어진다.

많은 여행자가 그라나다를 방문하는 목적의 제 1순위는 바로 알함브라 궁전을 보기 위해서라 해도 과언이 아니다. 이슬람 건축양식의 정수를 보기 위해 찾는 유럽이라니. 그 아이러니함이 그라나다라는 도시의 매력을 돋보이게 한다. 알함브라 궁전을 둘러보기 위해서는 생각보다 발품을 많이 팔아야 한다. 성곽인 알카사바Alcazaba, 나스르Nazaries 궁전, 카를로스Carlos 5세 궁전, 아랍 왕들의 여름 궁전인 헤네랄리페Generalife 네 부분으로 나뉘는데 티켓 예매 때 정해지는 나스르 궁전 입장 시간에 맞춰 동선을 잘 짜야 한다.

알함브라 궁전을 거니는 내내 붉은빛의 아라베스크 문양으로 장식된 벽, 화려하지만 조화로운 패턴의 타일 바닥, 나무 혹은 대리석에 섬세한 조각을 새긴 천장 등 눈길을 어디에 두어야 할지 모를 정도로 아름다움의 향연은 계속된다.

나스르 궁전의 백미는 사자의 중정 Patio de los Leone
이 중정과 중정을 에워싸는 공간은 왕 이외의 남자들은 출입이 금지된 할렘이었다고 한다. 이곳을 통틀어 사자의 궁전이라고 한다. 12마리의 사자가 받치고 있는 커다란 원형 분수는 알람브라 궁전의 또 다른 심벌이기도 하다.

나스르 궁전

궁전 내부의 정원
이슬람교는 사막에서 탄생한 종교이기 때문에 물을 중요하게 여겨 궁전의 곳곳에 분수와 연못을 만들어 놓았다.

정교한 장식
궁전 내부는 아라베스크 무늬와 쿠란의 글귀 등으로 정교하게 장식하여 감탄이 절로 나온다.

헤네랄리페 여름 별궁

산 니콜라스 전망대 Mirador San Nicolas
알바이신 지구를 오르다 보면 결국 닿게 되는 목적지이기도 하다. 좁은 길을 따라 걷다가 탁 트인 전망대에 오르면 갑자기 눈앞에 펼쳐지는 풍경에 아찔해질지도 모른다. 그 시간이 해 질 무렵이라면 더더욱 그렇다. 건너편 언덕, 같은 눈높이에 자리한 알함브라 궁전의 전경을 한눈에 볼 수 있는 명당이기 때문이다.

주소_ C/ Real de la Alhambra s/n 18009, Granada
Open_ 10월 15일~3월 14일 08:30~18:00(주간) / 20:00~21:30(야간),
　　　　3월 15일~10월 14일 08:30~20:00(주간) / 22:00~23:30(야간)
입장료_ 종합티켓(Alhambra General)_ 15.4유로
　　　　정원 · 알카사바 · 헤네랄리페_ 8.4유로
　　　　야간 나스르 궁전 · 헤네랄리페_ 9.4유로
홈페이지_ www.alhambra-patronato.es

알람브라 궁전 제대로 관람하기

인터넷으로 예매하지 않았을 경우 오전 8시 전에는 도착해야 당일표를 구입할 수 있다. 특히 여름 성수기에는 관광객이 많이 몰리기 때문에 현장에서 구입을 못 할 수도 있다. 따라서 인터넷으로 미리 예매후 방문하는 게 좋다.

인터넷 티켓 구입 방법
1. 하루 관람객 수는 약 7천 명 정도로 제한한다. 성수기에는 티켓 예매 사이트에서 미리 예매하자(시내에 있는 BBVA 은행에서도 구입 가능).

2. 티켓은 3개월 전부터 예약이 가능하지만 관람 당일은 예약이 불가능하다. 인터넷 예약을 하려면 관람일과 인원을 선택하고 08:00~14:00 / 14:00~ 중에 방문시간을 선택하면 자동적으로 나스르 궁전의 관람 시간이 정해진다. 예매 내용을 한국에서 미리 출력하여 가져가는 것이 좋다. 현장 매표소에서 티켓으로 교환해도 되지만 예매티켓기에서 발권하는 것이 기다리지 않아 편리하다. 결제 시 반드시 신용카드를 준비하자.

3. 입장은 오후 2시를 기준으로 오전과 오후에 입장이 가능하다. 오전에 입장하면 오후 2시 이전에 나가야 한다. 나스르 궁전 입장은 30분 단위로 이뤄지며 티켓에 정해진 시간대에만 입장이 가능하다.

구경 순서
헤네랄리페 → 카를로스 5세 궁전 → 나스르 궁전 → 알카사바 → 석류의 문

헤네랄리페   나스르 궁전   알카사바

헤네랄리페(Generalife)

왕궁의 동쪽, 10분 거리에 있는 헤네랄리
페는 14세기에 세워진 왕의 여름 별궁이
다. 수로와 분수가 아름다워 대부분의 관
광객이 이곳에서 사진을 많이 찍는다. 정
원 안쪽에 있는 이슬람양식과 스페인양
식을 대표하는 아세키아 중정Patio de la
Acequia은 반드시 봐야 하는 포인트다.

카를로스 5세 궁전(Palacio de Carlos V)

16세기에 카를로스 5세가 르네상스양식
으로 지은 궁전으로 현재는 1층에 알람브
라 박물관Alhambra Museum, 2층 순수 예술
미술관Fine Art Museum으로 사용되고 있다.

나스르 궁전(Palacios Nasrid)

메수아르 궁, 코마레스 궁, 사자의 중정
등이 유명하다. 대사의 방, 두 자매의 방,
사자(使者)의 홀은 반드시 봐야 하는 곳
이므로 놓치지 말자.

① 메수아르(Mexuar) 궁

메수아르 방의 벽면과 천장이 아라비아 문양의 정교한 장식들로 둘러싸여 있는데, 카톨릭이 더 문화적으로 앞서 있다고 생각한 유럽사람들이 이슬람 문화에 대해 다시 생각하는 계기가 되었다고 한다. 안뜰의 작은 분수 정원, 알바이신의 전망을 내려다볼 수 있는 황금의 방은 꼭 보자.

② 코마레스(Comares) 궁

아라야네스 중정Patio de los Arrayanes과 옛 성채인 코마레스의 탑Torre de Comares 코마레스 궁의 볼거리이다. 탑 안쪽에는 각국 사절들의 알현 행사 등에 쓰였던 대사의 방Salon de Embajadores이 있다. 이곳의 천장과 벽면은 모두 아라베스크 문양의 장식으로 꾸며져 있다. 코마레스의 탑에 있는 발코니에서 아름다운 사크로몬테 언덕과 알바이신 지구의 풍경을 조망할 수 있다.

③ 사자의 중정(Patio de los Leones)

중정의 내부는 왕을 제외한 남자들의 출입이 금지된 하렘이 있다. 나스르 왕궁 관람의 핵심으로 정원 중앙에는 12마리의 사자가 받치고 있는 사자의 분수가 있다. 중정 남쪽에 아벤세라헤스의 방Sala de las Abencerrajes이, 중정 동쪽에는 왕의 방Sala de los Reyes이, 중정 북쪽에는 종유석 장식으로 꾸며진 두 자매의 방이 있다.

④ 두 자매의 방(Sala de las Dos Hermanas)

사자의 중정 북쪽에 있는 두 자매의 방은 천장과 벽면 가득 화려한 종유석 장식으로 되어 있다.

알카사바
Alcazaba

알카사바는 9세기경에 세워진 알람브라 궁전에서 가장 오래된 곳이다. 서쪽 끝에 알람브라 궁전에서 제일 오래된 벨라의 탑Torre de la Vela에 오르면 알람브라 궁전 내부는 물론 알바이신 지구, 사크로몬테 언덕 등 그라나다 전체를 한눈에 감상할 수 있다.

알바이신 지구
Albaicín

알람브라 궁전 맞은편 언덕에 위치한 알바이신 지구는 그라나다에서 가장 오래된 곳으로 옛 풍경을 그대로 보여준다. 알바이신 지구 전체가 세계문화유산으로 지정되어 있으며, 언덕 정상에 있는 산 니콜라스 성당Iglesia de San Nicolas의 전망대에서 바라보는 알람브라 궁전의 모습은 특히 아름답다. 다른 측면에서 시내를 조감할 수 있는 로나 전망대Mirador de la Lona와 산 크리스토발 전망대Mirador de San Cristobal 등도 있다.

알바이신 지구는 치안이 좋지 않은 편이다. 특히 골목에서 마주치는 남자를 조심해야 한다. 해가 지기 시작하면 버스로 이동하는 것이 좋으며 되도록 해가 지기 전에 벗어나자.

교통_ 알람브라 미니버스 31번 이용

사크로몬테
Sacromonte

알바이신 언덕에 정착한 집시들은 언덕에 구멍을 파 동굴집 쿠에바Cueva을 만들어 살았다. 현재는 사크로몬테 쿠에바 박물관Museo Cuevas del Sacromonte으로 사용되고 있으며 쿠에바 정착민들의 역사, 관습 등을 볼 수 있다. 알람브라 미니버스 31, 35번을 이용하여 누에바 광장으로 돌아갈 수 있다.

홈페이지_ www.sacromontegradnada.com
시간_ 10월 15일~3월 14일
 – 월요일~일요일 10:00~18:00
3월 15일~10월 14일
 – 월요일~일요일 10:00~20:00
요금_ 박물관 €5

EATING

저녁식사는 누에바 광장에서 관광을 끝내고 느긋하게 즐기고, 바르Bar나 아랍 카페를 방문하여 이슬람 문화를 즐기는 것이 대부분의 여행자들의 밤문화라 할 수 있다.

올랄라 레스토랑
OHLALA Restaurant

누에바 광장 내에 위치한 스페인 브랜드 체인으로 스페인 어디서나 볼 수 있다. 피자, 파스타, 빠에야 등 다양한 스페인 음식을 13유로 정도로 맛볼 수 있다.

주소_ 누에바 광장 지점 : Plaza Nueva 2,
　　　비브 람블라 광장 지점 : Bib Rambla 18
시간_ 11:00~23:00

라 쿠에바 1900
LA CUEVA de 1900

누에바 광장에서 이사벨 광장 방향의 왼쪽으로 돌아가면 스페인 체인인 레스토랑이 나온다. 하몽과 스페인의 전통 소시지를 비롯한 다양한 요리를 10유로 정도의 가격으로 맛볼 수 있다.
하몽은 우리나라 사람들에게는 매우 짜게 느껴질 수 있다. 저염식의 하몽 이베리꼬가 그나마 먹기에 좋다.

홈페이지_ www.lacuevade1900.es
주소_ Reyes Catiolicos, 42
전화_ 958-22 93 27

조대현

63개국, 298개 도시 이상을 여행하면서 강의와 여행 컨설팅, 잡지 등의 칼럼을 쓰고 있다. KBC 토크 콘서트 화통, MBC TV 특강 2회 출연(새로운 나를 찾아가는 여행, 자녀와 함께 하는 여행)과 꽃보다 청춘 아이슬란드에 아이슬란드 링로드가 나오면서 인기를 얻었고, 다양한 여행 강의로 인기를 높이고 있으며 '트래블로그' 여행시리즈를 집필하고 있다. 저서로 블라디보스토크, 크로아티아, 모로코, 나트랑, 푸꾸옥, 아이슬란드, 가고시마, 몰타, 오스트리아, 족자카르타 등이 출간되었고 북유럽, 독일, 이탈리아 등이 발간될 예정이다.

폴라 http://naver.me/xPEdID2t

신영아

프랑수와 사강(françoise sagan)에 매혹되어 무작정 날아가 살던 프랑스 파리에서 평생의 동반자를 만났다. 본인의 전공을 따라 해외대기업 회계팀에서 일하다가 과감히 퇴사하고 진정한 자아를 통한 삶을 찾기위해 이탈리아 로마로 향했다.

이제는 로마를 제2의 고향으로 삼고 살고 있다. 여행작가와 다양한 창작 활동으로 자신의 삶에 좋아하는 코랄빛을 더해가고 있다.

한 달 살기

초판 1쇄 인쇄 I 2020년 6월 23일
초판 1쇄 발행 I 2020년 7월 08일

글 I 조대현, 신영아
사진 I 조대현
펴낸곳 I 나우출판사
편집 · 교정 I 박수미
디자인 I 서희정

주소 I 서울시 중랑구 용마산로 669
이메일 I nowpublisher@gmail.com

979-11-90486-49-1 (13980)

※ 일러두기 : 본 도서의 지명은 현지인의 발음에 의거하여 표기하였습니다.